X时代　元宇宙

X时代财富密码

人类二次进化

后立尧 著

经济日报出版社

图书在版编目（CIP）数据

X 时代财富密码：人类二次进化／后立尧著．--北京：经济日报出版社，2021.11（2022.2 重印）
ISBN 978-7-5196-0947-4

Ⅰ．①X… Ⅱ．①后… Ⅲ．①成功心理-通俗读物 Ⅳ．①B848.4-49

中国版本图书馆 CIP 数据核字（2021）第 201263 号

X 时代财富密码：人类二次进化

作　者	后立尧
责任编辑	李晓红
整　理	陈　倩
责任校对	王明明
出版发行	经济日报出版社
地　址	北京市西城区白纸坊东街 2 号 A 座综合楼 710（邮政编码：100054）
电　话	010-63567684（总编室） 010-63584556（财经编辑部） 010-63567687（企业与企业家史编辑部） 010-63567683（经济与管理学术编辑部） 010-63538621　63567692（发行部）
网　址	www.edpbook.com.cn
E-mail	edpbook@126.com
经　销	全国新华书店
印　刷	北京文昌阁彩色印刷有限责任公司
开　本	710 毫米×1000 毫米　1/16
印　张	19.25
字　数	316 千字
版　次	2021 年 11 月第 1 版
印　次	2022 年 2 月第 2 次印刷
书　号	ISBN 978-7-5196-0947-4
定　价	56.00 元

权威推荐序言一

2020年中国国内生产总值已经超过101万亿元，人均GDP跃过1万美元大关，中华民族越来越接近国强民富的伟大复兴梦想。面对美好生活，每个家庭都在思考好日子能不能年年都有？自家的财富如何保值、增值和泽被后世。经验上富不过三代的古训，现实上创业难守业更难的身边故事，无不让人发问：是否存在财富管理的密码？

作者的《X时代财富密码：人类二次进化》这本书无疑是一本打开财富密码的钥匙、一本财富管理的百科全书、一本面向新时代财富分配的指南。全书值得有理财需求的人士赏读，值得专业人士思考，值得经济金融爱好者翻阅。

全书文史纵横，穿越古今。从财富的形态讲起，上溯人类进化史，下及数字经济新时代，从生产、交换、分配、消费四大维度分析了财富史、货币史、经济史，资料丰富，多学科知识交织，立体展现了人类在创造财富、守卫财富、传承财富中的生动图景。

全书既讲守富，又讲创富。财富管理的最高级形态是创造财富，其次才是财富的保值、增值。全书用了大量的笔墨讲述了财富巨子们通过奋斗与创新成就了商业地位，而资本市场是造富的最优加速器。守富并不比创富简单，对子女的家教、对投资的坚守、对专业机构的选择、对传承的安排都是家业常青的基石。

全书以人为本，由人及财。人是财富管理的起点，也是终点。随着生产力的发展，人的财富从物质到精神，从有形到无形。经济发展的阶段不同，创造财富的行业、职业都会发生变化，而要敏锐捕捉到创富行业的变迁，需要回归对大时代下人类需求的把握。作者认为X时代是变化多端的时代，是追求快乐和幸福的时代，而“造福工厂”就隐藏在高科技行业、生产娱乐健康的行业，而守富的密码是坚持投资，获得“睡后收入”。

全书融入了时代精神，语言清新活泼，有知识、有趣味，是财富管理领域一本不可多得的好书。

王允贵　博士

国家外汇管理局综合司原司长，

中植集团首席经济学家

2021年7月于北京

权威推荐序言二

当《X 时代财富密码：人类二次进化》这本书的题目呈现在我面前的时候，让我吃惊不小。我不知道财富是什么，也不知道 X 时代是什么，甚至人类二次进化也不了解，但是，却让我产生了极大的想读下去的欲望，经过几天的努力，读完这本书后，觉得收获很大，是一本十分值得读的书。

全书共分四个部分，第一部分告诉了我们什么是财富，包括从人类的起源谈什么是财富、财富的起源与变迁，如何获得财富和幸福、财富的极致表达：细数全世界的奢侈品。第二部分讲述了古今中外获得财富的规律，包括全球富人历史、2021 年全球富豪排行榜、全球富豪都在如何理财？中国古代富人历史、中国大陆富豪榜（2021 年）、海外华人富人、新中国经济的四个阶段、中国崛起是历史的必然。第三部分阐述了人类开始二次进化，正式进入 X 时代。第四部分是解密 X 时代的财富密码，包括 X 时代的新背景、新变化、新机遇，X 时代有三种人会获得财富：技术、快乐、投资，X 时代的股市密码。内容丰富，涉猎广泛，开卷有益。

财商由美国作家兼企业家罗伯特·T. 清崎提出，是一个人与金钱（财富）打交道的能力。美国加州大学经济学教授丹尼·W. 辛克莱认为财商是人们的多种智能和个性品质在理财素质上综合出来的致富智慧和能力。财商是与智商、情商并列为现代社会三大不可或缺的能力素质，也是与智商、情商一起被教育学家列入了青少年的“三商”教育。物质财富有两面性，如果来源不当，以非法手段挣钱，或是挥霍无度，养成不良习惯，就是对社会有害。如果来源正当，合理使用，则不但可以改善生活，过好日子，还能造福社会。物质财富和幸福有一定关系，但不是绝对因素。它并不与人们的幸福发生必然的联系。它的用途只有在正面的、积极的意义上，才能够发挥出来，给人们带来真正的作用。阅读了这本书后，我更加理解了财商的重要性，理解了财富的意义，也理解了财富与幸福的关系。

本书从古今中外的财富迭代和历代成功人士身上探寻致富的密码，用朴素的语言总结了获取财富的规律和未来的财富密码，让我这个大学工科老师阅读没有障碍，而且，带来了很多意想不到的收获。我相信阅读这本书会让更多人受益，让更多的人走上获得财富之路。

范文慧

清华大学自动化系教授

2021 年 7 月于北京

权威推荐序言三

本书将财富与人类的进化结合论述，既生动有趣，又富于想象。作者是金融行业的资深研究专家，但本书并没有局限于金融，而是站在更宽阔的空间与时间维度进行论述、推演：从人类起源到财富起源，从古代巨商到当代富豪，从西方财富历史到中国经济发展，从知名企业家的发家史到普通人的理财之道，无不包含在内。

俗语云：授人以鱼不如授人以渔。对于投资理财来说，我们更需要的是一种方法论，一种财富思维方式。不同于多数财经著作，这本新作并没有直接告诉读者几位数的财富密码，而是不断抽丝剥茧、层层递推，让读者自己去感受那些成功经验、领悟 X 时代的财富密码。这也构成本书的一大特色。

字里行间，作者引经据典，不仅扩宽了我们的认知，读来也充满趣味。比如，谈到时下兴起的“内卷”，作者表示“内卷化”一词源于美国人类学家吉尔茨的《农业内卷化——印度尼西亚的生态变化过程》，所以最早的“内卷”其实是农业上的用语。同时，作者也指出中国的内卷自古有之，明朝开始造成“内卷”的主要缘由在于重农抑商……类似的论述还有很多。

一篇篇精彩的论述，像散落的音符，由作者谱成华美的乐章，带领大家共同畅想 X 时代的无限可能性。他在书中指出，如果说人类的一次进化是靠双手挣钱，那么二次进化的财富密码就是靠大脑挣钱。我们现在正以前所未有的速度进入新的发展期：X 时代。X 时代的 X 代表着未知（X）和不确定，同时，X 也代表着享（Xiang）乐、幸（Xing）福。X 时代的人类和现在的我们，在生活方式、价值观、追求上会有很大不同，彼时，人们会更多地追求精神世界的快乐，追求真理，探索世界，更多地关注人和宇宙。

作者好学深思，遍涉诸多学科。他将广博的知识融会贯通，以一种全面的分析系统地展现了一个 X 时代的百科全书。相信这本书一定能够帮助大家更好地理解财富，理解 X 时代。期待 X 时代的早日到来。

周斌

恒天财富股份董事长、

恒天基金董事长

2021 年 7 月于北京

权威推荐序言四

我经常和作者搭档给高净值客户路演，和客户畅聊财富观，探讨投资理念。从业 20 多年，从未见哪个搭档横贯古今、八面来风，把财富管理和资本市场投资讲解得如此通透。每次在他后边发言都感觉压力很大，因为他把财富管理和投资这些事情讲得太透彻了。

我想作者一定是热爱甚至痴迷研究工作的。欲做投资，必先深研。他先于大部分客户、先于同业、先于市场看到了很多未来的趋势，看穿了投资的迷雾。有一次在交流中，作者说过这样一句话，让我深思：为什么很多客户买了很好的股票，也赚了钱，但是拿不住，获取了一倍的回报，放弃了十倍的未来增长，根本原因还是没搞清楚这只股票为什么涨，未来还有多大的空间。

是的，在投资的过程中，没人拥有上帝视角，但是通过研究，我们能比别人看得稍微长远一点，逻辑更清楚一点，思路更笃定一点，这就是我们超额收益的来源。我想读过这本书的朋友一定会找到自己的答案。

作者年富力强，活力充沛，文采斐然。这本书不是简单的投资指南或心得，而是向我们展现了全方位的财富管理的“宇宙观”。文字有深度，有温度，有力度，捧起即不忍释卷。能为本书作序，是我莫大的荣幸。

崔同跃

中岩投资董事长

2021 年 7 月于北京

自荐序

您是否渴望财务自由？当您看到这本书，说明您找到打开财富宝藏的钥匙了。接下来就是认真读完本书，按图索骥，找到宝藏，打开属于自己的财富。能看到本书的读者都是幸运的，因为您们相当于穿越到了20年前，有人告诉您一定要多买房一样。

您是否已经退休，作为曾经行业精英的您在自己的领域披荆斩棘，但退休之后苦于不知道如何投资和理财，让自己辛苦挣来的钱不断贬值缩水？

您可能刚进入四十不惑或者五十知天命的年纪，企业成功，财务自由，儿女即将高考或者刚踏入社会工作？您关心自己的家族财富如何平稳地传承？如何帮您的孩子树立正确的投资价值观？

您是否刚进入三十而立之年，事业刚刚起步，准备结婚的您或者刚有了孩子，想着给孩子买个学区房，或者给自己换个大房子，但是思来想去发现靠工资短期很难实现？您在股市摸爬滚打多年，或者被P2P和各种空气数字货币搞得身心疲惫，遍体鳞伤？迫切想通过稳健的投资方法改善自己的财物现状？

您是否是对投资感兴趣的大学生，或者刚毕业开始工作的投资领域小白？初出茅庐的您，对一切充满了好奇，但感觉投资的道路比较坎坷，想学习科学的投资理念，提高自己的投资水平，让自己的思路更开阔？

如果您有以上困惑，这本书正好适合您。本书并非市面上普通的财经类或投资理财类的教科书，而是大道至简，从古今中外的财富迭代和历代成功人士身上寻找致富的密码，用朴素的语言揭示了获取财富的规律和未来的财富密码。即使不懂金融财经那些晦涩难懂的专业用语，也能轻松读懂此书，带来意想不到的收获！

我们处在一个变革的时代，我们的生活方式、财富流向、财富获取方式、财富形式都在发生巨大的变化，这就是很多人担心和焦虑的，怕自己“跟不上时代”，人和人财富的差距很多时候是眼光的差距，而不是全是努力与否。相信很多人都后悔20年或者10年前没有多买几套房子。但是放眼全球，没有任何一个国家房价是一直涨而不跌的。您肯定很好奇未来10年或者20年，涨幅最大的资产会是什么？

市场上讲投资的书林林总总，有的晦涩难懂，有的拼凑而成。有讲股市K线图的，有讲股市龙头战法的，有讲黄金投资的，也有教人如何买房投资的，很多都是学术派，要么纸上谈兵，要么用早已经过时的思想在指导您做投资理财。但资产配置是个科学而严谨的行为，光懂得术是远远不够的，更重要的是懂得道，这个道是理财之道，而不简单是炒股姿势，投资黄金的方法等。

市场迫切需要专业负责的理财机构来帮助客户做科学的资产配置，市场也需要一个经历过真实投资的人、一个深入了解客户的人，来写一本能实战指导客户提高投资水平和投资理念的书、一本能帮助客户的子女提高财商的书，这是这本书的创作初衷，也是您从成千上万讲投资的书中选择这本书的根本理由，请相信您的眼光，没错的。

作者清华本科毕业，海归硕士，曾任某大型券商首席分析师、某百亿私募研究总监，具备近15年的一线股市投研经验，以及多年的理财配置经验。可以说非常接地气，非常实战。更重要的是，作者目前所在机构服务中国10万高净值客户，他们大多都是中国各个行业的精英，通过和他们的深入交流，作者了解了中产阶级以上人群的理财需求、理财误区，发现很多人投资结果不理想，是投资方法不对，理念不对，或者投资品种不对。

我们的社会分工越来越细，作者不建议您再继续自己炒股，投资也需要依靠专业且靠谱的管理人。同时，建议您通过本书学习来提高自己的财商、理财理念、投资水平。投资的时候自己要做将帅，依靠专业的财富公司建议，通过投资靠谱的基金产品来实现财富保值增值，而不是自己冒着枪林弹雨亲自上战场，最后遍体鳞伤。毕竟，投资市场，赚钱的永远是少数人。如果您自己没有大量的学习获得专业的投资能力，又凭什么相信自己一定能冲进市场赚钱呢？靠运气吗？即使偶尔靠运气赚的钱，也会因实力亏回去。这就是为什么很多人在2015年股灾前顺利逃顶看起来发财了，后面折戟在2016年的大盘熔断以及2018年的熊市里。市场很公平，每个人只能赚取自己看得懂，或者能力边界够得着的钱。否则赚多赚少都是过程和纸上财富，而不是结果。短暂获得的财富也是昙花一现。

在这本书里，作者创新性地提出了如何轻松实现“留学自由、买房自由、财务自由”三种投资目标。假如您现在有100万元人民币用于投资，只要按照作者的方法，您大概率在退休的时候身家上亿。而且能够轻松实现子女留学自由，子女在一线城市买房自由，自己退休时拿到几个亿的财富。听完您肯定怀疑或者好奇吧？其实答案都在书里，您一定要耐心读完。

人和人的差别在于思想，投资的结果差异在于眼光。这本书也许能帮您打开思路，开阔眼界。这本书可能是您从未见过的类型，它是一本人类史，一本财经史，一本富豪传记，一本奢侈品传记，一本穿越科幻书，一本投资密码。喜欢历史的、哲学的、财经的、人文的、奢侈品的，都能在里面找到其中的乐趣。

本书分为四个部分，写作逻辑是：第一部分从人类起源开始，写了财富到底是什么。第二部分从古往今来获得财富的人身上，找出他们成功的秘密，指导我们去探索未来的财富。第三部分写了人类二次进化，我们进入X时代，X时代的财富密码是什么？第四部分解密X时代的财富密码。

这是一本探索人生意义的书，这是一本探索幸福奥秘的书，这是一本穿越千万年告诉您未来世界会发生什么的书，这是一本能让中国人看了增强自豪感、幸福感的书。这是一本探索财富的本质和规律的书，这是一本解密未来如何抓住财富的书，如果您看完觉得这本书好，请千万别吝啬把这本书推荐给您的亲朋好友，尤其建议您陪您的孩子一起阅读，对提高孩子财商非常有帮助，培养他们从小就正确认识财富，将来才能更好地获得财富、传承财富、驾驭财富。

目录
CONTENTS

权威推荐序言一 /1

权威推荐序言二 /1

权威推荐序言三 /1

权威推荐序言四 /1

自荐序 /1

第一部分：什么是财富？先理解财富才能获得财富 /1

第一章 元宇宙财富有何不同？ /2

一、元宇宙和 X 时代有何区别？ /2

二、VR/AR 是通向元宇宙的钥匙 /4

三、巨头为何都在加速布局 VR？ /6

第二章 从人类的起源谈什么是财富 /8

一、从宇宙起源谈人生的意义，难道只是为了追求物质财富？ /8

二、太阳黑子周期与人类文明：我们的财富都来自太阳 /10

三、熵增原理与人类文明：人类追求财富过程就是熵增 /15

四、人类由追求物质文明（物质财富）到精神文明（精神财富）/16

五、生产力与生产关系左右着人类财富流向和分配 /21

六、人生的意义：人生就像打游戏，财富就是通关奖励 /25

七、原来我们追求的不光是财富，因为人是四种激素的奴隶 /29

八、人一辈子就做两件事：认识世界、改造世界，都离不开财富 /33

九、人的动物属性和社会属性：财富是人类社会属性的标记 /35

第三章 从财富的起源与变迁推论：未来的财富是什么 /37

一、物质财富（货币）的形式演变：从贝壳、交子到比特币 /37

二、未来的财富是什么？将有三种变化 /42

第四章 如何获得财富和幸福 /51

一、财富是一个人价值的体现，财富的获得靠国运 /51

二、财富并不代表着幸福，幸福是获得与期望的差值 /56

第五章 奢侈品是物质财富巅峰，但投资奢侈品须谨慎 /63

一、名牌化妆品：为什么大多诞生在法国？ /64

二、全球名包：为什么大多诞生在法国？ /72

三、全球名表：为什么大多诞生在瑞士？ /77

四、全球名车：为什么大多诞生在意大利？ /83

五、经济发达的美国和日本为何没有奢侈品？ /90

六、中国的奢侈品有哪些？ /94

第二部分：古今中外获得财富的规律 /97

第六章 从2021年全球富豪排行榜看获得财富的规律 /98

一、2021年全球富豪榜：高科技公司CEO获得大量财富 /98

二、2021年全球富豪的成功规律：聚焦高科技赛道+高端消费 /102

第七章 全球富豪都在如何打理自己的财富 /104

一、美国富人如何理财？美国人靠权益投资获得财富 /104

二、为什么家族信托这么火？能更好地保护和传承财富 /107

三、富人为何热衷于捐款？美国富人圈的主流玩法 /109

第八章 从中国古代富豪榜总结如何获得财富 /111

一、从古代富豪榜总结如何获得财富 /111

二、为什么富不过三代？财商教育对财富的传承很重要 /114

三、闽商为什么能获得巨额财富？爱拼 + 动脑子 /115

四、晋商财富的辉煌与衰落：积极变化跟上时代，才能保住财富 /117

第九章 从中国现代富豪榜看如何获得财富 /120

一、从 2021 年中国大陆富豪榜看如何获得财富 /120

二、从最近 40 年大陆福布斯榜变迁看财富密码 /129

三、从香港华人富豪看他们如何获得财富 /132

四、从澳门及台湾地区华人富豪榜看他们如何获得财富 /135

第十章 从海外华人富豪看获得财富的规律 /137

一、马来西亚华人富豪成功的经验 /137

二、泰国华人富豪成功的经验 /140

三、菲律宾华人富豪成功的经验 /142

四、新加坡富豪成功的经验 /142

五、北美华人富豪成功的经验 /143

六、海外华人成功规律总结 /144

第十一章 新中国四次发财机会：您抓住财富了吗？ /149

一、新中国经济增长的四个阶段：都给了我们获得大量财富的机会 /149

二、新中国第一次致富机会：1980—1990 年靠下海和胆子大 /150

三、新中国第二次致富机会：1990—2000 年靠外贸和农业 /153

四、新中国第三次致富机会：2000—2010 年靠地产和制造 /155

五、新中国第四次致富机会：2010—2020 年靠互联网 /163

第十二章　最好的投资在中国，因为中国崛起是历史的必然　/166

一、四大文明古国为何只剩下中国？中国的四大核心竞争力还在　/167

二、从历史规律看中国崛起的必然性：投资中国，重仓中国！　/169

三、中国自古就是世界强国，只不过明清落后，如今王者归来　/171

四、帝国周期300年：美国往下，中国往上　/172

五、从《大秦赋》看中国崛起：成功有三个相似之处　/174

六、2020年的疫情客观上加速了中国崛起　/177

七、印度会不会复制中国的成功？不要投资印度，印度没戏　/178

第三部分：人类二次进化，正式进入X时代，财富在哪？　/181

第十三章　人类开始二次进化，我们的财富获得方式也会变化　/182

一、人类一次进化：生存和安全需要，劳动推动，追求物质财富　/182

二、人类二次进化：自我实现需求，人工智能推动，追求精神财富　/184

三、二次进化过程：从靠双手挣钱到靠大脑挣钱，由睡前收入到睡后收入　/185

四、人类文明分两阶段：过去提高生产效率，未来追求精神快乐　/186

五、从马斯洛需求理论看人类二次进化：未来更多地追求精神财富　/187

六、从弗洛伊德的“人格理论”看人类的二次进化　/189

第十四章　人类正进入X时代，X时代有哪些变化？　/192

一、人工智能推动人类进入X时代：跳跃进化，光靠苦力难以获得财富　/192

二、X时代的三大特征？代表着获得财富的方式也会变化　/195

三、各国文明分为WAX三个时代：温饱（W），安全（A），幸福（X）/196

四、Z世代与X时代的区别？X时代应该更加积极地获取财富　/201

五、赛博朋克与X时代的区别？生产效率提升，物质财富将极大丰富　/205

六、躺平（Lying flat）与 X 时代：以什么姿势躺平还能获得财富？ /207

七、内卷（Involution）与 X 时代：面对内卷，如何让自己的财富增长？ /210

八、奶嘴战略（Tittytainment）与 X 时代：拒绝奶嘴，积极争取财富 /214

第四部分：解密 X 时代的财富密码：财富靠权益投资 /217

第十五章　X 时代的新背景、新变化、新机遇 /218

一、X 时代四大背景 /218

二、X 时代四大变化 /225

三、X 时代四大机遇 /233

第十六章　X 时代有三种人会获得财富：技术，快乐，投资 /239

一、从事高科技的人：让国家更强大，让人类更轻松 /240

二、从事健康娱乐产业的人：让人生活更开心，更健康 /244

三、坚持做投资的人：投资是每个人最后一份职业 /249

第十七章　X 时代的股市密码：权益投资让财富增长 /251

一、X 时代的股市进入黄金投资时期：天时地利人和 /251

二、坚定看好中国股市：未来将走出长牛，慢牛走势 /259

三、A 股正确的投资姿势：分散配置，定投思维，长期持有 /269

四、从美国历史经验看：未来财富获得要靠权益投资 /282

后　记 /286

第一部分：

什么是财富？先理解财富才能获得财富

第一章
元宇宙财富有何不同？

一、元宇宙和 X 时代有何区别？

什么是元宇宙？“元宇宙”一词的英文是 Metaverse，前缀“Meta”（希腊语里意为“在什么之后”或者“超越”，Meta 在计算机行业的意思是“元”，如 meta-information 元信息），翻译成中文是“元”，词干“Verse”（英文宇宙 universe 的后缀 verse），指的是宇宙。“元宇宙”一词最早出现在尼尔·斯蒂芬森在 1992 年出版的科幻小说《雪崩》。小说描绘了一个庞大的虚拟现实世界，在这里，人们用数字化身来控制，并相互竞争以提高自己的地位，到现在看来，描述的还是超前的未来世界。通俗点讲，元宇宙其实就是现实世界的一个缩影，一个平行世界，互联网世界的终极形态。在元宇宙中我们每个人都有一个属于自己的 ID，可以吃饭、睡觉、社交、购物等等。元宇宙现实和虚拟世界深度融合，其中每个人都会有虚拟的身份，感受各种物理世界无法满足的神奇体验。比如攀登珠峰，月球探险，和动物、古人一起对话等。你可以在元宇宙里买房，当然这是虚拟的。房地产热潮在元宇宙中也出现了。2021 年 12 月底，虚拟现实平台 Decentraland 上的一块数字土地以创纪录的

243 万美元的价格售出，将以加密货币的形式支付。这略高于曼哈顿的平均房价，远高于美国其他行政区和旧金山住宅的平均价格。在中国上海，一对 95 后情侣以 2.2888 万元的价格购置了一套虚拟房产作为婚房。他们表示自己刚毕业收入不足以支撑他们买房，购买一套数字房产同样可以让他们有归属感，目前该套虚拟房产的市场估价约 5 万元。此外，借助区块链技术，你可以在元宇宙为自己设立虚拟 NFT（非同质代币）头像，NBA 球星库里就花 18 万美元买了一个 NFT 头像。

元宇宙和本书《X 时代财富密码：人类二次进化》中描述的 X 时代有异曲同工之妙。我把人类文明分为 WAX 三个时代：温饱（W）、安全（A）、幸福（X）。X 时代的 X 代表着未知（X）和不确定，X 代表着享（Xiang）乐、幸（Xing）福。我认为人工智能将推动人类进入 X 时代，人类出现跳跃进化。随着人工智能技术和生物芯片技术的普及，人类文明进化速度可能呈现出指数级别的加速，也就是说人类文明进化过程并不是线性的。毕竟地球生命有 40 多亿年，而很多现代文明的诞生也就是最近 200 多年。这就是“跳跃进化”。

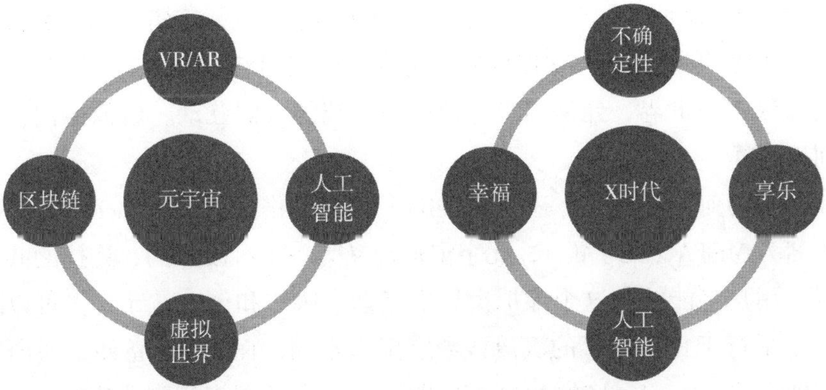

图 1–1　元宇宙和 X 时代的关系

在 X 时代，大部分人类不用工作，衣食住行极大丰富，伴侣完美，身体健康，您还有什么需求和追求？X 时代的人类和现在我们的生活方式、价值观、需求等等，都会有所不同。他们将更多地追求精神世界的快乐，追求真理、探索世界，更多地关注人和宇宙、人和自己内心的对话。虽然目前全球生产效率，物质文明丰富程度不同，但是我们肉眼可见的是人工智能，无人驾驶，无人工厂，无人机等各种替代传统人类工作和生活方式的事物正加速出现，部分国家的部分人已经提前进入了“X 时代”。

在物质极大丰富的时代，人类讨论和关注更多的是人工智能、躺平、泛娱乐等围绕人自身享乐和自我满足的事情。劳动不再仅仅是一种谋生的手段，人们更关注于过程和结果带给人的精神层面的满足与快乐，人类可能越发无限地接近于无所不能的神。拿新中国来说，1949—1960 年根基不稳，还在打朝鲜战争，真正的国家站稳脚跟从 1960 年开始算起。1960—1990 年属于温饱（W）时代，1990—2020 年属于安全（A）时代，2020 年至未来属于幸福（X）时代。

元宇宙产品有八大要素，分别为：身份、朋友、沉浸感、低延迟、多元化、随时随地、经济系统和文明。具体来讲：身份（与现实世界身份无任何关联的虚拟身份）；朋友（在虚拟世界中认识的朋友，可以社交）；沉浸感（脱离现实世界，可以在虚拟世界天马行空，完全释放自我）；低延迟（元宇宙中的一切都是同步发生，没有延迟性）；多元化（在元宇宙中，可以提供各种自己想要的道具、素材、游戏规则）；随时随地（可以随时随地登录元宇宙，不受时空限制）；经济系统（元宇宙有自己的经济系统，类似于比特币的虚拟货币）；文明（属于元宇宙自己的文明规范）。元宇宙初期人类将通过 VR 和 AR 眼镜等设备进入虚拟世界，化身可以在网络空间中走动，类似于人们如何操纵物理世界，允许用户与地球另一端的人们互动，就像他们在同一个房间里一样。

元宇宙为何突然火了？还是 Facebook 扎克伯格带火的，Facebook 把自己公司改名为 META（元宇宙），元宇宙被定义为一个沉浸式的、连接的共享虚拟世界，用户将能够在这个虚拟世界中互动、协作和创造。元宇宙可以理解成为一个平行于真实世界的沉浸式数字虚拟空间，而 VR 设备便是通向元宇宙的一把钥匙。Facebook 在 2014 年收购了 Oculus 也是考虑到了这种元宇宙的愿景。2021 年 5 月，微软表示，它“具有独特的定位”，拥有一系列人工智能和混合现实工具，可帮助公司开发“今天的 metaverse 应用程序”。许多游戏公司，包括 Fortnite 的所有者 Epic Games，已经发布了用于元宇宙的模拟软件和 VR 服务。

二、VR/AR 是通向元宇宙的钥匙

VR/AR 和元宇宙什么关系？“元宇宙”运用 AI（人工智能）、大数据、云计算、边缘计算、区块链、5G 通信、虚拟现实（VR）、增强现实（AR）、混合现实（MR）、扩展现实（XR）等技术。其中最重要的是：增强现实（AR）、虚拟现实（VR）。可见 VR 是元宇宙实现必不可少的装备之一。要想打造一个元宇宙，考虑到用户数量、场景渲染的要素，必须有一个强大的服务器做支撑，并且要有很强大的算力。随着这几年科技的发展自然少不了这些技术里面元宇宙的初步形态还是以虚拟现实（VR）、增强现实（AR）为根基来实现的。

VR 设备出货在加速。2021 年第一季度 VR 头戴设备市场份额，Oculus 从 2020 年同期的 28.70% 快速上升到了 60.80%。Oculus Quest 2 的 2021 年全年预计出货量为超 800 万台，同比增长近 200%。与此同时，IDC 预测 VR/AR 设备将从 2020 年约 700 万台提升至 2024 年约 7670 万台，复合增速超 80%。

随着元宇宙概念的火热，VR 成为 2021 年融资热点。截至 2021 年 11 月，VR、AR 相关融资达 540 多亿元，较 2020 年的 230 亿翻了一倍多。据 IDC 预测，2023 年中国 VR 头显设备出货量将突破 1050 万台。此前，扎克伯格曾表示，1000 万用户数是实现“内容和生态系统爆炸增长”的关键门槛。AR 和 VR 的年化出货量将以 38.8% 的复合年增长率增长，到 2025 财年将达到 2576 万台。

随着人工智能、算法等技术的发展，虚拟现实产业正迎来新的机遇。此前市场需求多集中在企业端市场，但近两年消费级市场的需求正在被激发。以 Facebook 推出的 VR 设备 OculusQuest2 为例，据第三方数据，该系列产品在 2021 年圣诞节期间销售总量突破 1000 万台。国内也在衔接国际 VR 领域的走势。据 IDC 预测，2023 年中国 VR 头显设备出货量将突破 1050 万台。VR 硬件设备的应用场景广泛，诸如影视、游戏、社交、旅行、教育、工业生产、农业生产、科研等。

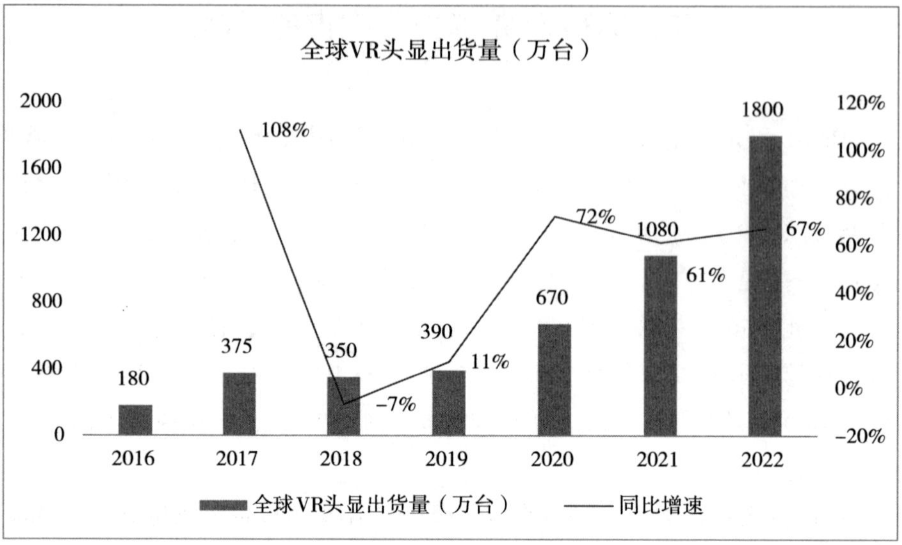

图 1-2 全球 VR 头显出货量（万台）

三、巨头为何都在加速布局 VR？

字节跳动早已在发力布局元宇宙。2021 年 4 月份，字节跳动还斥资 1 亿元投资了沾着元宇宙概念的游戏公司“代码乾坤”。这家公司创立于 2018 年，主要产品有以物理引擎为核心的 UGC 内容社区《重启世界》(《Reworld》)。官网介绍为：“《重启世界》是一个青少年创造、娱乐、社交平台，将创造内容、娱乐体验、社交互动融为一体。”你能想象，未来抖音和 VR，AR 结合的场景吗？大开眼界，所见即所得。

2021 年 8 月 29 日，字节跳动以 90 亿元收购 VR 游戏公司青岛小鸟看看（Pico），而 Pico 公司在 VR 游戏市场份额排名中稳居第三名。Pico 成立于 2015 年，是国内 VR 行业出货量最大的软硬件研发制造商，产品包括移动 VR 头盔、GoblinVR 一体机、PicoUVR 眼镜、TrackingKit 追踪套件、PicoStore 应用和游戏商店等。2021 年 5 月 10 日，Pico 发布了其最新的 VR 一体机产品 PicoNeo3。

腾讯也不甘落后。2021 年 9 月 1 日，威魔纪元科技新增股东广西腾讯创业投资有限公司，同时公司注册资本增幅为 19.05%。威魔纪元是成立于 2016

年的硬核 VR 游戏开发公司，主要成员均来自全球顶级的手游开发公司 Glu Mobile 和 Gamloft，有着多年的单机和互联网游戏原创开发经验。

腾讯马化腾认为元宇宙是“全真互联网”，他认为 VR/AR 等技术是通往元宇宙的一座桥梁。而 Facebook 的 CEO 扎克伯格希望在 5 年内，Facebook 从一家社交媒体公司成为一家元宇宙公司。“元宇宙是个跨越许多公司甚至整个科技行业的愿景，你可以把它看作移动互联网的继任者。”

可以预见的是：未来玩游戏会更爽，沉浸式体验、内容和设备齐头并进，将带给你全新的体验，甚至让你分不清现实和虚拟世界。通过 VR 和 AR 设备，人类可以连接现实世界和虚拟世界，而人工智能加速让人类进入 X 时代，人们从繁杂的劳动中解放出来，物质极大丰富，人们在更多地追求幸福（X）、享（X）乐的同时，也必然会带来一些不确定性，或者叫未知数（X）。因此，元宇宙和 X 时代不谋而合：元宇宙描述的是一种未来现实世界和虚拟世界深度融合的生活状态，而 X 时代描述的是人类文明的新进程，是一个时间概念，在人工智能加速了人类文明跳跃后，人类更多地追求幸福和享乐，并进入一个充满不确定性的未知世界。在 X 时代，人类的物质和精神文明将发生怎样的改变？请接着往下品读，都会找到答案。

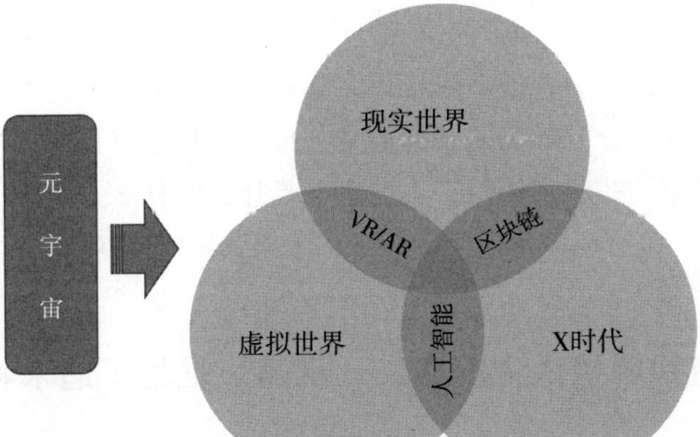

图 1–3 元宇宙与我们的生活

第二章
从人类的起源谈什么是财富

亚当·斯密的《国富论》中提道：自由竞争是分配社会资源最公正的机制。他指出，如果人们可以自由地贸易，那么谋取自身利益将驱动人们提供他人所需的商品和服务，而且，利益动机和竞争将一同驱使人们以最高效的方式提供商品和服务。人类从诞生那天起就与利益分不开，有人的地方就有竞争、地位、资源分配等问题，哪怕是古猿人。现在就让我们从宇宙大爆炸和人类起源谈起，一起来领悟人生的意义是什么？什么是财富？财富对于人的意义是什么？只有明白了财富的意义，才能更快地找到抓住财富的方法。

一、从宇宙起源谈人生的意义，难道只是为了追求物质财富？

150亿年前宇宙诞生，氢和氦组成第一批星球，全是恒星，恒星通过核聚变和超新星爆发产生出元素周期表上所有元素。宇宙大爆炸扩散成星云物质，宇宙的熵增加。

太阳系又是如何形成的呢？恒星核聚变和超新星爆炸产生的这些元素与原有的星际气体尘埃云混合起来，再通过引力收缩，45亿年前共同形成了太阳系，边角料撞击引力作用合并成地球，小行星撞地球碎片形成类似土星环，引力作用下形成 38 万公里远的月球，形成潮汐。

太阳是一颗黄矮星，寿命约 100 亿年，大约 50 亿多年后，太阳会冷却并向外膨胀超过现在的直径很多倍的红巨星，外层瓦解，燃料耗尽内核坍缩，成为一颗白矮星。太阳的直径为 139.2 万千米，是地球的 109 倍。太阳距离地球 1.5 亿公里，假设我们坐民航飞机飞向太阳需要多久呢？民航飞机的速度一般在 800~900 千米每小时，如果按照 800 千米每小时计算，需要 21 年，而实际上是不可能飞这么远的，飞机无法超越第一宇宙速度的话，就不可能脱离地球引力，也不可能有 21 年的燃料，这除了航天器是无法做到的。太阳体积为 141 亿亿立方千米，是地球的 130 万倍。太阳的质量近 2000 亿亿亿吨，是地球的 33 万倍，它集中了太阳系 99.865% 的质量。太阳和地球一样也有大气层。太阳大气层从内到外可分为光球、色球和日冕三层。光球层厚约 5000 千米，我们所见到太阳的可见光，几乎全是由光球发出的。

光球表面有颗粒状结构叫“米粒组织”。光球上亮的区域叫光斑，暗的黑斑叫太阳黑子，太阳黑子具备明显的活跃周期，大约为 11 年。每当太阳活动减弱之后，温度将会有不同程度的下降。古代就曾出现过“小冰河时期”，当时数以万计的生命受到威胁。温度的突降，会使很多的农作物减产，动物会被冻死，人类也毫不例外，要么被饿死，要么被冻死。可见太阳的存在，对我们至关重要。

每当我们仰望星空，看星河璀璨，就能感觉人类的渺小。正如《庄子·知北游》中写道：“人生天地之间，若白驹之过隙，忽然而已。”从意大利天文学家伽利略拿起望远镜观察星空开始，人类探索宇宙的脚步又近了一步，人们能够从视野中观察宇宙当中的星体，同时也对宇宙的奥秘更加地好奇。是不是在宇宙当中存在着另一个地球呢？是不是有的星球上住着外星人呢？从此人类展开了无尽的探索。

天上繁星看似多不胜数，但凭肉眼所见才不过 3000 多颗。古人为求识别，为这些恒星分组与命名，西方人称为星座，中国古代则称为星官。现代天文学采用西方星座体系，将天空分成 88 个星座，以希腊神话人物等命名；中国古代就分成 283 个星官，其命名犹如中国古代社会缩影，如织女、帝、后妃、太子等。

时至今日，中国在研发火箭搭载技术、人造卫星、载人飞船与探月工程的四大领域上，都取得丰硕成果。2021 年 5 月 15 日，我国首次火星探测任务着陆火星取得圆满成功。2021 年 5 月 10 日，中科院国家天文台宣布，“中国天眼”FAST 系统发现 2 颗新脉冲星，距离地球分别约 4100 光年和 1.6 万光年。这是我国射电望远镜首次发现脉冲星，填补了我国在这一领域的空白。中国天眼指 500 米口径球面射电望远镜，位于黔南布依族苗族自治州平塘县大窝凼的喀斯特洼坑中。天眼由我国于 1994 年提出构想，历时 22 年建成，于 2016 年 9 月 25 日落成启用。是由中国科学院国家天文台主导建设，具有我国自主知识产权、世界最大单口径、最灵敏的射电望远镜。

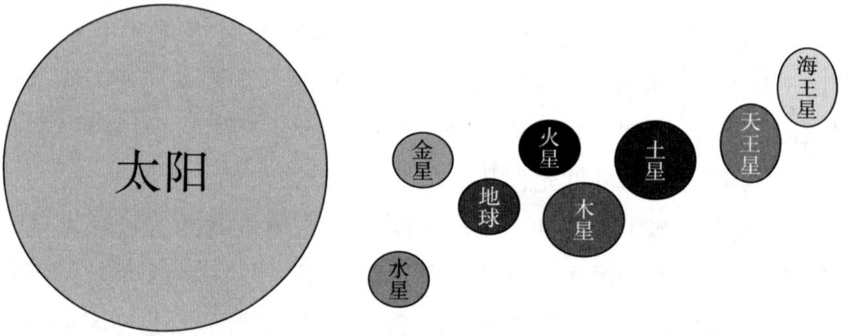

图 2-1 我们生活的太阳系

可以看出：宇宙是一次大爆炸产生的随机结果，我们生活的地球也是，生命的诞生也是一次随机结果，至今人类尚未发现外太空生命迹象。我们每个人都是由原子分子组成的，来地球一趟感受人间繁华和酸甜苦辣，离开这个世界的时候却什么财富也带不走，死亡之后又化成了零乱的分子原子，可能又接下来参与组成其他生命。这一切在冰冷的宇宙看来，就像是一次化工厂的合成实验，合成某种化工品，使用报废后再次回收，重新参与化学反应组成新的化工品。宇宙中的一切都是一次又一次的循环，一次又一次的轮回，看透了这些，我们的心态应该更加平和一些，淡定地看待荣华富贵，尔虞我诈。一辈子能够平安、健康地度过，已经超越很多人。

二、太阳黑子周期与人类文明：我们的财富都来自太阳

太阳是地球一切能量的源泉，古埃及人发明了太阳历，将靠天吃饭的规律表达得淋漓尽致。相隔千里的埃及人和墨西哥人不约而同地修建了金字塔，

表达对太阳神的敬畏。那么，太阳又是如何影响经济兴衰，进而如何影响人类的文明进程呢？对人类财富的影响有哪些呢？本章将尝试为您解答。

1. 太阳黑子周期与朱格拉周期：太阳是我们人类最大的财富

太阳是地球一切生命能量的来源，太阳在不停地进行核聚变释放大量的光和热，太阳光经过 8 分钟后达到地球，通过和植物表面的光合作用，释放了氧气，维持了人类和动物的呼吸需求，也为人类和食草动物提供了食物。同时，太阳通过蒸发海水和大江河流的水分，制造了云和雨，滋润了庄稼，也形成了二十四节气。可以看出，我们的生命来自太阳，太阳是全人类最大的财富。而这一切，得益于地球距离太阳不远不近，刚刚好，多么奇妙。

太阳也会通过太阳黑子影响我们的生活和经济，甚至国家政策。太阳的光球表面有时会出现一些暗的区域，它是磁场聚集的地方，这就是太阳黑子。黑子是太阳表面可以看到的最突出的现象。一个中等大小的黑子大概和地球的大小差不多。太阳磁活动周期，是太阳黑子（4000 ~ 6000 度）数的变化周期，大约 11 年为一个周期。会引起空气中物质变化，改变气候，影响电力，通讯和农业。太阳系的 4 颗巨行星（木星、土星、天王星、海王星）的力矩效应在近千年来呈现相当稳定的准 60 年周期变化，六十一甲子（10 天干与 12 个地支 60 个组合）。金星、地球和木星的轨道位置每隔 11 年就会对齐，造成巨大潮汐力，导致太阳表面磁场变化，太阳黑子活跃。太阳黑子也影响着我们的经济生活，甚至国家的政策。

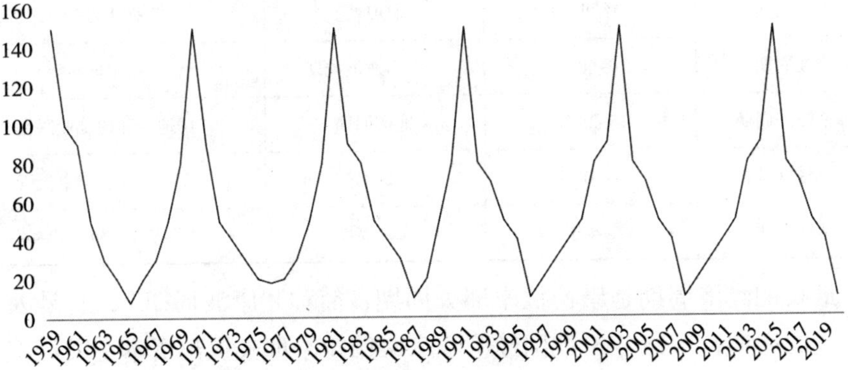

图 2-2 太阳黑子活跃周期大约 11 年

每当进入太阳黑子少的不活跃期，一般都伴随着粮食歉收，农作物涨价。如1998年洪水，2008年雪灾。太阳黑子少的不活跃期，极端天气现象导致农作物价格上涨，从而导致通货膨胀概率增加，CPI上升，各国央行不得不采取加息等手段提高贷款利率，抑制通货膨胀，这就是天文学与经济学的背后逻辑。

既然太阳黑子和我们的经济生活密切相关，而且有明显的太阳黑子周期，那么有没有对应的经济周期呢？1862年法国医生、经济学家克里门特·朱格拉（C Juglar）在《论法国、英国和美国的商业危机以及发生周期》一书中首次提出：市场经济存在着9~10年的周期波动。这种中等长度的经济周期被后人一般称为“朱格拉周期”，也称“朱格拉”中周期。他根据物价水平、生产等统计指标，确定经济中平均每一个经济周期为9~10年。我们可以看出，太阳黑子活跃周期和经济学上的朱格拉周期大致相当。

经济学上除了10年左右的朱格拉周期，还有更短的基钦周期，也叫“库存周期”。美国经济学家基钦于1923年提出了存在着一种40个月（3~4年）左右的周期，这是一种小周期，又称为“基钦周期”。一般一个完整的朱格拉周期里嵌套着2个基钦周期。比朱格拉周期更长的是库兹涅茨周期，也叫“地产周期”。1930年，美国经济学家库兹涅茨提出了存在一种与房屋建筑相关的经济周期，这种周期平均长度为20年。这也是一种长周期，被称为“库兹涅茨”周期，也称建筑业周期。

表2–1 四种典型的经济周期

经济周期	持续时间	周期理论	驱动因素
康波周期	50~60年	生产力发展周期	技术创新
库兹涅茨周期	15~25年	地产周期	房地产和建筑业兴衰
朱格拉周期	9~10年	投资周期	设备更替、资本投资
基钦周期	3~4年	库存周期	库存投资变化

最长的经济周期是康德拉季耶夫周期，简称“康波周期”，它是人类技术进步的周期，1925年，俄国经济学家康德拉季耶夫提出资本主义经济中存在着50~60年一个的周期，故称“康德拉季耶夫”周期，也称长周期。

2. 太阳历与月亮历：农业周期决定了古代人的财富流向

太阳历：古埃及根据尼罗河泛滥周期发明了太阳历。公历最早的源头，可以追溯到古埃及的太阳历。尼罗河是埃及的母亲河，正是由于计算尼罗河泛滥周期的需要，产生了古埃及的天文学和太阳历。7000 年前，他们观察到，天狼星第一次和太阳同时升起的那一天之后，再过五六十天，尼罗河就开始泛滥，于是他们就以这一天作为一年的开始，推算起来，这一天是 7 月 19 日。最初一年定为 360 天，后来改为 365 天。这就是世界上第一个太阳历。后来他们又根据尼罗河泛滥和农业生产的情况，把一年分为三季，叫作洪水季、冬季和夏季。每季 4 个月，每月 30 天，每月里 10 天一大周，五天一小周。全年 12 个月，另加 5 天在年尾，为年终祭祀日。这种以 365 天为一年的历年，是由于观测天狼星定出来的，叫天狼星年。

中国二十四节气：在埃及人发明太阳历的同时，远在千里之外的中国人发明了二十四节气来指导自己的农业生产。二十四节气，是历法中表示自然节律变化以及确立“十二月建”的特定节令。一岁分四时，春夏秋冬各三个月，每月两个节气，每个节气均有其独特的含义。二十四节气准确地反映了自然节律变化，在人们日常生活中发挥了极为重要的作用。它不仅是指导农耕生产的时节体系，更是包含有丰富民俗事象的民俗系统。二十四节气蕴含着悠久的文化内涵和历史积淀，是中华民族悠久历史文化的重要组成部分。

阴历：也叫月亮历，是中国古人根据潮汐规律发明的计时方法。阴历定月的依据是月球的运动规律：月球运行的轨道，名曰白道，白道与黄道同为天体上之两大圆，以五度九分而斜交，月球绕地球一周，出没于黄道者两次，历时约二十七日，为月球公转一周所需的时间，谓之“恒星月”。阴历是中国传统历法之一，也被称为旧历、汉历、古历等，辛亥革命后改用西方太阳历（公历），而现代叫法的农历属于阴阳合历。阴历在中国传统历法中主要指按月球的月相周期变化来安排的历法，即以朔望月作为确定历月的基础，一年为十二个历月的一种历法。阴历不考虑地球绕太阳的公转运行，因此，使得四季的变化在阴历上就没有固定的时间，它不能反映季节，这是一个很大的缺点。

古代有句话叫“靠天吃饭”，可以看出，太阳影响了农业周期，农业周期影响了古代人类大部分经济活动，而在古代粮食就是最大的财富，可以说太阳影响了古代人类财富。这就是为什么古代会修建那么多图腾，喜欢祈祷，祈求风调雨顺。这和现代人自己双色球中奖，股票打新中签，买车摇号摇中，股票大涨本质上没什么区别，都是在祈求神给予自己财富。

3. 历史上的庚子年，从来都不太平，投资也要注重年份

科学家们通过统计发现：太阳系的4颗巨行星（木星、土星、天王星、海王星）的力矩效应在近千年来呈现相当稳定的准60年周期变化，六十一甲子（10天干与12个地支60个组合）。无独有偶，中国古人发明了“六十甲子”周期，又称六十花甲子，10天干与12个地支组成了60个组合，其最古老的用途是纪年、纪月、纪日、纪时。纪年为60年一个周期，纪月为5年一个周期，纪日为60天一个周期，纪时为5天一个周期。六十甲子也指道家信奉的六十个星宿神，即六十甲子日值日的六十位神。用天干和地支循环相配作为称呼这些神的名字。

可以看出：中国古人虽然不明白太阳系4颗巨行星力矩效应60年周期，也不懂得50～60年的“康德拉季耶夫”周期，但是他们通过自己的智慧和统计，发明了“六十一甲子”周期，并以此来指导自己的农业生产和社会活动，想起来也是非常奇妙，正如中国古语云“一切皆有定数”。

庚子年是农历一甲子中的一个，比如1840年、1900年、1960年、2020年、2080年等（60年一周期）所谓农历的干支纪年，也就是：干支就字面意义来说，就相当于树干和枝叶。我国古代以天为主，以地为从，天和干相连叫天干，地和支相连叫地支，合起来叫天干地支，简称干支。历史的庚子年从来都不太平。1840年庚子年鸦片战争，1900年庚子年八国联军侵华，1960年三年灾荒，2020年庚子年是新冠肺炎疫情。世界卫生组织2021年6月3日公布的最新数据显示，全球累计新冠确诊病例达1.7亿例，死亡逾356万例。美国累计确诊病例超3417万例，死亡病例超61万例。可见：每次庚子年的确不太平，这背后的逻辑可能是太阳黑子不活跃期极端气候现象，遇上了康波周期的经济萧条期，就会出现波动和不太平，要么是战争，要么是瘟疫。

可以看出中国的六十一甲子循环具备科学逻辑和道理，背后起作用的是太阳系的4颗巨行星的力矩影响，小的周期是太阳黑子在起作用。这在地理学、气象学、经济学上能找到很好的验证。作者大胆猜测，2020年暴发的新

冠肺炎疫情，可能和太阳黑子不活跃有关。人类目前已经发现了 32 万种能感染哺乳动物的病毒，它们都出现在我们的生活中，只不过有的危害小，有的已经被人类通过疫苗产生抗体克服，比如天花和牛痘。2020 年是太阳黑子不活跃期，可能某种病毒在这种特定的自然环境下就比较活跃被释放或者激活，从而形成了“新冠肺炎疫情”。我们经常讲顺势而为，什么天气种什么庄稼。君子不立危墙之下，大家一定要看清楚经济周期，经济形势，相机而动，做好自己财富的保值增值。

三、熵增原理与人类文明：人类追求财富过程就是熵增

提起宇宙大爆炸，不得不提“熵增原理”，它与人类文明密不可分。熵泛指某些物质系统状态的一种量度，某些物质系统状态可能出现的程度。亦被社会科学用以借喻人类社会某些状态的程度。熵的概念是由德国物理学家克劳修斯于 1865 年所提出。最初是用来描述“能量退化”的物质状态参数之一，在热力学中有广泛的应用。熵是衡量我们这个世界中事物混乱程度的一个指标，热力学第二定律中认为孤立系统总是存在从高有序度转变成低有序度的趋势，这就是熵增的原理。克劳修斯引入了熵的概念来描述这种不可逆过程。热力学过程是指一个系统热力学性质的改变过程，例如温度、体积、压强、内能等。这里的“可逆过程”即指改变过程在每一个极短的步骤内，系统都保持非常接近平衡的状态，称为“准静态过程”。否则，该过程即是“不可逆的”。熵增是一个不可逆过程，而总熵变总是大于零。但最终达到熵的最大状态，也就是系统的最混乱无序状态。

熵反映的是一个系统的混乱程度，一个系统越混乱，其熵就越大。原始宇宙是整体熵最低的宇宙结构。大爆炸发生后不久（大约 140 亿年前），宇宙处于一种在所有地方看起来几乎完全相同的结构，我们称之为同质结构。意味着物质的分布有微小的波动，最终导致物质聚集在一起（由于引力），形成我们今天看到的结构，从行星到恒星和星系。我们称这个婴儿宇宙为原始宇宙。另一方面，当今的宇宙是高度不均匀的：与在太空中、在太阳表面或在黑洞附近相比，在地球表面上的体验有很大不同。生命的存在就是为了对抗“熵”。年龄增加，各器官工作混乱，熵就会变大。

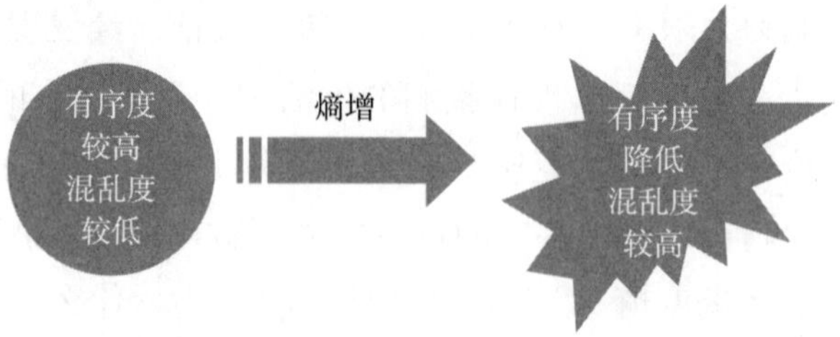

图 2–3　熵增原理：热力学第二定律

回顾地球简史，我们发现：生命的本质就是对抗熵增。社会领域中也是如此，一个社会如果无组织、无约束，一定会越来越混乱，因为熵增加。各种规章制度、职能部门就是在对抗着熵的增加。投资要寻找熵减的机会（如阿里巴巴），在熵增系统里寻找熵减的机会。比如成功的公司华为。华为就是不断追求熵减的组织，华为更像是国家里的郡县制，鼓励创新，集中资源突破，全员持股。对比华为，阿里巴巴采取的是大中台、小前台 BG 充分授权的模式，而腾讯采取的是“诸侯制模式”。从“熵增”的角度看，华为在控制“熵增”方面更有效，所以能成为举世瞩目连美国都要制裁的科技公司。

人类在追求财富的过程中，必然伴随着竞争、破坏，宇宙的熵也在增加。另外，有的人投资时胡乱投一气，也是一种熵增行为。真正合理的投资行为应该是基于科学判断基础上，放弃大部分投资品种，而只投资那些符合自己风险偏好，稳健成长的资产，这样才能使得自己的投资行为做到熵减，从而使自己的财富和利益最大化。

四、人类由追求物质文明（物质财富）到精神文明（精神财富）

我们可以简单地把人类文明分为两个阶段：第一个阶段是物质文明，第二个阶段是精神文明。过去我们追求更多的是物质文明，对财富而言就是金银珠宝，名车豪宅。而第二个阶段是精神财富，随着技术进步，物质极大丰富，人类将更多地追求精神财富，包括健康、喜乐、贡献、慈善、自我实现、创造等。这些财富后面章节将详细讲述。

1. 物质文明阶段

由于不同国家经济发展水平不同，处在不同的文明阶段。大部分人类还处在追求物质文明的阶段，从人类诞生那天起，逐渐学会采摘果实、制作工具、追杀猎物，到后来蒸汽机的发明、电和计算机的发明，都是为了进一步提高生产效率，满足人类“吃穿住用行”的物质文明需求。

原始社会：中国的原始社会起源于170万年前的元谋人（北京人），止于公元前21世纪夏王朝建立。原始社会大多是母系氏族，到后期，随着生产力的发展，一些人就有了过剩产品，这些人就形成了后来的奴隶主。原始社会生产力极其低下是发展缓慢的根本原因，社会生产力的主要标志是使用石器工具。原始社会的社会组织经历了原始群和氏族公社两个发展阶段。氏族是原始社会的人们以血缘关系联结起来为特征的共同生产和生活的基本经济单位。氏族又经历了母系氏族和父系氏族两个阶段。前者表现为：妇女是氏族的主体，氏族成员的世系按母系计算，财产由母系血缘亲属继承。后者表现为：世系按父系计算，财产按父系继承，氏族领导权落在男子手中。原始社会没有剥削，没有阶级，因而也就没有国家，一切重大问题都由全体成员参加的氏族会议作出决定。

原始社会分为三个时期：旧石器时代、中石器时代、新石器时代。

旧石器时代：从距今300万年至距今1万年前，是以使用打制石器（见石器）为标志的人类物质文明发展阶段。那时期的人类已经可以使用工具搭建简单的“巢居”。工具落后，洞居，采摘为主，女性占优，是这个时期典型的特点。比如山顶洞人（距今2万年前的晚期智人），同一辈分互为夫妻，属于母系氏族，目前动物界还存在母系氏族的动物有：蜜蜂、蚂蚁、大象等。原始人群起初的婚姻形式是乱婚，即群内所有兄弟姊妹之间都互为夫妻。在旧石器时代早期和中期，在血缘家族内部，婚姻按照辈数来划分，同一辈分的人互为夫妻。而在不同辈分之间则不通婚。到了旧石器时代晚期，人类认识到家族内部同辈之间近亲婚姻对人类体质的危害，原先的原始人群为氏族公社所取代，同时形成了族外婚制。一个氏族的成员必须和另一氏族的成员通婚。中国旧石器时代早期文化分布已很普遍。距今100万年前的旧石器文化有西侯度文化、元谋人石器（170万年前）、蓝田人文化（100万年前）等。距今100万年以后的遗址更多，在北方以周口店的北京人（距今50万年前）文化为代表。

中石器时代：距今 1.5 万至 8000 年前，中石器时代的地质时代处在冰后期。在中石器时代，全球气候和生态环境发生显著变化。随着第四纪最后一次冰期的结束，冰河开始融化、冰川后撤、全球气候转暖。欧亚两洲的冰原地区被森林和草原取代，在非洲，全球冰期时的多雨气候转为干旱气候。植被和动物群也发生变化。旧石器时代的不少大型动物灭绝，数量大大减少，适于森林草原地区生活的中小动物和鸟类增多。这时，不仅人类狩猎的对象发生变化，而且经济活动的内容扩大到江河湖海地区，渔猎经济有了发展。经济生活仍为采集和渔猎，使用打制石器或琢制石器，磨制石器尚未出现。中石器时代的典型特征是石器开始小型化，开始训练狗等野生动物变为家禽，在欧洲和西亚的一些地方，可能已开始驯养猪或山羊。这时候狩猎效率依然很低，出现了抢婚现象。族外对偶婚制基本取代了族外群婚制，并出现了人类社会最早的家庭组织。

新石器时代：距今 8000 年前，典型的特征是石工具、陶瓷制造大发展，由群婚开始转向对偶婚。由中石器时代进入新石器时代的原因是农业和畜牧业地位的提升，狩猎捕鱼，男性逐渐取代女性，生产剩余，私有制财产权，父系氏族公社形成。新石器时代文化的典型代表如：仰韶文化、大汶口文化等。

奴隶社会（夏朝 2070BC~ 春秋 770BC）：生产开始出现剩余，集体劳动被个体取代，私有制和阶级出现，世袭制替代禅让制，文字出现，体力和脑力劳动分开。在中国奴隶制初期，奴隶一般是战争中的战俘，统治者是由上一位统治者推选出来的，并不是与他有血缘关系的人接任。舜的儿子启改变了这样的制度，把天下传给了他儿子，从此中国就变成了“家天下”。奴隶制也有积极的一方面：它是社会一个巨大的进步，解放了生产力。打破了原始社会氏族部落关系的狭隘性，从而有利于社会生产规模的扩大，有利于体力劳动和脑力劳动分工。奴隶社会的特征是：金属工具使用，青铜武器转向铁制武器；手工业大发展：包括金属冶炼。另外就是商业的发展和城市的繁荣。奴隶制时期的土地制度是：天子分封土地于诸侯，诸侯役使奴隶耕作。

封建社会：最早的封建制度在中国商周和西欧中世纪出现，是以贵族统治阶层分封，占有土地，租给农民耕种，农民有了人身自由，关心生产自主劳动。废除井田制，世袭制，殉葬制。封建制的标志：公元前 475 年，是春秋奴隶制瓦解的时代，战国封建制形成。春秋时期的鲁国实行“初税亩”标志着我国奴隶社会土地国有制的瓦解。

资本主义社会：资本主义社会是人类社会历程中的一个阶段。资本主义（capitalism）就是资本归个人私有和雇佣关系。资本家通过雇佣关系赚取生产要素创造的利润。是以资本家拥有资本和雇佣劳动为基础的社会制度。封建社会是地主租块土地给农民，让他们播种，之后农民按时交税。但农民个人有土地对他们不利，于是出现了资本主义，仅是农业工人到农业资本家的农场干活，之后拿工资离开，并不拥有土地，他们之间成为雇佣关系。

社会主义社会：社会主义和资本主义都是人类进步的社会历史产物。它们的性质根本对立，但在当代同处于人类社会发展过程中的第二大形态，具有共同的“社会存在”——“以物的依赖性为基础的人的独立性”。中国从半殖民地半封建社会过渡到共产主义社会，需要经过一个社会主义初级阶段，用来解放生产力、发展生产力、不断摆脱对物的依赖性，为人的自由而全面的发展创造条件。社会主义和资本主义是当代最主要的两种价值观，也是当代最基本的两种社会制度。14～16世纪的文艺复兴运动、宗教改革运动和18世纪的启蒙运动等三大思想运动，孕育了西方国家的新兴资产阶级的意识形态。1516年，英国杰出的人文主义者托马斯·莫尔写下了《乌托邦》一书。他以生动的文学笔调，揭露资本主义发展初期的罪恶，描绘没有剥削、没有压迫的一种理想社会。1840年，马克思和恩格斯共同创立了科学社会主义理论，发表了《共产党宣言》。当人类进入20世纪以后，社会主义的价值观终于获得了自己的制度载体——社会主义国家。

总之，中国奴隶社会开始于夏朝，封建社会开始于秦朝，欧洲奴隶社会开始于古希腊，封建社会开始于罗马帝国，奥斯曼土耳其的存在对欧洲来说意味着东方通往欧洲的商路被垄断，文艺复兴使欧洲进入了资本主义时代。由上可见：从原始社会、奴隶社会、封建社会再到资本主义社会和社会主义社会，人们还是处在物质文明阶段，追求的是物质层面的满足。

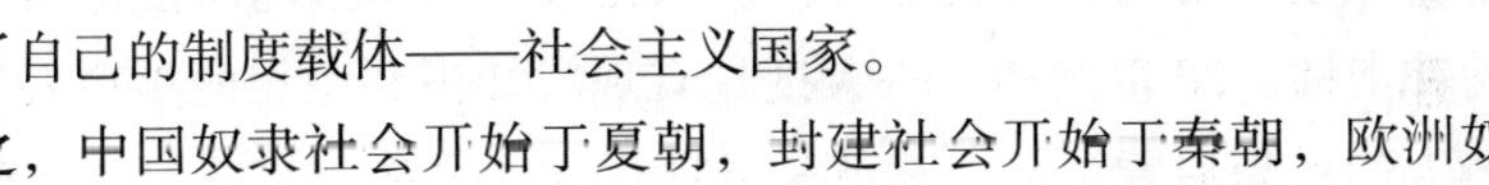

图2–4　人类社会发展里程图

2. 精神文明阶段

《管子·牧民》中提到“仓廪实而知礼节，衣食足而知荣辱”，意思是百姓的粮仓充足，丰衣足食，才能顾及到礼仪，重视荣誉和耻辱。人类在孜孜不倦追求物质文明的同时，开始探索精神文明，关注天—地—人的关系，关注内心世界，追求更高等级的快乐——精神文明。精神文明是指人类在改造客观世界和主观世界的过程中所取得的精神成果的总和，是人类智慧、道德的进步状态。精神文明主要表现为两个方面：一是社科文化方面，包括社会的文化、智慧的状况，教育、科学、文化、艺术、卫生、体育等各项事业的发展水平。二是思想道德方面，包括社会的政治思想、道德面貌、社会风尚和人们的世界观、理想、情操、觉悟、信念以及组织性、纪律性的状况。

本质上说，西方文明能这么发达，也是拜文艺复兴所赐，极大地解放了人的思想和积极性，从而把人从宗教的束缚中解放出来，极大地提升了人的主观能动性。无论是15世纪末到16世纪初的大航海时代，由欧洲人开辟横渡大西洋到达美洲、绕道非洲南端到达印度的新航线以及第一次环球航行的成功，还是开始于18世纪60年代，发源于英格兰中部地区的工业革命，资本主义生产完成了从工场手工业向机器大工业过渡的阶段。这些都离不开文艺复兴的推动，可以说精神文明某种程度上更重要，它决定了物质文明的进程。文艺复兴是一场思想解放运动，所以在它进入中国的时候也给中国带来了一定的冲击性。20世纪初，一大批具有现代知识和思想的年轻人展开了一场声势浩大的思想启蒙运动，它就是五四运动。文艺复兴充当了当时五四新文化运动的武器，不断地为中国的新文化运动提供精神食粮。人文主义是文艺复兴的核心思想，所以它提倡的人权，反对神权，反对封建主义，让中国人重新审视了我们的传统文化，也为新的文化提供了源泉。

在物质极大丰富后，精神世界更重要，我们要更多地追求精神财富，这样才会更加幸福。2018年，《华盛顿邮报》评选出的世界10大奢侈品，都属于精神世界范畴。它们是：（1）生命的觉醒开悟。（2）一颗自由、喜悦、充满爱的心。（3）走遍天下的气魄。（4）回归自然。（5）安稳平和的睡眠。（6）享受属于自己的空间与时间。（7）牵手一个彼此深爱的灵魂伴侣。（8）拥有任何时候都真正懂您的人。（9）身体健康和内心富足。（10）感染并点燃他人希望。

五、生产力与生产关系左右着人类财富流向和分配

人类进行物质生活资料的生产既要同自然界发生关系，人们之间也要发生一定的社会关系，这就构成了生产力和生产关系，二者辩证统一于生产方式。生产力最终决定生产方式的存在、发展和变革；生产关系则直接规定生产力的性质。生产力和生产关系的矛盾运动构成了生产关系一定要适合生产力状况的规律。

回顾人类进化史文明不难发现：在原始社会分为三个时期：旧石器时代、中石器时代、新石器时代，旧石器时代之所以是母系氏族社会，是因为当时工具不发达，女性采摘果实的效率远远大于男性打猎，因此，谁掌握了先进生产力（采摘果实），谁就有权分配成果。

进入新石器时代，随着农业和畜牧业地位的提升，狩猎捕鱼，男性逐渐取代女性，生产剩余，私有制财产权，父系氏族公社形成。可以看出还是生产力说了算。到了奴隶社会，初期奴隶制的生产关系同生产力的发展相适应，因此推动了生产力的发展，到了奴隶社会的后期生产关系不适应生产力的发展，就阻碍了生产力的发展。在奴隶社会，广大奴隶对于奴隶主来说就是会说话的生产工具，奴隶主通过暴力方式使生产资料与劳动者即奴隶在奴隶主作坊内相结合，奴隶仅仅得到必需的生活资料，维持最基本的生存，奴隶主获得剩余产品，这就是奴隶社会的生产关系的本质。奴隶阶级推翻腐朽的奴隶主阶级的革命，由此社会向前发展，解放了生产力，并且构建了与之相适应的生产关系和上层建筑。进入了一个崭新的封建社会。从奴隶社会到封建社会再到资本主义社会，生产资料实际上都归私人所有，都是生产资料私有制为主的社会，但它们是本质不同的生产关系。

人类社会有史以来，先后出现过原始社会、奴隶社会、封建主义社会、资本主义社会和社会主义社会的五种生产关系，每一种生产关系一开始都是与当时社会生产力的发展水平相适应的。但是随着社会生产力的发展，前四种生产关系到后来都成为制约社会生产力进一步发展的桎梏，于是就发生了生产关系的变革与调整。用新的生产关系代替旧的生产关系，属于生产关系的变革；对现有生产关系加以改革和完善，属于生产关系的调整。每一次生产关系的变革与调整，都起到了促进了社会生产力发展的重大作用。

人类起源对我们的启示：宇宙大爆炸过程，是一个从有序到无序的过程。150 亿年前宇宙诞生，45 亿年前太阳系和地球形成，30 亿年前形成有机物细菌，10 亿年前出现原始生命单细胞真核生物草履虫，6.3 亿年前生命出现（海蝎），寒武纪（5 亿年前）生命大爆发。

而生物进化史是：原核生物→单细胞生物（10 亿年前，草履虫等）→多细胞生物→植物、动物（6 亿年前，海蝎）→其他动物（2 亿年前，恐龙）→猿（3300 万年前）→古猿（300 万年前，寿命 15 年）→ 智人（25 万年前，寿命 20 年）。

地球历史上经历了五次生命大毁灭：第一次物种大灭绝发生在 4.4 亿年前的奥陶纪末期，由于当时地球气候变冷和海平面下降，生活在水体的各种不同无脊椎动物便荡然无存。第二次物种大灭绝发生在 3.65 亿年前泥盆纪晚期，其原因也是地球气候变冷和海洋退却。第三次物种灭绝发生在 2.5 亿年前的二叠纪末期，那次灾难毁灭了 95% 的海洋物种和几乎 70% 的陆地物种，它们基本上都是一些早期昆虫、原始爬行动物和鲨鱼形动物。第四次劫难发生在 1.85 亿年前三叠纪晚期。最为著名的第五次大劫难则发生在 6500 万年前，科学家们猜测，当时地球遭到巨大的陨石碰撞，毁灭了包括恐龙在内的 90% 的地球物种。

表 2–2　地球历史上五次生命大毁灭

	第一次	第二次	第三次	第四次	第五次
发生时间	4.4 亿年前的奥陶纪末期	3.65 亿年前的泥盆纪后期	2.5 亿年前二叠纪末期	1.85 亿年前	6500 万年前白垩纪
后果	85% 物种灭绝	海洋生物重创	95% 物种灭绝	80% 爬行动物灭绝	恐龙灭绝

人类进化史：550 万年前出现了非洲古猿，25 万年前非洲的直立人进化成了智人，取代了当地的直立人，甚至脑容量大到 1800 毫升的尼安德特人。主要原因是：冰河时期食物匮乏，带来细菌，人工合作。相似的逻辑可以参考《枪炮细菌和钢铁》，它试图解释为何欧亚文明最终可以存活下来并战胜其他文明，同时驳斥欧亚霸权是由欧亚知识分子或道德上的优越而来。目前全球有四大人种：蒙古利亚人种（黄种人）、高加索人种（白种人）、尼格罗人种（黑种人）、澳大利亚人种（棕种人）。这四大人种也是长期竞争下来的结果，毕竟“物竞天择，适者生存”。科学家们相信，现代人类十几万年前起源

于非洲，10 万年前开始向全球各地迁徙，1 万年前左右开始渐渐诞生出文明。

表 2–3 人类进化示意图

	400 万年前	300 万年前	200 万年前	100 万年前	70 万年前	50 万年前	28 万年前	1.8 万年前
人种	从古猿群中分离	纤细型南猿	能人 + 粗壮型南猿	蓝田人	爪哇人	北京人	金牛山人	山顶洞人
进化历程	远古人类	向直立人进化		直立人	向智人进化	智人	向现代人进化	

从人类起源可以看出：人类在进化过程中不是一帆风顺的。约 6500 万年前，一颗宽度约 16 公里的大型陨石撞击到了今天墨西哥的尤卡坦半岛上，造成巨大灾难，当时地球上包括恐龙在内的 2/3 的动物物种消亡灭绝（恐龙灭绝原因未定，此种说法只占其一），爬行动物的黄金时代结束，原始哺乳类动物逃过劫难经过漫长岁月存活下来，之后迅速进化，才形成了现在的人类。人类在进化过程中，首先要对抗恶劣的大自然天气，还有防止猛兽和疾病的袭击，不断地改进自己的工具和武器，不断地让身体适应环境，最终才进化成了现代人类。这对我们的启示是：无论是企业管理还是个人投资，一定要适应时代潮流，一定要积极学习，求新求变，故步自封的结果是自己的熵增加，最终可能像远古时期的“尼安德特人”一样，被智人淘汰。

据动物学家统计，目前地球上已知的动物大约有 150 万种。动物分类有两大类：脊椎动物和无脊椎动物。脊椎动物包括鱼类、爬行类、两栖类、鸟类以及哺乳类。而无脊椎动物则包括棘皮动物、节肢动物、腔肠动物、软体动物以及线形动物等。

地球上已知道的植物种类有 33.5 万种。植物分藻类、菌类、地衣类、苔藓类、蕨类和种子植物（裸子 + 被子）六大类。其中藻菌类植物的结构较为简单，通常只有叶状体，苔藓类植物适合在阴暗潮湿的环境下生长，而蕨类植物的别称为羊齿植物，植株的孢子体内有根、叶和茎的分化。

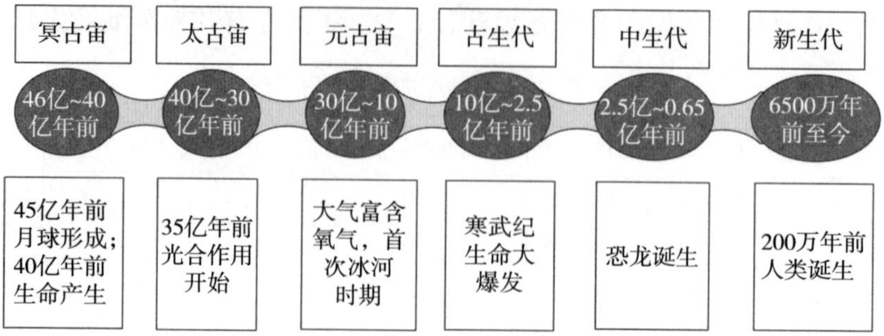

图 2-5　地球代际划分大事记

表 2-4　地球上动物和植物分类

	具体类别
动物分类	哺乳、鸟类、爬行、鱼类、两栖类、软体、节肢、棘皮、环节动物、扁形动物、线形动物、腔肠动物
植物分类	藻类、地衣、菌类、苔藓、蕨类、种子（裸子 + 被子）

由人类进化史可见：生命是如此的渺小，人类文明区区几万年，放在地球的历史长河中简直不值一提。曾经有那么多庞大而威武的动物都随着历史长河灰飞烟灭。人类也许不是这颗星球上曾经最伟大的生命，因为毕竟地球寿命已经有 46 亿年之久了，足够诞生太多次智慧生命，最后又被毁灭很多次了。因此，我们都是宇宙中的匆匆过客，大江东去浪淘尽，每个人来人世间一趟，应该积极努力地过好每一天，因为生命就是随机过程，生命本身就是个随机结果，心态阳光，看淡一切。

表 2-5　地球生命进化时间表

	时间	动物类型	植物类型
新生代	6500 万年前	人类 + 哺乳动物	被子植物
中生代	2.5 亿 ~6500 万前	恐龙时代 + 爬行动物	裸子植物
古生代	10 亿 ~2.5 亿年前	两栖 + 鱼类 + 无脊椎动物	孢子植物
元古代	30 亿 ~10 亿年前	原始动物	藻类时代
太古代	40 亿 ~30 亿年前	生命初期	生命初期

六、人生的意义：人生就像打游戏，财富就是通关奖励

人生就像打游戏，就是在不停地闯关与过关中过完一生，游戏过关的奖励就是功名利禄。从出生开始，人类要学会走路、吃饭、语言，通关后获得的奖励是父母的鼓励或者一块糖果。上学后人要学习各种知识，通过各种考试，获得奖状。工作后，人需要努力工作，在创造财富满足自己更美好生活的同时，实现自我的社会价值，获得功名利禄。当人进入老年后，又开始追求健康和内心充实，通过跳广场舞、钓鱼或者全球旅行来充实自己，度过人生最后一个关卡。

我们如果把一生比作游戏通关，那么一生总共有十关。

第一关是“投胎”。这样的幸运可以说万万里挑一，大部分都未通过第一关。这还不够，还得靠命，投胎好的就是含着金钥匙出生，比如某富二代，出生就继承几十亿的资产，锦衣华食，衣食无忧。但是大部分在第一关就表现不好，因为含着金钥匙出生的人太少了，全球前 10% 的人控制了全球 90% 的财富，贫富差距太大。如果这关打得不好未通关，可能连钥匙都没有。

第二关是“读书”。大部分人 4~18 岁期间在读书，读书好坏一看天分，二看父母教育方式，三看自身性格和勤奋程度。对大部分人而言，这是逆天改命，挽回第一关败局为数不多的时机。2019 年全国义务教育发展数据统计：九年义务教育普及率 94.8%。全国共有各级各类学校 53.01 万所，比上年增加 1.13 万所，增长 2.17%；各级各类学历教育在校生 2.82 亿人，比上年增加 660.62 万人，增长 2.40%；专任教师 1732.03 万人，比上年增加 59.18 万人，增长 3.54%。2001 年出生的新生儿为 1700 万，但 18 年后的 2019 年，当年高考人数为 1071 万，也就是说读完高中参加高考的人数占比为 63%，我们假设这些人才有机会参加高考。2010 年至 2019 年，共有 7197 万大学生接受过高等教育，平均毕业年龄为 22 岁。

第三关是“考大学”。大部分人 18 岁考大学，2019 年高考人数为 1071 万，当年大学录取人数为 700 万，占 70%，这样一看似乎考大学还是很容易的，而这也就是为什么会出现大学生遍地开花的主要原因。而这 700 万大学生当中，仅有 360 万是本科生，这样算来，本科批次的考生仅占 33%，也就是说每三个高考生中，有一个人考上本科，这些人将来大概率才有可能进入

名企，获得体面的收入。

第四关是“就业”。根据《2019年中国大学生就业报告》显示，2018届大学毕业生就业率为91.5%，2018届大学毕业生的平均月收入为4624元。根据统计：44%的本科毕业生薪资水平都在5000～7000元左右，也有30.64%的毕业生薪资水平在3000～5000元左右，9000～11000元所占的比例为3.02%，11000元以上所占的比例为5.08%。可见月薪10000以上高薪收入的占比不到10%。我们假设2019年360万本科生全部合格毕业，保守假设其中8%的人拿到10000以上月薪，这部分人数大概为30万人。

第五关是“买房”。根据贝壳研究院的一项报告指出：2018年，购房者平均年龄为29.5岁。购入上海一居室是在北上深置业的最低门槛，安心购房要求家庭收入应达到34.4万元。与欧美等国35岁左右的平均购房年龄相比，中国人的买房平均年龄更为年轻化。根据汇丰银行的调查结果，在这9个国家中，千禧一代（80后、90后）的住房拥有率平均为40%。比中国富裕的国家中，法国、美国、加拿大、英国、澳大利亚、沙特则依次为41%、35%、34%、31%、28%和26%；和中国发展情况类似的国家墨西哥、马来西亚则分别为46%、35%。我们依然取通过第四关的30万人作为基数，住房拥有量按照40%计算，他们当中通过第五关的人数大约为12万人。

第六关是“结婚”。2019年，全国婚姻登记机关共办理结婚登记947.1万对，离婚登记415.4万对。根据民政部的数据显示，2018年我国单身成年人口高达2.4亿人，其中超过7700万成年人是独居状态，预计到2021年这个数字将上升到9200万。据统计：中国20岁到60岁的人口现阶段有9亿人，占总人口的65.69%，也就是说中国成年人单身比例约27%，结婚的占比73%。单身人口规模甚至比英国、德国、法国的总人口之和还要多。苏宁金融研究院最新发布的《单身群体消费趋势研究报告》显示，单身人口已占到瑞典的51%，占美国成年人口的45%，日本为32.4%，韩国为23.9%，越来越多的人呈现单身化趋势。根据国家民政部统计，全国独居人口从1990年的6%上升到2013年的14.6%，单身独居群体日益庞大。自2015年起，一人户占比逐年增加，2018年已上升至16.69%。分城市看，散落在一线和新一线的单身青年分别占比达到29.7%、26.4%，合计占比超过50%，其中又以TMT行业从业者数量居多。智联招聘联合珍爱网发布《2018年职场人婚恋观调研报告》，参与调研的职场人里面，68.33%处于单身状态。在全国主要城市中，海口的单身率最高，87.5% 职场人是单身。四大一线城市中，深圳职场单身率最高，达到 77.23%，广州、上海、北京依次排在其后。我们取通过第五关的 12 万人来计算，他们当中结婚的比例为 73%，当中通过第六关的人数大约为 9 万人。

第七关是“生子”。现在的人口生育主力军应该是 90 后，或者是“Z 世代”这批人。但是高房价限制了他们的结婚，教育竞争激烈和高成本又限制了他们的生育意愿。2019 全年出生人口 1465 万人，比 2018 年的 1523 万人有所减少。据统计，目前中国丁克家庭数量突破 60 万。上海市妇联最近一项针对全市家庭状况所作的调查显示，结了婚却没有孩子的“丁克家庭”已经占到上海家庭总数的 12.4%。虽然不孕不育可通过药物治疗、试管婴儿、人工授精等得到部分解决，但多数仍难以治疗。此外，加上部分丁克家庭、单身主义群体等，我们保守粗略估计不生孩子的比例可能在 15% 左右，也就是说结婚的家庭里 85% 有孩子，将来可以依靠养老。美国人口普查局数据显示，1993 年在美国的 6180 万个家庭中，有 3480 万个家庭无子女，意味着美国的丁克家庭超过了 50%。中国未来丁克家庭占比肯定会上升，全面放开计划生育刻不容缓。我们取通过第六关的 9 万人来计算，他们当中 85% 的人生子，完成了基因延续，则通过第七关的人数大约为 7.5 万人。

第八关是“中年危机”。中年危机，也称“灰色中年”，一般高发在 39～50 岁。在 40～65 岁之间的男性身上，还被称为“男人四十综合征”。从广义上来讲，是指这个人生阶段可能经历的事业、健康、家庭婚姻等各种关卡和危机。1970 年左右，宾州大学的经济学家 Richard Easterlin 在看过许多不同国家关于人们幸福感的调查之后，自己开始收集和分析数据，发现了一个悖论：在财富值达到一定水平之后，国家的幸福指数不会再上升。20 多年过去了，幸福经济学重出水面。年龄和幸福感之间存在关系，在人生的头几十年，人们生活满意度会逐渐下降，在四五十岁时触底，一般在 39 到 57 岁之间生活满意度最低，平均在 50 岁达到谷底，然后逐渐随着年龄增长而上升，有时候甚至会超过年轻时候的满意度。他们将这个规律总结为 U 型曲线。我们取通过第五关的 7.5 万人来计算，保守估计成功渡过中年危机的人比例为 80%，则他们当中顺利通过第八关的人数大约为 6 万人。

第九关是“子女婚姻”。到这里人生好像进入了一个循环，从自己结婚生子问题到考虑子女结婚生子问题。根据统计：中国 20 岁到 60 岁的人口现阶段有 9 亿人，占总人口的 65.69%。也就是说中国成年人单身比例约 27%，结婚的占比约73%。我们取通过第八关的6万人来计算，他们当中子女能顺利结婚的比例约73%，剩下的可能是不婚主义者、丁克主义者等，通过第九关的人数约4.4万人。

第十关是“身体健康”。进入老年，大部人已经退休了，要么跳广场舞，要么周游世界，看淡了功名利禄，但是随着身体的衰老，健康问题摆在了很多人面前。截至2018年底，中国60岁及以上老年人口约2.49亿，占总人口的17.9%。65岁及以上人口约1.67亿，占总人口的11.9%。中国已经明显进入了老龄化社会。根据《中国发展报告2020：中国人口老龄化的发展趋势和政策》预测，从2035年到2050年是中国人口老龄化的高峰阶段，到2050年中国65岁及以上的老年人口将达3.8亿，占总人口比例近30%；60岁及以上的老年人口将接近5亿，占总人口比例超1/3。

据统计：2000年中国出生的人数约占总人口的1.2%，大约为1400万人；5岁以下儿童的每年死亡率为2.4%，所以活到5岁的有1240万人；6岁到40岁年龄段的每年死亡率为0.54%，则活到40岁的有1026万人；40岁到72岁年龄段的每年死亡率为0.73%，活到72岁的人还剩812万。那么活到72岁的人群概率为812万除以1400万等于58%。

根据数据显示，全球224个国家和地区中，男性的平均寿命为70.31岁，女性为75.33。平均寿命排名中，日本、瑞士、摩洛哥等国家位居前列。全球人均寿命最长的20个国家都超过了80岁，而中国只有74.83岁，在全球排名80位。我们取通过第九关的4.4万人来计算，他们当中能活到72岁以上就算通过第十关，我们假设这部分比例为60%（根据上段的统计数据。但随着中国整体医疗水平发达，这个数字将持续上升，有望达到80%甚至90%），则最终通过第十关的人数大约为2.6万人。如果拿2001年出生的新生儿为1700万为基数样本来看，这部分人数约2.6万人，这个比例仅仅为0.15%，可谓“千里挑一”的人生赢家。

总之，人生就像一场游戏，财富就是通关奖励。我们自始至终都要不断地学习、进阶、升级，掌握各种技能，一路通关晋级，在此过程中不断充实自我，实现人生价值。

表 2–6　人生如同打游戏，一生需要通十关（取 2001 年新生儿 1700 万为基数计算）

	第一关	第二关	第三关	第四关	第五关	第六关	第七关	第八关	第九关	第十关
年龄阶段	0~4 岁	4~18 岁	18~24 岁	22~26 岁	28~35 岁	28~35 岁	28~35 岁	35~50 岁	50~60 岁	60~80 岁
通关任务	投胎	读书	考大学	名企就业	买房	结婚	生子	中年危机	子女婚姻	身体健康
通关奖励	金钥匙	名校录取	名企录用	高薪收入	房本	结婚证	养老期权	平稳退休	天伦之乐	广场舞
通关比例	亿分之一	63%	33%	8%	40%	73%	85%	80%	73%	60%
通关人数	1700 万	1071 万	360 万	30 万	12 万	9 万	7.5 万	6 万	4.4 万	2.6
未通关惩罚	没钥匙	父母责骂	工地搬砖	一般工作	漂泊搬家	孤独终老	进养老院	中年失业	闲言闲语	疾病缠身

七、原来我们追求的不光是财富，因为人是四种激素的奴隶

人的一生，看似在追求财富，正所谓“人为财死，鸟为食亡”。但实际上都在追求七情六欲的欢娱，总结起来，人可能是四种激素的奴隶，这四种激素是：多巴胺、内啡肽、肾上腺素、催产素。四种激素驯化了人类，正如一万年前，人类在进化过程中，小麦驯化了人类。

1. 多巴胺：快乐机制

多巴胺是一种神经传导物质，用来帮助细胞传送脉冲的化学物质，它具有神经递质调控中枢神经系统的多种生理功能。这种脑内分泌物和人的情欲、感觉有关，它传递兴奋及开心的信息。另外，多巴胺也与各种上瘾行为有关。多巴胺是大脑中含量最丰富的儿茶酚胺类神经递质。多巴胺作为神经递质调控中枢神经系统的多种生理功能。多巴胺系统调节障碍涉及帕金森病、精神分裂症、注意力缺陷多动综合征和垂体肿瘤的发生等。多巴胺除了作为去甲肾上腺素的前身外，还是维持锥体外系神经功能的重要神经介质。多巴胺在正常脑内的浓度至少与去甲肾上腺素一样高的事实启示，多巴胺除了作为去

甲肾上腺素的前体以外，还可能有其他功能。

多巴胺具有β受体激动作用，也有一定的α受体激动作用，能增强心肌收缩力，增加心排血量，加快心率作用较轻微，对周围血管有轻度收缩作用，升高动脉压，对内脏血管则使之扩张，增加血流量。

多巴胺对运动控制起着重要作用，帕金森病是由于多巴胺能神经元变性引起严重的多巴胺减少所致。脑内的多巴胺主要是由黑质细胞来合成，这些多巴胺参与锥体外系统的活动，与躯体运动机能有密切关系。脑内多巴胺代谢失常时，可引起震颤性麻痹（帕金森震颤）。中脑边缘多巴胺系统与药物成瘾包括阿片、可卡因、安非他命和乙醇等造成的精神运动效应以及奖励机制的控制有关。普遍认为中脑边缘多巴胺系统和中脑皮层多巴胺系统在学习记忆中发挥作用。

多巴胺具备快感引起机制。犒赏递质有两种，一种是多巴胺，与鼓励和准备获得犒赏相关联；另一种是阿片类物质，与圆满犒赏相关联，包括镇静、休息和“极乐感”。如急性饮酒能刺激β-内啡肽释放，引起圆满犒赏。当犒赏通路多巴胺能低下时，引起快感缺失（不能体验到愉快）、情感淡漠（缺乏动机）和心绪不良（感到不满意、不幸福、痛苦、激惹和紧张不安）。

2. 内啡肽：镇痛剂

内啡肽（endorphin），亦称安多芬或脑内啡，是一种内成性（脑下垂体分泌）的类吗啡生物化学合成物激素。它是由脑下垂体和脊椎动物的丘脑下部所分泌的氨基化合物（肽）。它能与吗啡受体结合，产生跟吗啡一样的止痛效果和欣快感，等同天然的镇痛剂。利用药物可增加脑内啡的分泌效果。

内啡肽是体内自己产生的一类内源性的具有类似吗啡作用的肽类物质。这些肽类除具有镇痛功能外，还具有许多其他生理功能，如调节体温、心血管、呼吸功能。内啡肽是具有吗啡样活性的神经肽的总称。内啡肽有α、β、γ、δ四种类型。其中β内啡肽大量存在于垂体中。

当机体有伤痛刺激时，内源性阿片肽被释放出来以对抗疼痛。在内啡肽的激发下，人的身心处于轻松愉悦的状态中，免疫系统实力得以强化，并能顺利入梦，消除失眠症。内啡肽也被称之为“快感荷尔蒙”或者“年轻荷尔蒙”，意味着这种荷尔蒙可以帮助人保持年轻快乐的状态。

我们日常活动中能产生内啡肽的包括：体育锻炼、吃辣和唱歌。当运动量超过某一阶段时，体内便会分泌脑内啡。长时间、连续性的、中量至重量级的运动、深呼吸也是分泌脑内啡的条件。长时间运动把肌肉内的糖原用尽，只剩下氧气，脑内啡便会分泌。这些运动包括跑步、游泳、越野滑雪、长距离划船、骑单车、举重、有氧运动舞或球类运动。辣味会在舌头上制造痛苦的感觉，为了平衡这种痛苦，人体会分泌内啡肽，消除舌上痛苦的同时，在人体内制造了类似于快乐的感觉，而我们把这种感觉误认为来自辣味本身，所以，很多人喜欢辣味食物。唱嘹亮的歌曲也有助于内啡肽的产生。

3. 肾上腺素：兴奋剂

肾上腺素是由人体分泌出的一种激素。当人经历某些刺激（例如兴奋、恐惧、紧张等）分泌出这种化学物质时，能让人呼吸加快（提供大量氧气），心跳与血液流动加速，瞳孔放大，为身体活动提供更多能量，使反应更加快速。

从人类祖先开始可能就有肾上腺素，肾上腺素是一种激素和神经传送体，由肾上腺释放。肾上腺素会使心脏收缩力上升，使心脏、肝、和筋骨的血管扩张和皮肤、黏膜的血管收缩，是拯救濒死的人或动物的必备品。肾上腺素也可以用于拯救心脏骤停和过敏性休克的病人。

肾上腺素仅能够暂时激发人的力量，但并不能让人真正变得强壮，而且还可能引发血压升高、心律失常等不良反应。此外，肾上腺素能和多种药物发生相互作用，给人体造成损害。"好斗或冲动"这个词汇经常用来描述身体释放肾上腺素的状态。这是一种早期进化适用能力，其作用是应对危险或意外情况，通过扩展血管和气道，身体能够给肌肉提供更多的血液，同时给肺部带进更多的氧气，通过这种方式增加短时间爆发力。

肾上腺位于人体肾脏上部，大约有 7.62 厘米长。在它活动时还从肾上腺分泌去甲肾上腺素。功能健康的人体释放的物质 80% 是肾上腺素，其余 20% 是去甲肾上腺素。肾上腺更多的是通过释放肾上腺激素处理每时每刻都会出现的那些 " 压力 " 。身体时刻面临着内部的压力和外部环境的压力。内部压力比如饥饿、感冒发烧流鼻涕、创伤、疼痛等，外部压力比如高原缺氧、劳动、人际关系紧张、丢失了钱包、过度的紧张等。

在特殊压力情况之后发泄掉这些释放到身体系统的肾上腺素非常重要。我们的祖先通过搏斗或体力劳动自然处理这种问题，但现代人往往因为体力活动太少导致高压力。这会造成体内滞留太多肾上腺素，并引起失眠和神经紧张。

4. 催产素：减小压力，增加同情心

不论男女都会分泌催产素。催产素由下丘脑视上核和室旁核的神经元产生。一部分催产素由垂体后叶释放到达多种外周组织；另一部分则作用于中枢神经系统，影响多种生理、心理及行为活动。

对女性而言，催产素的主要作用为加强子宫收缩。在早、中期妊娠，催产素的作用仅产生局限性宫缩活动，不能传及整个子宫，也不能使宫颈扩张。在孕后，催产素主要用于产后止血。催产素，不单单是催产。它还能减少人体内肾上腺酮等压力激素的水平，以降低血压。它并非女人的专利，男女均可分泌。它还能增加亲近社会行为的发生，利于亲子关系及恋人关系的升温，使人更加利他、慷慨、有同理心，更加愿意去信任他人，并且减轻了那些使我们逃避社交的情绪，比如恐惧、焦虑与厌恶。有科学家发现催产素可以帮助自闭症患者及精神分裂症患者减轻部分症状的严重程度。催产素的作用还可以跨越物种的界限，让主人和宠物犬之间的关系更加亲密。值得一提的是，催产素也有“黑暗的一面”，可能会造成偏见、焦虑及攻击行为。它在生物行为中扮演的角色比通常认为的更为复杂，也许与个体的生长环境及原有的社会关系情况有关。在基因与环境的相互作用下，或许催产素更适合被称为“爱恨交织的激素”。

影响人的慷慨程度：2012 年 12 月 20 日，据国外媒体报道，科学家发现催产素能够影响一个人的慷慨或自私程度，他们称之为“道德分子”。催产素可以提升同情心，如果这个化学物质在某人身上被抑制，那么他就会更倾向于自私的品性。2015 年 5 月，据英国研究者称，催产素和酒精之间存在很多相似之处。女性在怀孕期间分泌的催产素有利于增强她们与婴儿之间的联系。

此外，科学家研究发现：体内携带催产素受体基因变体 A-allele 的女性一般较难与他人保持亲密关系，也较难步入婚姻殿堂。即使结婚，与那些不携带这种基因变体的女性相比，她们婚姻触礁或最终离婚的概率高出 50%。研究人员称 A-allele 为“离婚基因”。而与携带“离婚基因”的女性结婚的男性婚姻满意度较低。

总之，人的一生，充满了悲欢喜乐、爱恨情仇、酸甜苦辣、功名利禄。人的一生，忙忙碌碌，我们都是四种激素的奴隶。我们苦苦追求财富，也只不过是想通过财富去换取四种激素的分泌带给自己的快乐，但是很多时候，光靠狭义的物质财富或者说金钱是买不到四种激素带给您的快乐的。再比如说有的人喜欢花高昂的代价去玩直升机跳伞，追求肾上腺素的分泌，2021 年 7 月 11 日，已经 71 岁的维珍银河航天公司 CEO 布兰森乘坐"团结号"太空船成功冲上 80 千米高度的亚轨道太空边缘，维珍银河每张售价高达 20 万 ~ 25 万美元。接下来，全球首富亚马逊 CEO 杰夫·贝佐斯将乘坐旗下蓝色起源的宇宙飞船飞到距离地表 62 英里（约 100 公里）的太空"边缘"。他们都是为了追求肾上腺素和多巴胺的分泌，这时候，金钱财富又算得了什么？所以，除了物质财富，我们还得努力拥有很多的精神财富，才能真正摆脱四种激素对您的奴役，实现真正意义上的幸福。

八、人一辈子就做两件事：认识世界、改造世界，都离不开财富

回顾历史，古今中外，人一辈子就做两件事情：认识世界和改造世界。但是要做这两件事情，都离不开财富。认识世界包括学习和周游世界，都需要金钱和财富支持。而要改造世界，代价更高，需要更强度的学习，多次失败的尝试，创业艰辛。人一辈子这两种活动都离不开财富，但追求财富不是目的，而是为了帮助人们更好地认识世界、改造世界。

第一件事是：认识世界。仅是认识世界这一点，对大部分人都非常难，我们不得不接受的现实是：由于智力、体力、时代背景等差异，大部分人一生碌碌无为，连认识世界全貌的 10% 都做不到，这里的认识世界指的不仅是狭义的周游世界，还包括认识世间万物的运行规律，包括天文、地理、历史、政治、科学、哲学、艺术等。生活在索马里的海盗一辈子也就只能见到小岛和大海，不知道美国纽约的繁华，生活在阿拉斯加的因纽特人终其一生也可能在守着祖训，捕鱼打猎，大部分世界是白色的。而只有那些幸运地生在伟大时代和国家的人，那些对生活充满热情、好奇心、探索欲的人，也许能做到认识世界全貌的 20%，但人类距离完整认识世界非常遥远。比如地球上已知的动物大约有 150 万种，我们可能大部分人一生见过或者听过几十种。动物可分为脊椎动物和无脊椎动物两大类，脊椎动物身体背部都有一根由许多椎骨组成的脊柱，一般个体较大，无脊椎动物的身体没有脊柱，多数个体很小，

但种类却很多，占整个动物种数的90%以上。例如苍蝇、蚊子、蚂蚱、蝴蝶等昆虫都是无脊椎动物。再比如人类目前已发现的植物种类有30多万种，开花植物占一半以上。那么多美丽的花花草草，我们可能大部分都没见过。

人类从呱呱坠地那天起，就开始了孜孜不倦地认识世界的探索旅程。婴儿时期，我们从学习吃饭走路开始，我们的五官功能先后完善，好奇心驱使我们倾听世界的声音，观察外边的世界，一花一木、鸟鸣花香都会引起我们的兴趣，用稚嫩的小手去真实地触摸这个陌生的世界。到了青少年时期，青春的荷尔蒙在起作用，身体内蓬勃向上源源不断的好奇心，驱使我们去掏鸟窝、爬树、放风筝，或者尝试过山车等刺激的游戏。成年后，可能会冒险去尝试跳伞、滑翔伞、潜水、热气球等活动，进一步拓展了自己的视野和物理边界。进入中年后，很多人经济实力开始雄厚起来，可以支持自己完成更多的探索梦想，比如自驾游、周游世界、攀登珠穆朗玛峰等。进入老年后，身体机能虽然开始衰减，但是很多人都通过积极的活动和社交来保持活力和对世界的好奇感，比如跳广场舞，或者学习一门乐器，毕竟学习一门新的技能也是认识世界。

人生匆匆，宏观世界太复杂，我们可能来不及认识，从微观方面来看，我们更是知之甚少。比如人体的70%是由水组成的，一滴水通常认为是1/20ml，即1/20g，所以一滴水约有1.67×10^{21}个水分子，而1个水分子又可以分成氢原子和氧原子，而氧原子又可以分成原子核和围绕原子核转动的电子（像不像地球围绕太阳公转？月亮围绕地球转？）。原子核由质子和中子构成，质子和中子都由夸克构成。原来一个小小的水分子里，也蕴藏着一个微小的宇宙，也在某种规律的约束下运行。我们不仅赞叹造物主的奇妙，感叹宇宙的神奇。

佛说“一花一世界，一木一浮生，一草一天堂，一叶一如来，一砂一极乐，一方一净土，一笑一尘缘，一念一清静。”这和物理学里的研究范畴取得了某种程度上的辩证统一。宏观方面：人类对宇宙的探测一直未停歇，最早发掘的古代文物中可以看到人类敬拜太阳神，修建图腾柱。现在位于北京西四环的世界公园里，有两座金字塔仿真雕像，一个是埃及金字塔，一个是墨西哥金字塔，地球两端的两个文明，同时表达了对太阳神的敬畏。1957年10月4日，苏联采用改装的P–7洲际导弹把世界上第一颗人造卫星送入太空。人类目前最先进的探测器“旅行者1号”可能已经飞出太阳系，旅行者1号由美国在1977年9月5日发射，距今已默默地工作了40多年，传回无数珍贵资料。北京时间2013年9月13日凌晨2:00，NASA通过新闻发布会正式确认，旅行者1号已经飞出太阳系，进入星际空间。它是历史上首次进入星际空间的人造飞行器，目前仍旧在向宇宙深处探测。但太阳系仅仅是银河系渺小的一小团，银河系之外的浩瀚宇宙让人震惊。我从儿时起就对宇宙很感兴趣，每当我在晴朗的夏日观测夜空，遥望璀璨的星空时，我就会有深深的敬畏感和好奇心，世界何其大？人类何其渺小？世界那么大？我想去看看。

第二件事是：改造世界。真正能到改造世界阶段的都是少数人，都是天才，或者人中龙凤，正是这些人通过自己的智慧和探索精神推动着人类文明的前进。比如第一个发明钻木取火的古猿人；发明印刷术、造纸术极大地推进了人类文明传播速度的人；发明蒸汽机的詹姆斯·瓦特，引发了工业革命，第一次把热能转化成机械能，让人类前进速度大幅推进，在此之前只能依靠马车。比如发明火药的人，让人类学会了使用炸药也学会了制造火箭，把人类从地球带向外星球。再比如在雷雨天放风筝的美国科学家富兰克林，发明了避雷针；还有现代的狂人艾伦·马斯克，开始了火星探测计划，他们做的事情就是在改造世界。比如新能源电动车改变了人类对传统石油燃料的依赖，光伏屋顶计划让人类摆脱了对煤炭发电的依赖，猎鹰号可回收火箭的无数次发射与失败，代表着人类向火星和外太空探索的最高行为。人的一生，能做好认识世界都已经不易，而能有幸改造世界的人，更是凤毛麟角。

九、人的动物属性和社会属性：财富是人类社会属性的标记

我们知道人类有“动物属性”和“社会属性”两个特征。根据达尔文的生物进化论，人类是生物进化的产物，现代人和现代类人猿有着共同的祖先。根据已发现的古猿和古人类化石材料，最早的人类可能在距今300万年或400万年之前出现。大家可曾想过？人类从古猿进化那天起，上帝就未曾赋予我们如剑齿虎一样锋利的牙齿，猛犸象一样庞大的身躯，猎豹一样迅猛的速度，霸王龙一样的野蛮力量，但凭什么肉体弱小（动物属性上的渺小）的人类最终能成为大自然的主宰？掌管了地球400万年之久，并且在外星人出现之前，未来可能继续当大自然的主宰。我能想到的就是人的“社会属性”扮演了很

重要的角色和助攻。人类从第一次使用火，距离今天已经 100 多万年，正是因为火的原因，我们慢慢地从动物的行列中脱离了出来，从第一个古猿人吃了第一块熟肉开始，人类的进化就此开始。我们的祖先从东非走出来，开始了征服地球的旅程，当第一个迷茫的人抬头看向浩瀚的星空时，我们就开始了对宇宙的向往，人类的想象力是人类进步的基础，也正是因为如此，人类不再是低级原始动物，我们开始变得有智慧、有感情、有技术。

动物属性即人的本能，也就是弗洛伊德提出的“本我、自我与超我”里的本我，动物属性赋予了我们和动物一样的特征，比如生存的欲望、食欲、睡觉休息、性欲等。来自身体本能的动物属性保障了我们能健康地活下去，完成繁衍后代，维持种群的使命。

与之对应的是社会属性：它是一定区域经济基础下的社会属性与上层建筑的结合体。随着自然社会的变化而形成的自然形态所反映的东西叫作社会属性。同时，社会属性也是动物与植物的重要区别之一，它是以自然属性为基础发展而来的，特别低等的动物没有社会属性。

可以看出，在动物属性下，人类只有温饱和生存问题，只有进入了社会属性范畴，才会引入财富的概念，财富可以换取别人的劳动、社交地位等。

回顾本章内容我们可以得出如下结论：人类是宇宙大爆炸产生的随机结果，人类之所以能统治地球是因为劳动和分工合作。宇宙的熵不断在增加，人类社会行为的本质是减少熵增。人类的文明和太阳系息息相关，人类文明分为物质文明和精神文明。生产力和生产关系的变革改变了文明的社会进程，也改变了财富的分配。人生就像打游戏，功名利禄就是游戏奖品，我们大部分人都在为七情六欲所左右，是四个激素（多巴胺、内啡肽、肾上腺素、催产素）的奴隶。人同时具备动物属性和社会属性，一辈子就做两件事情：认识世界和改造世界。人类的财富包括物质财富和精神财富。

人活一辈子，不是简单为了追求物质财富，因为生不带来，死不带走。物质财富是手段、是结果，不是目的。我们还要更多地追求精神财富，整个人才更加圆满、立体和完整。理解这些规律有助于我们更好地理解宇宙、生命、人生的意义、财富的意义，这样我们才能更好地创造财富，驾驭财富。从小为您的孩子树立正确的财富观，对您的家族财富传承或者保值增值至关重要。

第三章
从财富的起源与变迁推论：未来的财富是什么

一、物质财富（货币）的形式演变：从贝壳、交子到比特币

地球资源有限，任何个体要生存下去必须合作，任何人不能离开他人而独立存在。与人合作就会产生交易，有交易就需要交易媒介。所以人们想来想去发明了交易媒介，就是最早的货币，人们在公元前9000年左右，开始种植农作物、饲养牲畜后，农作物与牲畜就专门用来当作货币，这种原始货币让劳动分工更有效率，人们才有多余的时间去想东想西，人类社会也越来越进步。这段时间人们尝试一堆奇怪的东西，例如大麦、贝壳、石头、盐等，这些都是原始货币，用原始货币当作交易媒介，虽然比以物易物好，但还是很不方便。于是，人类从五花八门原始货币中逐渐淘汰体积大、不易保存、不容易分割的东西，一直缩小范围到最后，贵金属脱颖而出，因为贵金属耐用、容易携带、可以分割，也具有稀少性。到近代，纸币出现，进入2010年后，数字货币出现。这就是人类的货币史，或者财富历史。具体来看，人类

历史上的货币发展史可以分为几个阶段：物物交换时代、贝壳时代、金属时代、纸币时代、数字货币时代。

过去的财富是由五类物权支持的。五类物权是指：所有权、共有权、用益权、抵押权、占有权。能成为财富需要具备五种特征：极安全、抗通胀、易变现、好换仓、可低息长贷的不动产，才是家族传承的硬通货。可以看出，黄金可能是最好的财富形式。

图 3–1　人类的财富形式演进

1. 物物交换时代

人类的财富出现，是从生产剩余开始的。最早的原始人类面对大自然和洪水猛兽都很渺小，只能团结在一起打猎或者采摘果实。当时没有物资剩余，能勉强活下去都属不易，最早的人类寿命都很短暂。之后，随着火的发现和使用，石器等工具的发明，人类打猎和采摘果实的效率极大地提升，开始出现了生产剩余。各个部落之间可以物物交换，用毛皮去换果实。

200 万年前，直立人出现在非洲大草原，200 万年前到 20 万年前，直立人向世界扩张，形成人类历史上第一次迁徙，其中有人类主动发展的趋向，也有外部自然环境的因素，比如发生在 100 万年前的冰河时期，非洲草原化，直立人不得不迁徙，逐渐分布于欧洲、非洲、亚洲。80 万年前的非洲人来到西班牙，形成了最早的欧洲人。

到 20 万年前，非洲出来的直立人逐渐消失，被新物种早期智人取代。早期智人同样起源于非洲，后向欧洲、亚洲、非洲各低纬度地区扩张。这是人类的第二次迁徙，非洲出走的早期智人以及直立人演化的早期智人在 3 万年前全部灭亡淘汰。除了种族之间相互的竞争淘汰外，主要的因素是 6 万年前左右的冰河期来临，生存环境愈加困难所致。

早期的人类以部落的形式群居生活，即使人们已掌握了制造工具与使用工具的技术，部落多以血缘为纽带。大约 5000 年前，黄河流域中下游，分布着很多部落。最重要的有后来的黄帝、炎帝部落，黄帝、炎帝统一整个华夏族。黄帝成为华夏始祖，后有尧、舜、禹等著名部落领袖。大禹治水有功，成为中原各部落之共祖，夏禹成为中国第一个王朝，家天下。

地球资源有限，人类从非洲三次大迁徙，从直立人到智人，从吃野菜到狩猎，从狩猎到驯化农作物、驯化动物，以及经历的几千年农业社会，都是在解决生存问题。在农业社会的几千年，土地一直都是人们赖以生存的根本。即便现在土地也是人们财富的一种存在形式，比如，2008 年以土地释放的四万亿。

6000 年前，华夏学会了种植小米的农业技术，粮食渐渐富足。人口得到了迅速的发展，人们生产获得的物资多以物物交换的形式交易。

2. 贝壳时代

之后贝壳进入人们视线，成为商品交换的中介，也就是最初的货币。在汉字中，一般与钱财有关的字，全和贝有关：贡、财、败、贬、贩、贯、货、贫、贪、购、贮、账、贵、费、贰、贷等，可见，贝壳作为原始货币对于人类社会的影响至深。

那么贝壳为什么能够成为古代的货币？在古代的时候，人们的信息比较闭塞，交通也不是特别便利，有些人一辈子都会留在自己的家乡附近，可能某一次的离别，这一辈子都不会再见，这也就使得很多内陆人连去海边捡贝壳的机会都没有。而且盛产这种稀有贝壳的海岸，是被朝廷或者大户人家严格控制的，有一套相当完善的管理制度。

3. 金属时代

随着商品交换规模的扩大，海贝数量出现了相对不足，而且由于人类聚落的扩大，贝壳的稀缺性也不复存在。而随着人类掌握了金属开采及加工的工艺，作为货币使用的物品逐渐被金属所取代，如铜、铁、金等。数量稀少的金、银和冶炼困难的铜，利用其不同的稀缺性成为主要的货币金属。中国自春秋战国以来，金属货币便大量流通，而货币价值通常直接与重量挂钩，并逐渐建立了更加复杂而先进的兑换系统，使交易活动能在不同的金属货币间切换。历史上，中国主要以铜（或者铁）为民间主要的流通货币，而不是电视剧中常见的银两（中国产银不多，主要依靠明清的白银流入才逐渐普遍），而欧洲各国的主要货币为金币和银币，辅币以铜、铜合金制造，硬币上通常带有国家元首，如国王、皇帝等君主的头像，以避免民间伪造。但随着社会经济与人口的发展、商品经济的活跃，人类历史上曾发生多次因为金属产量不足，或者流通不畅导致的金融危机。

公元前660年左右，小亚细亚西部的吕底亚王国因为矿产丰富加上热衷于创新，更是铸币中的王者，铸币就成为一个政权统一铸造的金属钱币。希罗多德写的《历史》更是吹捧说吕底亚人是最早铸造和使用金银货币的人，当时吕底亚的货币上面都印一只狮子，所以也叫作狮币，它有特制的规定，例如狮币要54%的黄金，46%的银，重量约4.74克，直径11毫米，可以看出是吕底亚王国有意保证这些货币的成分，用国家的信用来打造一款货币，吕底亚是当时财富的代名词，那个时候形容一个人非常有钱，会说您很吕底亚。

狮币这种国家拍胸脯做保证的货币，克服了以前货币的所有缺陷，且上上下下流通到所有阶级，不限王公贵族、不限大城市，而是全面普及到整个国家。突然间市场上所有商品都有清晰的价格，于是就有了贫富的比较，有了炫耀、有了羡慕嫉妒恨，以物易物被彻底打破。人们有更多时间去想东想西，产生更多的哲学大师或发明大师，现存世界主要宗教和哲学思想都差不多是铸币时代的。例如公元前7–前4世纪最古老的宗教——犹太教在巴比伦成型，佛教在印度北部兴起，各种哲学大师在希腊和中国一个个地冒出来，古希腊的苏格拉底、亚里士多德，他们和古中国的老子、孔子都是同一个时代的人。15世纪时，意大利北部曾出现了通货紧缩的经济危机。而中国的明朝晚期也曾因为海外白银流入变少，而使得大明帝国上下陷入无钱可用的窘状。所幸从16世纪开始，西班牙人在南美洲发现波多西大银脉，导致大量来自美洲的白银通过西班牙流入亚洲和欧洲，这些多出来的贵金属犹如现代印钞机一般，挽救了全世界的货币制度，不仅为其后欧洲的资本主义经济发展创造了起步的条件，更帮助彼时的大清帝国踏入了康雍乾的盛世。由此可见人类社会对于货币的依赖是如何之大。

4. 纸币时代

随着经济活动的进一步发展，金属货币也出现许多不便。在大额的商品交易中，金属货币的重量和体积变成了一个烦人的问题。此外金属货币使用中还会出现磨损的问题，大量的金银在人们的手中、钱袋中和衣物口袋中磨损掉。于是，作为金属货币象征符号的纸币出现了。世界上最早的纸币，东方便是在中国宋朝年间于四川地区出现的交子；而在西方，是在 1661 年由瑞典斯德哥尔摩银行发行的一种称为“塔勒”的纸币。虽然名称和样式不同，但东西方的纸币，本质上都是一种“代币”。一张纸，代表着储存在某个钱庄或者银行里等值的贵金属，是一种兑换券的概念。但随着近代国家的建立，纸币的发行，由单纯民间的商业行为，逐渐被收归为政府的职权之一，由各国的中央银行负责发行调配，也不再有兑换贵金属的功能。如今我们使用的纸币，有了一个新的名字：法币。它是由政府背书，能够无限法偿，意思是说，每张纸币的价值，不再是对应的贵金属，而是由国家政府的信用担保，赋予这张纸币在社会流通中的价值。

19 世纪，金银曾是世界货币。随着金本位制度的逐渐建立，黄金成为世界货币，第一次世界大战前国际货币体系是经典的金本位货币。到了 1913 年，全世界约有 60% 货币用黄金集中于各国央行。第二次世界大战后，1944 年布雷顿森林会议协议，建立了美元为中心的国际货币体系，金汇兑本位制。美国国内不流通金币，但是允许其他国家政府以美元为导向兑换黄金。战后建立以美元为中心的国际货币制度。每个国家有自己相应的纸币，纸币一般由国家银行或由政府授权的银行发行。由国家（某地区）发行的强制使用的价值符号，纸币是当今世界各国普遍使用的货币形式，以一个国家的军队、法律、税收做背书。

总之，从财富的存在形式来看：人类从非洲开始迁徙，到几千年前的农业社会，人们很多时间都在解决生存问题。在那个时期，粮食的多少、土地的多少、货币的多少，代表着一个人财富的多少。随着物质的丰富，现在人们很少担心吃饭问题。在多数国家都拥有核武器的情况下，大规模的战争将很难发生，因为每个拥有核武器的国家均能使地球毁灭无数次。未来大部分人的精力都会放在财富的积累上，没有生存的压力，没有战争的破坏。财富便可以积累传承。我们财富现在的存在方式无非是持有的纸币、房子、保险以及各种债券股权。

可见，从最早的贝壳、石头到后面的贵金属、现今的纸币、虚拟货币，人们对于货币的使用，完全是建立在人与人之间的信用基础上，或是一个强而有力的公信单位，像是政府或是银行，但是以物易物可没消失过。

未来人们的财富存在方式是什么呢？可以肯定的一点是：未来人类的财富大概率会被数字化，现实中存在的流通的各种纸币铜币会消失，随着物质极大丰富，人工智能时代到来，机器人替代了人工劳动，人类大量的时间用来娱乐或者探索新鲜事物，房子、汽车等物品可能会共享化。一个人对社会的贡献可能通过数字化的形式体现出来，人类在满足吃穿住用行的基础上，更多地追求精神层次的快乐和财富，财富可能会变成某种程度的奖励、荣誉。

二、未来的财富是什么？将有三种变化

随着人类进步，人工智能时代到来，数字货币的普及，我们已经很少用纸钞类现金了。而且随着物质文明的进步，人类未来关注精神层次需求，包括尊重需求、自我实现需求等。那么未来的财富可能是哪些形式呢？有如下三个趋势可以推测：未来的财富会数字化、精神化、虚拟化。

大家先思考这样一个问题：如果物质极大丰富，国家给每人发一台跑车，一个别墅，永久免费供应食物和生活用品，会发生什么？只要科技足够发达，通过可控核聚变解决能源问题，这些问题当然可能解决。但这时候您会发现，周围都是一样的超跑，一样的别墅，但是您依然不开心？因为有人开上了宇宙飞船，有人去火星居住了。如同70~90年代那批人，憧憬着自己哪天拥有自行车、大哥大、手表、缝纫机就很幸福，但是现在他们拥有了这些，依然不快乐。因为人类很多时候的快乐并不来自物质水平的绝对值提升，人在满足了温饱问题之后，物质丰富带来的直接满足感会快速衰减，我们目前大部分人追求的豪车跑车，都只是欲望的表象，几十万一瓶的拉斐红酒，的确比几十块一瓶的红酒好喝，但感官提升带来的直接满足感边际效应递减非常明显，这时自己在社会中相对地位的提升，财富排名的上升才会带来新的快感，这就像打游戏一样，欲望没有止境，追求财富就没有止境。贵以贱为本，高以下为基。人最大的焦虑就是等级焦虑，尤其焦虑自己的子女阶层会下滑，无法容忍排在自己身后的人越来越少，最后排在自己身后的人越来越多，才有满足感。现在在高档写字楼里吹着空调喝着咖啡开会的城市白领，和几十年前面朝黄土背朝天的农民幸福感没有本质区别，因为在各自当时的社会排序中，大致地位相当。大部分时候，钱为什么能让人快乐？因为一切商品和服务的本质，都是他人的时间和劳动，您花出去的每一分钱，都转化成了对别人时间的支配权，钱的本质是权力，而权力的本质是看您在多大程度上，

能影响和控制他人。社会的竞争，表面上是人人都在为了物质拼命赚钱，实际上是每个人都拼命避免被他人支配，同时想尽一切办法去支配他人，真正让人欲壑难填的不是物质本身，而是这些物质背后所蕴含的对他人欲望的牵引力，对他人人生的支配权，而支配权争夺的游戏赢家注定是少数人，支配权在古代就是皇帝。有人支配，必然有人被支配，有人社会排名上升，必然有人排名下降。

随着社会进步，生产生活组织方式发生了变化，部分资源被垄断，体力劳动被智力劳动替代，资本性收入和劳动性收入的差距在迅速拉开，这就是为什么劝大家今后要多关注权益投资的原因。否则光靠体力劳动，光靠储蓄等保守型投资，只能越来越感觉到失落和社会阶级的下滑，很多人会困惑为什么自己这么努力，还是不开心？就是这个原因，因为时代变化太快，财富的流向和分配方式也发生了巨大变化，这几年做网络直播的人，一晚上可能赚取别人一辈子都赚不到的钱，通过科技创新公司 IPO 的人，一夜之间可能身价几百亿，哪怕他的公司还是亏损的，像澜起科技和寒武纪这样的芯片公司，或者泡泡马特这样的盲盒玩具公司，不是您不明白，是时代变化太快。我们能做的就是要不断学习，不断思考，让自己跟上这个时代，及时把握时代潮流，顺应趋势，赚取智力劳动，创造性劳动，投资收益的钱，才能保持自己社会地位不下滑甚至提升，这样才会有成就感，才会感觉到幸福。

有人抱怨社会上升通道越来越窄，阶级越来越固化。其实如果我们看看《资治通鉴》，就会发现这是人类社会的常态，奴隶社会的奴隶主和奴隶，封建社会的地主与长工，资本主义社会的资本家和工人，几千年来，社会阶层剧烈变化的年代都非常短暂，通常发生在王朝更替，或者新兴王朝初期到鼎盛期这一段。大部分时间，一个社会的制度越成熟完善，阶级流动越缓慢。只不过恰好 1980—2020 年这代人经历了中国社会变化最快的一段时间，改革开放，加入 WTO，国力上升，有人暴富，今天的直播带货，一个主播一晚上可以卖出几亿商品，提成上千万，这在过去是无法想象的事情。这让我们很多人会焦虑，误以为社会阶层加速流动是常态，其实往后社会流动变慢，是大部分发达国家的常态，中国也是如此。放缓的背后，是社会优化资源配置的效率在提升，是每个人回归自身真实价值的速度越来越快，怀才不遇的牛人会被网络迅速发现，一夜爆红。农村的美女也会在网络直播，提高自己的收入和身价。以前一穷二白不学无术的也许由于信息不对称，还可能迎娶村里的美女，但是现在信息发达了，美女都要去大城市给自己寻找更高的定价。现在的社会让优秀的人有了更多的选择，让浑水摸鱼的人寸步难行。有人说人生是一场接力赛，自己接棒的时候已经落后别人好几百圈，甚至有人直接出生到了终点，这样就算普通人再怎么拼尽全力也赢不了比赛，这就是陷入了支配力游戏的陷阱，谁说人生是一场只有输赢的比赛？谁又能定义了别人人生的成功和失败？就好比大家都在操场上活动，有人在散步，有人在百米冲刺，有人在慢跑，有人在练习马拉松，甚至有人在遛狗，这场游戏根本就没有规则，没有明确的任务，捆在您身上的只是自身的欲望，当您挣脱这一切，就会感到前所未有的轻松，无欲则刚。您可以做一个轻松散步的人，古代的云游侠客或者诗人，也可以做一个百米冲刺的人，比如年少成名的网红，也可以做一个脚踏实地做科研决心跑马拉松长跑的人，这些规则最好由自己来定，而不要由别人来定义什么是成功。成功的因素是多元的，不仅仅是简单的财富，而且财富也会是多样化的。

那么进入未来社会，财富会有哪些变化呢？作者认为未来财富会有三化变化：财富数字化、财富精神化、财富虚拟化。

1. 财富数字化

数字货币简称为 Digital Currency（数字货币），是电子货币形式的替代货币。数字金币和密码货币都属于数字货币。数字货币是一种不受管制的、数字化的货币，通常由开发者发行和管理，被特定虚拟社区的成员所接受和使用。欧洲银行业管理局将虚拟货币定义为：价值的数字化表示，不由央行或当局发行，也不与法币挂钩，但由于被公众所接受，所以可作为支付手段，也可以电子形式转移、存储或交易。按照数字货币与实体经济及真实货币之间的关系，可以将其分为三类：一是完全封闭的、与实体经济毫无关系且只能在特定虚拟社区内使用，如魔兽世界黄金；二是可以用真实货币购买但不能兑换回真实货币，可用于购买虚拟商品和服务，如 Facebook 信贷；三是可以按照一定的比率与真实货币进行兑换、赎回，既可以购买虚拟的商品服务，也可以购买真实的商品服务，如比特币。数字货币有三大特点：一是交易成本低，与传统的银行转账、汇款等方式相比，数字货币交易不需要向第三方支付费用，其交易成本更低，特别是相较于向支付服务供应商提供高额手续费的跨境支付。二是交易速度快，数字货币所采用的区块链技术具有去中心化的特点，不需要任何类似清算中心的中心化机构来处理数据，交易处理速度更快捷。三是高度匿名性，除了实物形式的货币能够实现无中介参与的点对点交易外，数字货币相比于其他电子支付方式的优势之一就在于支持远程的点对点支付，它不需要任何可信的第三方作为中介，交易双方可以在完全陌生的情况下完成交易而无须彼此信任，因此具有更高的匿名性，能够保护交易者的隐私，但同时也给网络犯罪创造了便利，容易被洗钱和其他犯罪活动等所利用。

我们大胆猜想，随着人类生产效率提升，物质极大丰富，总有一天会取消全部纸币，全部由央行发行数字货币，这样所有人的财富，都是以数字密码的形式存在计算机里的，货币完全符号化、数字化。在 2021 年 3 月 25 日举行的 2021 国际清算银行（BIS）创新峰会中，中国人民银行数字货币研究所所长穆长春表示，为了对零售支付系统提供另一种备份或候补，央行必须加快步伐，提供数字货币服务。中国的数字人民币进展飞速。2021 年 3 月 25 日，作为中国数字人民币第二批试点城市，长沙部分银行已开始着手推出数字人民币的相关业务。目前长沙已实现多类场景支持数字人民币交易，包括燃气等公共缴费，以及部分涉及居民消费的商超、餐饮、长途客运、加油站等消费场景，还有邮政快递寄递、旅游等场景。

2. 财富精神化：信仰、知识、贡献度、影响力

过去的财富代表着购买力，代表着社会地位，X 时代的财富可能大不相同。人们在物质需求被满足后，更多地开始追求精神文明，比如社交需求、尊重需求和自我实现需求等。因此，X 时代的财富可能是以贡献度、影响力和话语权等某种比较务虚的方式体现。

因为物质极大丰富，很多商品都共享化了，比如汽车，X 时代的汽车如同现在的共享单车一样，因为无人驾驶技术的普及，而且过了汽车炫富时代，很少有人会买车，更注重实用性和便利性，到时候的汽车如同现在的自行车一样，很少有人再单独购买自行车，除非是骑行爱好者。而且未来交通方式也可能大为改变，因为人们不需要每天打卡去上班了，出行的目的也会改变。

精神财富：是指人们从事智力活动所取得的成就。如著作权、专利权、商标权、科技成果权以及发明权等。它是一个无形的东西，即：除物质上的财富，就是精神财富。可能是对社会的贡献度，也可能是对人类的影响力和话语

权。精神财富一般被归纳为以下几个部分：信念和信仰、意志力、道德信条，各种知识。忽略精神财富可能会让我们的内心处于严重的失衡状态，使得对物质的追求愈加迫切，而当这些物质变成一个象征富人身份的符号，您或许依然找不到满足感，为此还在困惑幸福离自己到底还有多远。而且，精神财富不会随着时间的推移而贬值，是刻在一个人生命里最珍贵的记忆或经验等。

3. 财富虚拟化：身心健康、快乐

我们经常听到一句话说"有钱买不来健康，有钱买不来快乐"，或者"有钱买不到爱情"等。这背后的逻辑是：根据本人自创的幸福公式"幸福=获得–期望"（具体见第四章第二节描述），财富并不代表着幸福，幸福取决于获得和期望的差值。另外，根据马斯洛需求理论，金钱很多时候只能满足一个人的第一和第二层次需求：生理需求和安全需求。到了第三至第五层次：社交需求、尊重需求、自我实现需求，很多时候是和钱无关的，更多地需要一个人具备有趣的灵魂、很好的品德、发明创造的精神、勇攀高峰的勇气，才能满足自己更高等级的需求，才会获得更大的快乐。

本人曾经问过很多高净值客户一个同样的问题：假如您是世界首富，财富自由，您想做啥？很多人第一反应是不知所措，接下来大部分人的答案是：长生不老。是的，在物质极大丰富之后，大部分人第一时间想的是能够长生不老。其实古人也一样：从古至今人类追求长生不老就一直没有停止过，例如，第一个自称皇帝的秦始皇嬴政，就一直在寻找长生不老的办法，如派遣徐福去外海寻找丹药等，以至于徐福东渡去了日本留下很多神秘的传说。历代的当权者也是在不断地遣人炼丹，希望通过服药来达到永生。不光是统治者，普通百姓等也大有人在，还有太多的人在服药这条道路上误入歧途枉送生命。在炼丹的道路上也意外地开辟出了中国四大发明之一——火药，督促了人类快速发展。不仅是秦始皇如此，四大名著中的《西游记》也是如此。我们都知道在《西游记》中，唐僧总是被妖怪所觊觎，原因是为什么呢？就是因为吃了唐僧的肉，能够青春永驻，长生不老。因此，唐僧师徒四人，在取经的路上遇到了许许多多的妖魔鬼怪，阻碍着他们四人前行的道路，才形成后来的九九八十一难。不过很明显目前人类的科技是无法达到这一步的，究竟是为什么呢？这是因为我们人类的身体之中存在数不胜数的细胞，而这

些细胞会像花草树木一样，经历出生到死亡的过程，当这些细胞大批死亡之后，人体器官的能力也会衰减，而当这些器官也逐渐老化之后，这就代表着寿命走到了尽头。而这些衰老的根本原因，就是人体细胞之中的端粒和端粒酶的消失，影响到细胞的再生能力，使得新细胞无法出现，而老细胞越来越多，才导致人类无法永生。

在X时代，人们关心的财富方式可能大为改变，或者财富虚拟化。财富的概念和外延扩大化：大家更关心的是健康和快乐。这里的健康包括“身体健康”“心态健康”“获得快乐的能力”三个范畴。

健康一：身体健康。身体健康不是指简单粗暴的长生不老，而是不生病，轻松愉快地活到人类平均寿命之上。法国科学家布丰最早开始了对人类自然寿命的研究，他推算：哺乳动物的寿命是其生长期的5～7倍。人的生长期是用最后一颗牙齿长出来的时间来计算，平均为20至25岁。因此，人的理论寿命最短100岁，最长175岁。目前公认：人的理想寿命应该是120岁。另一种推算方式是计算我们人体内细胞的分裂次数。例如，鸡细胞一生分裂15～35次，寿命最长可达30年。那么人体内的细胞一生可分裂50次左右，那么人的寿命极限应高于120岁。人类发展至今，平均寿命已经有了很大的提高。北京猿人平均寿命只有17岁。2007年数据显示，世界人均寿命最长的是日本，分别是男性79岁，女性86岁。我国的平均寿命也由1947年的35岁提高到了2007年的72.5岁。世界上最长寿的动物是生活在深海里的“绿茸线蛇”。它和树木类似，每长一岁，尾部便会长出一个环圈，一直到2000多年以后它的生命终结。动物里长寿的还有南极洲海绵，由于水温低，这种动物生长极其缓慢，部分个体寿命可长达1550年。还有冰岛北极蛤，部分寿命超过400年。我们经常看到的锦鲤寿命也很长，部分寿命高达226年。部分红海胆的寿命可能超过了200年。乌龟是大家公认的长寿动物，它们的寿命高达175~250岁。大蜥蜴是地球上活得最长的脊椎动物，寿命介于100～200岁。灯塔水母是世界上唯一真正可能发现不老泉的动物，因为它有一种能力让自己从一个成熟的成年阶段变回不成熟的息肉阶段，然后再变回来。大象的寿命可达70岁，鸵鸟、犀牛、秃鹫、骆驼的平均寿命为50岁。看完长寿的再看看短寿的，昆虫类动物普遍寿命很短，最短的蜉蝣能活3~4天，蝉在地下生活6~8年，在地上仅活3~10天。雄蜂和螳螂一交尾便被雌的咬死。但是蜂王能活20年，白蚁寿命可达30年以上。最后看看普通动物的寿命，我们常见的猪羊狗的平均寿命约 20 岁，这些动物活一年相当于人类 7 年，和人类最相近的猴子平均寿命 50 岁。

健康二：心态健康。心态与健康，是一对孪生兄弟。有了好的心态，会有益于健康；有了健康的体质，又会带来愉快的心情。但是，其中起作用者，还是心态。心态，严格来说，应是“脑态”。之所以人们习惯于把“脑态”说成心态，是因为我们的老祖宗有一句话是“心之官则思”（《孟子》），意思是说，心主管人的思考。其实，主管人思考的是大脑，而不是心脏。所以说，心态的好坏，并不能由“心”决定，起决定的是大脑。要保持良好的心态，就要有一个理解、包容的思维方式，能够自我调节，构建心理的平衡与和谐，始终保持一个豁达、乐观的精神状态。这对人的健康极为重要。

另外，在人生路上，难免会受到别人的伤害。对于伤害过自己的人，也不必耿耿于怀。我们中华民族在人际交往中讲究一个“忠”、一个“恕”。“忠”说的是要讲诚信；“恕”说的是要对人宽容。“恕”是人际交往中的一大智慧，“可以终身行之”（《论语·卫灵公》）。因为“以德报怨”，去掉心头之恨，既是放过对方，也是解放自己。把过去的事情看淡，从一己之恨中解放出来，做到与对方“相逢一笑泯恩仇”，消除以往的过节，双方都会松弛神经，轻松起来。民间常说的“冤家宜解不宜结”就是这个意思。只有这样，才会保持一个淡定平和的心态，既不伤脾，又不损肾。

最近几年，“内卷 + 躺平”这两个词突然火起来，反映了现代人的焦虑和无奈，我猜测未来随着社会贫富差距拉大，竞争加剧，现代人的焦虑症会越来越严重，当官的有政绩焦虑，做企业的有订单焦虑，996 打工族有未来焦虑，家庭主妇有子女教育焦虑，中年男人在职场上有中年危机焦虑等。总之，我们越来越会发现：能拥有平静的心态，安静而平和的心灵，将是各阶层人追求的精神财富，我预测未来患有心理疾病的人会越来越多，包括：焦虑症、抑郁症、精神分裂等，未来比较吃香的一个职业将是“心理医生”，目前这个职业在中国还是发展期，可谓一片蓝海，您不妨让自己的孩子学习心理学，避开与其他同龄人的直接竞争，将来想必大有用武之地。

总之，和谐与平衡，是万物生存之道，也是人的健康之道。以科学的思维方式，始终保持一个和谐平衡的心态，不仅自己活得健康，活得开心，还会形成一个气场。

健康三：获得快乐的能力。快乐是一种感觉良好时的情绪反应，常见的成因包括感到健康、安全、爱情等。快乐常见的表达方式是笑。一般字典上对快乐下的定义多半是：觉得满足与幸福。德国哲学家康德则认为："快乐是我们的需求得到了满足。"但是我们生活中很多人失去了获得快乐的能力，纵使他拥有再多的财富，也会焦虑以致忘记了怎么使自己快乐。所以，拥有获得快乐的能力，是一种很重要的健康财富。那么快乐到底是什么呢？让我们看看中国古人是怎么理解的。

快乐是一种情绪或感受，是生物进化过程中，大脑形成的对我们某种行为的奖励机制。也正是因此，吃饱是快乐的，安全是快乐的，温暖是快乐的。这种奖励机制的形成又依托于大脑分泌的一种叫多巴胺的激素，也就是说，快乐是多巴胺对大脑的刺激。在这一点上人类和其他动物一样，几乎所有快乐都源于此。从另一个维度看，快乐的本质是被认可，人愉悦的感受都来源于对自己的认可或被外界的认可。被外界认可，这个比较容易理解，您在微信朋友圈发照片或者动态，别人点赞您会高兴。您进一个房间，里面的人站起来，向您微笑，同您握手，也是一种对您的认可，这里可以引申到一切社交礼仪都是表示对他人的认可。同样您也希望收到礼貌的回应，这是一种对外界认可的需求，这也是为什么做好事不留名的难得之处，因为这样会得不到外界对您的认可。另一种是内在认可：相对于前者，内在认可比较抽象，但也不难理解，比如感官上的愉悦，如吃巧克力、享受按摩，等等，会有"活着真好"的感觉，这些都是对自己本身的认可，那么内在认可的相对面就是自卑，自卑是对自身的不接纳，这也是自卑的人更容易抑郁的原因。对自己的内在认可还包括道德上的遵守，如道德底线的遵守和讲信用都可以使人愉悦，可以使人更喜欢自己。

那么除了吃喝玩乐，还有哪些事情会让我们感受到快乐呢？

方法一：助人为乐。从心理学角度分析，人们内心都会有一种被人需要的感觉，助人行为让人们感觉到了别人对自己的需要及依赖，而这种感觉所带来的就是快乐。所以说，助人是快乐的原因——帮助别人会感受到别人发出的尊重及需要。美国一家心理学杂志进行了一项大型的心理学调查，发现那些经常帮助别人的人比不乐于帮助人的人，有更多的时间感受到快乐，他们的生活满意度及生活指数比后者要高出 24%。另外，他们患各种心理疾病的概率也远低于后者。至于直接帮助过的人，也不必去计较。老子说"上善若水"。是说水滋润大地，滋养生命，乃是一种自然的本能，既不求其名，更不求其报。只有如此，才是真善。

方法二：价值感认同。作为一个生活在社会中的人，最基本的成就动机就是自我价值被肯定，也就是我们常说的自我价值感。自我价值感不仅通过各种成就来体现，还经常因为他人的尊重及肯定而得到升华。这种心理上的认同，会让我们更好地认识自己的价值所在。所以，助人是一种自我肯定的需要，当人们这种需要得到满足的时候，就会有一种自豪、愉悦的感觉。反之，则会产生自卑和消极的情绪。

多巴胺，促进人类不断地繁衍和发展，推动着人们不断地努力来获得这种奖励，更是绝大多数人所追求的人生意义所在。刚开始，只要解决最根本的生存和繁衍，大脑就会给予奖励，而随着人类消灭了这两个问题，反馈的条件也被一步步抬高，当食物、房子、配偶已经不能触发分泌机制的时候，人们便失去了获得快乐的能力。所以，多和有正能量的朋友，认可自己的朋友在一起吧。远离否定自己的，传播负能量的人。

方法三：虚拟快乐。从人类能够用语言来描述虚拟故事开始，形成快乐的奖励机制便不再仅存于客观达成的反馈，对虚幻的快乐满足也一样试用。特别是客观世界变得艰难的时候，人们更倾向于在某些虚构的东西中得到满足。回到开头我们提到的，文字便是人们创造虚构世界的载体，换个角度，也可以称为精神世界，这是人类开始区别于其他动物的第一步。

总之，快乐不只是和财富、地位、事业有关，更多深层次的快乐源于各人的阅历、读书、价值观、认识世界的深浅不同，并未被有效发掘。这种纯粹快乐，并非物质因素所决定，而是取决于一个人的精神境界，而且只和我们的内心有关。一个人的性格决定一个人的命运，如果说您喜欢保持您的性格，那么，您就无权拒绝您的际遇。人的一生无论怎样艰苦，不要把快乐寄托在任何人的身上，快乐是自己寻找的。如果做任何一件事情总是患得患失，顾前想后，优柔寡断，这确实会给您带来烦恼和痛苦。该取舍的就取舍，不想留也就不要留，事情的对与错、是与非，应该有自己特有的思想和观点，不必太在乎别人的看法。用一颗纯洁的心灵、乐观的心情和善良的心肠去感受生活的可贵，领悟生活的真谛，尽情享受属于您生命中的快乐吧。

在 X 时代，人和人比的可能不是物质财富，因为生产效率大幅提升，物质极大丰富，人和人的财富差距，更多地要看一个人的精神财富，他的影响力。大家比拼的财富可能是健康、快乐。

第四章
如何获得财富和幸福

第二章我们讲述了什么是物质财富和精神财富，本章尝试为大家解读如何获得财富和幸福。因为幸福和财富不是线性相关、一一对应的。

一、财富是一个人价值的体现，财富的获得靠国运

财富是一个人价值的体现，财富是结果，不是过程。财富不是追求就能得到的，财富是一个人对世界认知的变现，一个人对社会创造了多少价值，无论是隐性的还是显性的，最终都会以某种财富的形式体现。一个人合理合法地赚到了足够多的钱，就说明他的社会价值足够大，社会认可他才给他钱。财富其实是一个人社会价值的体现，所以，不要觉得土老板没文化，瞧不起人家，每一个能当老板的人都是有些您比不了的地方，唯有放低姿态，努力学习，认真观察，才能看到事物的本质。腾讯的马化腾成功是因为他成功地连接了人与人，消除了任何人之间的物理距离，无论是 2000 年的 QQ 还是 2013 年之后的微信，都创造了巨大的社会价值，QQ 和微信诞生之初马化腾也不知道如何去赚钱，商业模式是慢慢跑出来的，但是他的思想，他的眼光，他的价值都在后来得到了体现。截至 2021 年 4 月 27 日，腾讯控股的市值超

过6万亿港币，马化腾本人也登顶中国富人榜前列。

相反，如果一个人没有创造价值，即使短期突然获得了很多财富，但是他可能没有驾驭这种财富的能力，也会以某种方式失去财富。典型的就是买彩票中奖的人，靠拆迁发财但又不会理财的人；贪污受贿的人，可能在短期内获得了大量财富，受人蛊惑或者贪婪，陷入了诸如赌博、胡乱投机、挥霍式疯狂消费等，最终可能财富也会灰飞烟灭。这就是中国古人总结的“德不配位，必有灾殃，人不配财，必有所失”。

财富如何获得呢？

1. 财富的获得靠国运

纵观历史，全世界各国的富人，都是在特定的历史条件下，把握住了当时的财富。格局决定结局。从更宏观、更全局的角度看，人生的财富与国运息息相关。要知道“小财靠努力，中财靠眼光，大财靠命运，巨富靠品德”。这里的眼光就是看您能否把握住当下的国运，这里的命运指的是国运和个人的命运。

马化腾创业之初是中国互联网刚起步的时候，缺乏一款连接人与人的通信工具，而那时候手机话费还是高昂的，于是社交软件QQ诞生了。马云创业之初，中国电商一片白纸，随着3G和4G的普及，家家普及了电脑，2010年智能手机出现，中国进入移动互联网时代，这都是淘宝和支付宝能够发展起来的时代背景。2015年之后，4G的普及和智能手机大爆发，移动数据套餐资费的下降，这使得视频内容的火爆成为可能性，抖音和快手相继成立，刚刚上市的快手市值突破一万亿元，这都是时代赋予这些人的机会，他们财富的获得都靠国运。

作者周围的同学好友里目前发财的，无一不是靠国运，踩对了风口。比如2008年开始做电商卖韩国化妆品的，2010年开始买房甚至炒房的，2015年后互联网电商火爆，同学里去小米或者美团的。2019年贸易战之后国家大力发展半导体、大数据、人工智能，同学中做芯片、机器人、医疗大数据的。我们每个人都是时代这条大船上的蚂蚱，我们都生活在“中国”这艘大船上。所以要想获得更多的财富，首先得相信中国，看好中国，其次得看对中国的发展阶段和发展趋势，选对方向和赛道再下注，然后尽自己最大的努力，静待花开即可。

既然财富的获得要靠国运，那么，我们首先应该明白这个时代的国运是什么？对于正在看本书的读者来说：中国正由一个发展中国家变成发达国家，

2020年中国的GDP达到100万亿元人民币，超过美国GDP的70%，占全球GDP的17%（美国为25%），我们正在以前所未有的速度和气势加速追赶美国并超越美国。在此过程中，国家重视科学技术，重视知识产权，重视股市的作用，重视环保，重视人民群众精神文明等，这些都是国运，都是财富的密码。谁能把握住当下时代的国运，谁就能获得大量的财富。

我们社会的主要矛盾已经发生转变，社会主义初级阶段主要矛盾于1981年中国共产党第十一届六中全会指出：在社会主义初级阶段，我国社会的主要矛盾是人民日益增长的物质文化需要同落后的社会生产之间的矛盾。2017年10月18日，习近平同志在十九大报告中强调，中国特色社会主义进入新时代，我国社会主要矛盾已经转化为人民日益增长的美好生活需要和不平衡不充分的发展之间的矛盾。

改革开放初期，中美两国人均收入差距悬殊，美国一个普通工人的收入远远高于国内大学教授的工资。现如今，中美两国人均收入差距已不再那么悬殊。相反，现在一个来北京务工的普通人年收入也能超10万元，这也足以让部分贫穷落后国家的教授们羡慕了。

巴菲特曾说，没有人能够通过“做空”自己的国家达到致富的目标。盼着自己国家走霉运并趁机发国难财的人，是不会有好运气的。就连股神自己也承认，他之所以能成功地积累如此巨额的财富，与美国近百年来昌盛的国运密不可分。其实，每个人的命运都与国家命运必然相关，有的人紧密些，有的人松散些，但不论是哪一种，国家的健康稳定和持续发展，是最基本的环境。

2. 小财靠努力，中财靠眼光，大财靠命运，巨富靠品德

《三国演义》第103回的时候，诸葛孔明曾感叹道：“谋事在人，成事在天，不可强也！”其实古人理解的成事在天，就是一个人做事的时候，要讲究天时，地利，人和。作者认为：小财靠努力，中财靠眼光，大财靠命运，巨富靠品德。

小财靠努力：我们从小就被教育一定要努力，吃苦耐劳才能勤劳致富。的确，人一生想要出人头地必须努力，不努力连成功的机会都没有，但是仅仅努力是不够的，很多时候，努力只能让您发小财，实现小康。因为普通意义的努力指的是重复做一件事情，但是时间是宝贵的，一旦您专注于做简单而重复的事情，可能会没有时间思考。很多时候很多人都是用战术的勤奋掩

盖了战略的懒惰。大将军之所以能为将军，不光是他英勇无比，更重要的是他会思考，排兵布阵，根据战场形势灵活调整。举个例子：最近几年快递业发展很快，很多年轻人为了赚快钱就去送外卖，每天辛苦地工作10~12个小时，就能月薪上万，成了众多年轻人加入的一个“多劳多得”的收入还不错的行业，很多肯吃苦的快递老手能够月入几万就足以说明问题了。但是和同样从事快递行业的老板们相比，快递员永远赚不到大钱，道理也很简单，快递公司的大老板们赚的是成千上万个快递员所创造价值中的一部分，而一个快递员最多也只能赚到自己劳动力价值的一部分，这个比较很残忍，但却是不争的事实。

中财靠眼光：这个时代变化太快，变化快意味着财富创造的速度和转移的速度都在加快，我们回顾福布斯榜上的富人，很多人除了努力，更重要的是眼光好。而眼光靠什么获得呢？一是靠天生，二是靠家庭教育，比如财商教育，我们看到很多闽商和温州人，良好的家庭教育，耳濡目染，很多人长大后眼光很好。三是靠读书，不断学习才能提高自己看问题入木三分的本领，学习不仅包括从学校学习，也包括向身边人学习。

眼光好的人特别善于专注国运和行业机会，或者说“势”，如同顺风行舟，借力打力特别轻松。“势”是《易经》中最重要的一个概念，六十四卦就代表了六十四种不同的形势，每个人一生中都要经历不同的卦象形势。在不利于聚财的《需》《讼》《师》等卦象形势下，最多也就是依靠个人的勤劳努力赚取一点小财而已，若是不幸触发了一些冲突，甚至还会破财。而在利于聚财的《大有》《大畜》等卦象形势下，再配合个人的勤劳努力，才会有发大财的机会。马云能成为首富是因为马云比所有人都勤劳吗？显然不是，马云只是通过美国之行发现了“互联网购物”是未来的一个发展趋势，然后，马云开始顺势而为，在最好的形势下成就最好的自己。马云有旁人所不及的高瞻远瞩的预见性，走在了时代的前沿，也就走到了财富的前沿，人家不发大财谁发大财。马云在互联网购物大潮来袭之前去美国接触到了互联网，这难道不是命运的巧合吗？没有美国之行，就不会有接下来的想法和努力，更不会有阿里巴巴帝国和马云如今的地位。随着马云和刘强东的成功，淘宝和京东所代表的“互联网购物”引发了国内购物方式的革新，购物者和互联网之间依托什么而连接起来？于是，快递公司成了互联网购物时代下的一个强势崛起的行业，也成就了一大批快速造富的快递公司的创始人。

大财靠命运：俗语云“命里有时终须有，命里无时莫强求”，这句话之所以被多数人认同就在于几乎没有人能够脱离命运的掌控，人类的绝大多数努力都只能提升自己，或许可以影响事件的过程，却很难改变成败的结果。俗语云“三分天注定，七分靠打拼”。从您生下来的那一刻，您的性格就注定了，您这一生的运势也注定了。例如您是个运势很好的人，您只要做事情，基本都能成。如果您运势不好，哪怕您全力以赴，您更加优秀，对于这个领域更加细心，可能还是会出现一些意外情况让您前功尽弃。如果您不努力，做一个乞丐，那么即使您的运势再好，您也依旧还是个乞丐，最多就是多讨了一些钱。因为七分靠打拼。不学习，不努力，运势再好也没用。

一切皆有定数。老子在《道德经》中有言：“道之尊，德之贵，夫莫之命而常自然。”在道家看来，天地之间，万事万物的发展与演化都有其“道”，而“道”的运行规律便是顺其自然。生活中，我们经常会因为对结果过于看重而劳心劳形，从而导致种种疾病的发生，这就是没有顺其自然的表现。晚清名臣林则徐曾写过这样一副对联：“海纳百川，有容乃大；壁立千仞，无欲则刚。”

作者有个很喜欢的故事，与大家分享：一天，国王到森林打猎，一箭射倒一只花豹。国王下马检视花豹。谁想到，花豹使出最后的力气，扑向国王，将国王的小指咬掉一截。国王叫宰相来饮酒解愁，谁知宰相却微笑着说：“大王啊，想开一点，一切都是最好的安排！”国王听了很愤怒，“如果寡人把您关进监狱，这也是最好的安排？”宰相微笑说：“如果是这样，我也深信这是最好的安排。”国王大怒，派人将宰相押入监狱。一个月后，国王养好伤，独自出游。他来到一处偏远的山林，忽然从山上冲下一队土著人，把他五花大绑，带回部落！山上的原始部落每逢月圆之日就会下山寻找祭祀满月女神的牺牲品，土著人准备将国王烧死。正当国王绝望之时，祭司忽然大惊失色，他发现国王的小指头少了小半截，是个并不完美的祭品，收到这样的祭品满月女神会发怒，于是土著人将国王放了。

以上故事告诉我们：一切皆有定数。《老子·德经·第五十七章》中提到“祸兮福所倚，福兮祸所伏”，指福与祸相互依存，互相转化。比喻坏事可以引发出好的结果，好事也可以引发出坏的结果。这也是哲学里提到的“矛盾理论”。唯物辩证法认为“矛盾理论是我们认识和研究一切事物的根本方法，矛盾是独立和统一的。世界上任何事物都充满着矛盾，一切事物都是在自身的矛盾运动中发展的、前进的。”

巨富靠品德：为什么品德最重要？因为良好的品德才能更好地驾驭财富，包括子女教育，家风传承，才能让自己的家族财富走得更久远，靠时间的价值和复利实现巨富。否则靠命运获得了大财富，自己品德不好或者子女教育没做好，要么在自己万年葬送掉了财富，要么在自己子女手里财富被挥霍一空，只能富一代，相信您一定听过身边有人家道中落或者富不过三代。《菜根谭》有云：德者才之王，才者德之奴。一个人的品德，才是才干的主人；而才干，只是品德的奴仆。正如《菜根谭》中又提道：德者事业之基，未有基，不固而栋宇坚久者。《菜根谭》中有句话：势利纷华，不近者为洁，近之而不染者尤洁。在这个纷杂的社会，与人打交道在所难免，这其间的尺度要把握好。《世说新语・笺疏》有云：德成智出，业广惟勤，小胜靠智，大胜靠德。“小胜靠智，大胜靠德”意指取得大的成功，最终靠德。大凡急功近利，投机取巧者，短时间内很容易实现利益最大化。就如平地起高楼，把打基业的时间用于快速建筑，很快就能拔地而起，但经不起风雨。曾国藩曾在写给弟弟的信中说：“吾人只有进德、修业两事靠得住。”人这辈子，只有人品和能力两件事情靠得住。能力管大小，只要肯干，必然能找到自己的生存之地。成大事，发大财则是要在“勤”之上积攒人品，令其顺势而行。我们看到身边很多突然暴富的案例，比如拆迁或者彩票中奖，或者投机倒把短时间有很多财富，但是如果他没有驾驭这种财富的能力，或者良好的品德，迟早会把财富挥霍掉，可能是赌博，胡乱投机，这就是经常听到的“凭运气挣的钱，最后靠运气亏完了”。所以越是有钱的人，越应该不断学习提高自己，磨炼自己的品行，修炼自己的品德，使自己有驾驭这么多财富的能力和品德。

综上所述，人的一生，运势很重要，但是拼搏更重要，我们只有全力以赴地去拼搏，再学会看准自己的运势，顺势而为，那就可以事半功倍。同时每个人一定要认清楚自己的优势，找到与您互补的人，这样您的事业，工作才会变得更好。明代的《增广贤文》有句话很好：“但行好事，莫问前程”。与诸君共勉。

二、财富并不代表着幸福，幸福是获得与期望的差值

首先，我想问问大家，幸福是什么？每个人的理解可能不同，我认为幸

福的含义很广泛，包括但不限于：获得财富、地位、爱情、健康、快乐等。但是如何获得幸福呢？我自己总结过一个幸福和快乐的公式，幸福 = 获得 − 期望。财富并不代表着幸福，幸福取决于获得和期望的差值。如果一个人的获得远远超出期望，他会感觉到很幸福。然而如果一个人的期望特别低，获得和期望的差值也可能很大，他也许也会很快乐。这就是为什么很多乞丐很快乐，因为他的期望值很低，只是今天能够吃饱或者获得一块别人施舍的铜板。相反，很多富商或者位高权重的高官却不开心，因为他们的期望值很高，或者欲望很大。虽然腰缠万贯，手握重权，却欲壑难填，很多贪官贪污了几十亿，却一直不开心，活在惶恐之中。

关于幸福和人生的意义，我们也可以从古代哲学家的价值观中找到答案。英国哲学家罗素在《我为什么活着》中提道："三种单纯然而极其强烈的激情支配着我的一生。那就是对于爱情的渴望，对于知识的追求，以及对于人类苦难痛彻肺腑的怜悯。这些激情犹如狂风，把我伸展到绝望边缘的深深的苦海上东抛西掷，使我的生活没有定向。我追求爱情，首先因为它叫我消魂。爱情使人消魂的魅力使我常常乐意为了几小时这样的快乐而牺牲生活中的其他一切。我追求爱情，又因为它减轻孤独感。那种一个颤抖的灵魂望着世界边缘之外冰冷而无生命的无底深渊时所感到的可怕的孤独。我追求爱情，还因为爱的结合使我在一种神秘的缩影中提前看到了圣者和诗人曾经想象过的天堂。这就是我所追求的，尽管人的生活似乎还不配享有它，但它毕竟是我终于找到的东西。我以同样的热情追求知识，我想理解人类的心灵，我想了解星辰为何灿烂，我还试图弄懂毕达哥拉斯学说的力量，是这种力量使我在无常之上高踞主宰地位。我在这方面略有成就，但不多。爱情和知识只要存在，总是向上导往天堂。这就是我的一生。我觉得这一生是值得活的，如果真有可能再给我一次机会，我将欣然再重活一次。"

您眼中的幸福又是什么呢？如何获得幸福呢？根据我总结的幸福公式：幸福 = 获得 − 期望。如果想让差值变大，要么增加获得，要么减少期望。提升幸福感第一个方法就是增加获得：但是增加获得需要付出大量的努力，一分耕耘一分收获，这是大部分人获得幸福的方式。由于知识结构、胆魄、时代背景等各方面原因，通过劳动增加获得的方式一般比较显性，这也就是为什么大部分 996 工作的人不快乐，因为每月的收入和年底的奖金都是肉眼可见的，大部分人不会因为当月发了工资而欢呼雀跃，因为它已经在您的期望范围之内了。

提升幸福感的另一个方法就是减少期望，这更多地要靠自己的悟性。因为生活大部分时间是平淡的、枯燥的甚至痛苦的，人们应当学会管理自己的欲望。那普通人如何获得幸福呢？作者从自己有限的生活经验中总结了几点与大家分享。

1. 平常心态，降低预期，生活反而会给您惊喜，一切皆有定数

这个世界大部分时间是随机游走的，作为凡夫俗子的人类，我们很多时候无法改变世界的运行轨迹，无法改变别人的思想，甚至有时候都无法改变自己的想法和习惯。所以大部分时间，我们感受到的是沮丧，低于预期，忧郁。这样是很难感受到快乐的。

孔子的《论语・第二章・为政篇》中提到“吾十有五而志于学，三十而立，四十而不惑，五十而知天命，六十而耳顺，七十而从心所欲不逾矩。”老祖宗的智慧告诉我们：到了四十岁，“四十不惑”，到了四十岁，才不怀疑。人到了四十岁，咀嚼了事态的冷暖，感怀了岁月的无情，往事悠悠。四十年弹指一挥间，在经历了许多疑惑、彷徨、振奋、欣喜之后，是沉思，是恍然大悟。少了激情，多了沉稳；少了冲动，多了冷静；少了烦恼，多了理智；少了放任，多了责任；少了盲从，多了自我。四十岁的人是十分理智和清醒的，对外，他明白了社会；对内，他明白了自己；对自己，他明白了责任。孔子“五十而知天命”，“天命”就是我们今天讲的因果报应，他知道了，命里有的一定有，命里没有的别强求。乐天知命，丝毫强求都没有，到五十岁明白了这个道理，一切通达了。不管这个说法对否，也不管还有多少说法，“天命”很简单，就是您该怎么做，做一个什么样的人。说白了就是人生观而已。到了五十岁，知道了自己的命运轨迹，不怨天；知道了自己的人生定位，不尤人；知道了自己未竟的责任，不懈怠。

我们再来看看哲学里是怎么帮助我们理解世界的不完美和矛盾的。哲学认为矛盾是指事物内部或事物之间的对立统一关系。对立，表现为斗争性，统一，表现为同一性。矛盾的斗争性，是指矛盾双方相互排斥，相互对立的属性。它体现着对立双方相互分离的倾向和趋势。矛盾的斗争性是无条件的、绝对的，它贯穿在事物发展的整个过程中。矛盾的同一性，是矛盾双方相互吸引、相互联结的属性和趋势。它有两方面的含义，一是矛盾双方相互依赖，二是矛盾双方相互贯通，在一定条件下可以相互转化。矛盾的同一性是有条件的、相对的，它随时间、条件的变化表现出不同特征。矛盾是一切事物发展的动力，任何事物在演变过程中，始终充满着矛盾运动。矛盾双方相互贯通，既相互渗透、相互包含。矛盾双方在一定条件下相互转化，矛盾的特殊性和普遍性在一定条件下相互转化。

当我们明白了世界和生活的真谛后，应当拥有平常心态，降低预期，生活反而会给您惊喜。

2. 但行好事，莫问前程。您尽管努力，剩下的交给天意

五代的冯道《天道》：但知行好事，莫要问前程。明代的《增广贤文》：但行好事，莫问前程。古语告诉我们：要做好眼前的事情，不要去看结果，这个好事并不是指的好人好事的意思，而是让您专注眼前事情，专注于实现目标的过程，而不是目标的本身。恰如陶渊明所言："人生无根蒂，飘如陌上尘。分散逐风转，此已非常身。"作为普通的个体，您我的存在就如同这世间的一粒尘埃，生与死似乎都对这个世界无足轻重。而唯一能让我们坚守的，大概也只有自己的内心。只有坚守住自己的情感，做无愧于内心的事，才会让自己活得坦然。而这也就是"但行好事，莫问前程"的本来意义。

您尽管努力，剩下的交给天意。人的一生其实处处是坎。有的人面对坎坷，迎难而上，最终化险为夷，战胜挫折！而有的人，怨天尤人，一蹶不振，最终一事无成，碌碌无为！所以要相信努力的力量，只要努力了，就没什么后悔的，只要努力了，就啥都不是个事，只要努力了，什么挫呀、坎呀，都会过去的。所以，您只管努力，其他的交给天意。您看那鹭鹰，没人鼓掌，也在幽幽高歌，您看那骆驼，没人心疼，也在奔忙依旧，大千世界，飞禽走兽，谁不努力地活着？什么最重要？命最重要，只要不死，总有出头之日。

总之，谋事在人，成事在天，您先别管其他，把您该努力的部分，努力完就好。您若盛开，蝴蝶自来；您若精彩，天自安排。

3. 在合适的年纪做合适的事，不要延迟满足自己

对于大部分人，幼儿的时候想要一块糖。少年的时候想要一个变形金刚或者漂亮的裙子，刚大学毕业时想要一辆跑车或者小房子，30~40 岁的青年

人想要一辆豪车，40~60 岁的中年人想要一个别墅，60~70 岁的老人想周游世界。其实，如果每个年纪都延迟满足自己的话，可能一生都忙忙碌碌，忙着把财富传递给下一代，难以获得幸福最大化，但这是大部分中国人的价值观，欧美则恰恰相反，孩子 18 岁就独立，每代人都过好自己。

其实真正的幸福应该是：在自己最想得到的年纪，拼命努力满足自己，或者踮起脚够一够刚好能够满足自己，这样的预期差最大，快乐的体验最大。否则延迟满足自己，违背了自然规律，可能会出现这样的情况：少年的您已经不喜欢吃糖，工作的您不喜欢变形金刚觉得太幼稚，30~40 岁的您腰疼坐不了跑车，50~60 岁的您可能看淡了一切觉得车就是个代步工具，没必要花大价钱买豪车炫富，60~70 岁的您可能因为体能或者激情消退没法周游世界。因此，如果想让自己的幸福体验最大化，争取在合适的年纪做合适的事情，不要延迟满足自己。

4. 多读书，更多地追求精神快乐，让幸福多元化

人的幸福是多方面的，不光包括物质丰富带给自己的体验，还包括精神世界的幸福。最近流行这样一句话：您现在的气质里，包含着您走过的路，看过的风景，读过的书和爱过的人。三毛说过："书读多了，容颜自然改变，很多时候，自己可能以为许多看过的书籍都成为过眼烟云，不复记忆，其实它们仍是潜在的气质里、在谈吐上、在胸襟的无涯，当然也可能显露在生活和文字中。"宋代皇帝宋真宗的《劝学诗》里写道"书中自有黄金屋，书中自有颜如玉。"读书使人优雅有品位，使您的内心保持淡定平和，使您变得知书达理，更加优秀。读书是一种幸福，让人增长知识，使人明白道理，令人憧憬未来，教人品味生活，这种幸福别无取代。

一个人的一生，只能经历自己拥有的那一份欣悦，那一份苦难，也许再加上他亲自感知的那一些关于自身以外的经历和经验。然而，人们通过阅读，却能进入不同时空的诸多他人的世界。这样，具有阅读能力的人，无形间获得了超越有限生命的无限可能性。阅读不仅使他认识了草木虫鱼之名，而且可以上溯远古下及未来，饱览存在的与非存在的奇风异俗。

更为重要的是，读书加惠于人们的不仅是知识的增广，而且还在于精神的感化与陶冶。人们从读书学做人，从那些往哲先贤以及当代才俊的著述中学得他们的人格。人们从《论语》中学得智慧的思考，从《史记》中学得严

肃的历史精神，从《正气歌》学得人格的刚烈，从马克思学得人世的激情，从鲁迅学得批判精神，从列夫·托尔斯泰学得道德的执着。歌德的诗句刻写出睿智的人生，拜伦的诗句呼唤着奋斗的热情。一个读书人，是一个有机会拥有超乎个人生命体验的幸运人。

作者压力大，彷徨的时候，就会去看看天文或者艺术，当我仰望星空，看看浩瀚宇宙的时候，就会感慨人生苦短，人类渺小，尔虞我诈、功名利禄又算得了什么？当我看西方油画的时候，我仿佛与几百年前的艺术大师在隔空对话。比如，当我仔细欣赏西班牙画家毕加索 1930 年创作的《格尔尼卡》时我会尝试理解他当初创作的心态，并且联想到了近期以色列和巴勒斯坦互相投掷炸弹，虽然历史过去了近 100 年，但是人类的战争还存在，只不过换了种形式。比如，当我看到 2021 年数字货币炒作狂浪的时候，各种狗狗币价格上天，动辄 10 倍至几万倍，虽然他们没有任何使用价值，让我不由得想起了 1634—1637 年的荷兰郁金香泡沫，当初一株郁金香被炒作到和一栋房子一样贵，当然最后的结局是暴跌收场。当我看到 2021 年党中央提出了“碳中和”概念时，我又想起了 1872 年法国画家莫奈创作的《日出印象》，当时的塞纳河边，污染已经很严重，到了 1940 年，被称作“雾都”的巴黎雾霾事件夺取了上万人的生命，可能莫奈先生本身画的就是伦敦塞纳河畔的雾霾吧？艺术是为生活服务的，艺术反映的是当时的社会现状。回过头再看时下中国，经济高速发展，过去 20 年我们也经历了法国在上个世纪初的环境污染现象，现在政府决心很大，要在 2030 年实现碳达峰，2060 年实现碳中和。2021 年股市最热门的主题之一就是碳中和概念。虽然历史过去了 100 多年，但是不变的是经济发展规律，国家发展规律：由初级工业到高端制造，由重污染产业到节能环保。想想这些，不由得增加了生活中的乐趣，无形中扩大了自己的生活物理空间，某种程度上实现了穿越，能和古人对话交流，这样能带给自己更大的快乐，让自己更好地理解当下世界，理解生活，做到心胸广阔，见怪不怪。

5. 勿以善小而不为，学会帮助别人

《三国志·蜀书·先主传》：“勿以恶小而为之，勿以善小而不为。惟贤惟德，能服于人。”其实，一味地索取或者获得未必能体验到持续的幸福，而做善事，或者帮助别人，往往能使自己感受到快乐和幸福。这背后的原理

是通过自己的行动，帮别人解决了问题，别人在获得快乐的同时会传递快乐给您，别人的感激也会让您感受到自己的价值，获得内心的平静安宁和幸福感。

我们常常听到身边的人，抱怨没有时间做善事，也没有金钱可以给别人。但行善并不是这样的，关键是要有一颗善良的心，心存善良，广结善缘，处处都可以与人为善。比如，善待自己，学会原谅自己，接受世界的不完美和自己的不完美。善待自己的父母。面带微笑，传递自己的好心情。放下仇恨，甚至做到以德报怨。一个人，心善，行善，是集福，是为人生的后半辈子准备了更多的“贵人”。也许一个心善的人，总是被小人算计，还遭到他人非议，但“清者自清，浊者自浊”，笑到最后的人，一定是善良的人。作者不才，才疏学浅，平时也愿意尽微薄之力做点慈善，虽是区区小事，但这样觉得生活得很真实，能够帮助到贫困灾区、消防战士、疫区群众，或者贫困学子，觉得人生很有意义和价值。如果您现在不快乐，不妨从身边小事做起，日行一善，胜似日进斗金；日行一善，日省一过；日行一善，积善成德；日行一善，功满三千等。

6. 不要攀比，您就是独一无二的自己

我们都来自一次宇宙大爆炸产生的随机结果，我们都是宇宙中独一无二的一分子，您的身体、您的思想、您的经历、都是独一无二的。因此，不用盲目地去和别人攀比。也许上帝在设计每个人的时候，都安排好了剧本，给了不同的人不同的资源禀赋，如同游戏里的不同角色。既然选择了人生这趟列车，无法选择角色，那就愉快地接受它。哪怕是游戏中的一颗螺丝钉，也要闪闪发光，充实地过好每一天，实现自己能力范围内的价值，更多地去认识世界，感受人世间的真善美，您也会是幸福快乐的。

如果沉溺于与人攀比，您就会让嫉妒、愤怒、抱怨充满您的内心，而将快乐排除在外。其实每个人的成功都有必然和偶然的因素，也有时间的先后之分，因此，没必要在特定的时间节点去羡慕别人。临渊羡鱼不如退而结网，要做最好的自己，您就是独一无二的自己。不要为了别人，委屈自己；不要为了讨好别人，丢失本性！您就是您，做独一无二的自己！您的优秀不需要别人来评价，凡事问心无愧就好，自己的命运自己做主。

第五章
奢侈品是物质财富巅峰，但投资奢侈品须谨慎

提起财富不得不提起奢侈品，因为连古代富人陪葬的时候，墓室里都要放满金银珠宝等奢侈品，从而间接诞生了盗墓这个行业。当一个人财富到了一定级别，大概率会去购买或者追逐奢侈品，名表、名包、名车、名画等。那么提到奢侈品，您第一印象会想起什么？爱马仕、兰博基尼、江诗丹顿、Lamer？您又可曾想过，为什么全世界大部分奢侈品出现在欧洲，特别是法国、瑞士和意大利？本篇将为您揭秘奢侈品的本质和内涵、奢侈品诞生的意义、奢侈品与财富的关系。

2019 年全球个人奢侈品市场规模同比增长 8%，达到 2810 亿欧元，20 年间平均增速为 4.5%，中国消费者贡献了 33% 的奢侈品消费金额，为世界首位。理论上，奢侈品属于收入需求弹性大于 1 的商品，因此，在人均收入相同的情况下，贫富差距越大，财富越集中，奢侈品消费的支出占总支出的比例越高。奢侈品为什么可以成为奢侈品？因为它是高品质、地位的象征。2019 年度全球 100 大奢侈品公司排行榜中，路威酩轩集团（LVMH）、雅诗兰黛集团、历峰集团保持在前三名的位置，开云集团超过陆逊梯卡集团名列第四位，首次公布财报的香奈儿名列第六位。

表 5-1　2019 年全球顶级奢侈品公司收入排名

排名	企业	国家	2019 年奢侈品收入（亿美元）	2019 年总收入（亿美元）	行业
1	LVMH 集团	法国	375	600	箱包、美妆
2	开云集团	法国	177	177	箱包
3	雅诗兰黛集团	美国	148	148	美妆
4	历峰集团	瑞士	138	162	服饰、配饰
5	欧莱雅集团	法国	123	123	美妆
6	香奈儿集团	英国	122	122	美妆
7	陆逊梯卡集团	意大利	106	194	配饰
8	周大福珠宝	中国	84	85	配饰
9	PVH Corp	美国	80	96	服饰
10	斯沃琪集团	瑞士	80	83	手表、配饰

一、名牌化妆品：为什么大多诞生在法国?

大家可曾想过？为什么全球有名的化妆品大部分诞生于法国？这要从化妆品的历史说起：化妆品的历史至少延续了 7000 年，并且几乎存在于地球上的每个社会中。化妆品人体艺术被认为是人类文化中最早的一种仪式。这方面的证据来自利用红色矿物颜料（红赭石）的形式，以及与非洲智人相关的蜡笔。化妆品的考古证据确实可以追溯到古埃及和古希腊。根据史料记载：早期的化妆品包括在古埃及用蓖麻油作为保护性香膏，罗马人用蜂蜡、橄榄油和玫瑰水制成的护肤霜。古希腊人也用化妆品。古罗马的一些女性发明了化妆品的铅基配方，以美白肌肤，还发明了类似于睫毛膏中所使用的木炭名叫 Kohl，用于排列眼部。这种叫 Kohl 的木炭最早出现在北非，是用于治疗皱纹的补救措施，里面含有乳香和新鲜辣木胶等成分。

在中世纪，许多女性就已经化妆。从文艺复兴到 20 世纪，下层阶级不得不在外面从事农业工作，而典型的浅色欧洲人的皮肤因暴露在阳光下而变暗。一个人身份越高，他或她在室内度过的闲暇时间就越多，这使得他们的皮肤变得苍白。因此，最高级别的欧洲社会是苍白肤色的，这导致欧洲男性和大多数女性试图直接照亮他们的皮肤，或在他们的皮肤上使用白色粉末来看起来更贵族。他们使用各种各样的产品，包括含铅油漆也含有砷的白色产品，毒害了妇女，并杀死了许多人。苍白的面孔是欧洲中世纪的趋势。13 世纪意大利女性画着红色唇膏，表明她们是高贵的身份。古埃及人是化妆品的先驱，睫毛膏的雏形也出现在古埃及。古埃及人经常化浓墨妆，她们经常拿烧焦的杏仁当作睫毛膏，还用鳄鱼屎和蜂蜜来定妆。在古罗马时期，据说白被认为是贵族的一种标志，有些女性不惜放血来达到脸色苍白的目的。用水蛭放血，此法能减少创伤面，无色无味，快速见效，在文艺复兴时期非常时髦。1163 年罗马教皇亚历山大三世，让放血疗法走入了民间，理发店成了放血疗法的主要场所。理发师用的刀和人们对放血的热衷，谱写了一段有意思的西方医学史——外科学的发展是从理发店走出来的。其中标志性的人物就是 16 世纪的法国理发师 Ambroise Paré，他后来被誉为“外科医生之父”。理发师们发展了一整套的放血操作规程和工具，放血疗法的双刃刀具叫“柳叶刀”，英国著名的医学杂志“Lancet”（柳叶刀）就是来自放血用的双刃刀片。理发店沿用至今的红蓝白条纹相间的柱状标志中，红色代表流动的动脉血液，蓝色代表流动的静脉血液，而白色代表止血用的绷带，这是一个生动的放血疗法广告。随着时间的推移，放血疗法中引发的事故，渐渐使人们对其产生了质疑。1799 年 12 月 12 日，68 岁的美国第一任总统乔治·华盛顿骑马巡视种植园回来，感到喉咙疼痛，第 3 天病情加重，呼吸困难。华盛顿深信放血，他的私人医生也深信放血的作用，连续数次的放血后，华盛顿停止了呼吸。在古罗马，流行着一种隔着屏幕都感到恶心的美白方法：用鳄鱼粪敷脸。文艺复兴时期，她们会将水银涂抹到皮肤上，这样光照射到皮肤上看起来会有光泽，但水银可能会汞中毒。据说英国的女王伊丽莎白一世是那个时代的美容大王，而她的美白神器就是铅粉，这一美容大法还导致很多女性中毒身亡。除了国外，我们国家古代的美白大潮也是毫不逊色。以慈禧老佛爷为代表，独创了“玉容散”。但这个玉容散，成分居然是麻雀、雄鹰、鸽子的粪便。可见古人在为了自己变美这条路上，也付出了很多艰辛。

过去，从事农业的工作者无法防晒，而时尚女性的皮肤尽可能保持苍白。到了近现代，越来越多人转入室内工作，大家都越来越白了。早些年，欧美人士就又开始转向“美黑”，以小麦色、古铜皮肤为美，以彰显自己有时间、有精力晒太阳。香奈儿品牌创始人香奈儿女士出生于法国农村，之后在咖啡厅当歌手，结交了有钱军官后开了两家时装店，在晒太阳造成肤色暗沉后，接下来生产了数十种新的假棕褐色产品，以帮助男性和女性实现日光浴效果般的肤色。然而在亚洲，皮肤美白继续代表着美丽，就像今天一样。

从公元前3000年左右开始，中国人开始用阿拉伯树胶、明胶、蜂蜡和蛋清来染指甲。化妆在中国对人们起着重要的装饰作用。早在先秦时期，当时的女性已经开始使用化妆品来美化自己的容貌。胭脂、水粉、眉黛都是颇受欢迎的古时仕女们的日常梳妆用品。明代有以紫茉莉花籽制成的“珍珠粉”；清代有用滑石制成的“石粉”。使用化妆品，最初是以宫廷内部为主，逐渐扩展到民间。

众所周知，法国在化妆品香水产业具有全球领先的地位，这不仅仅得益于产业一直以来所秉承的卓越传统和誉满全球的专业技艺，更和法国在这一产业的创新能力密不可分。法国是世界第一大化妆品出口国，2016年的出口额突破120亿欧元大关，在化妆品领域的贸易顺差达到了92亿欧元，全球1/4的化妆品市场被法国品牌占据。这又是为什么呢？可能有如下几方面原因。

历史久远：法国路易十四在位的时期，是化妆历史发展的一个高潮。路易十四是一个追求艺术与美的国王。首都的人们都有艺术细胞，追求美丽。在这样的环境下，各种歌剧、服饰被设计、爱美的上流人士还参与了香水和化妆品的改革与开发。法国人对艺术和美的极致追求渐渐影响到了时装、香水、首饰等生活的各方面，这些奢侈品的兴起首先就以法兰西贵族与王室开始，这其中的路易十四国王是最为著名的代表人物。路易十四非常喜欢漂亮时装，他举全国之力将时装的运作收归国家，并且严格划分了不同行业之间的界限，比如卖原材料的绝对不能做服装设计师，以此保证衣服的质量。法国时装得到国家的大力支持，从此法兰西服饰畅销世界直至今日。这也说明，法国奢侈品之所以能够盛大发展，也得益于国家干预。

到了路易十五时期，蓬巴杜夫人酷爱艺术品，很多画家和时装大师为她服务，在她的带领下，“洛可可”艺术风格成为法国流行的时尚，一直持续到现代，我们使用的很多家具、餐盘和服装还有洛可可风格的影子。洛可可艺术（Rococo），是18世纪产生于法国、遍及欧洲的一种艺术形式或艺术风格，盛行于路易十五统治时期，因而又称作“路易十五式”，该艺术形式具有轻快、精致、细腻、繁复等特点。洛可可艺术形成过程中受到东亚艺术的影响，有人认为洛可可风格是巴洛克风格的晚期，即颓废和瓦解的阶段。洛可可艺术风格被广泛应用在建筑、装潢、绘画、文学、雕塑、音乐等艺术领域。巴洛克风格比较阳光，而洛可可风格比较柔美。“巴洛克”是1600年至1750年间在欧洲盛行的一种艺术风格。它产生在反宗教改革时期的意大利，发展于欧洲信奉天主教的大部分地区，以后随着天主教的传播，其影响远及拉美和亚洲国家。巴洛克作为一种在时间、空间上影响都颇为深远的艺术风格，其兴起与当时的宗教有着紧密的联系。从17世纪30年代起，意大利教会财富日益增加，各个教区先后建造自己的巴洛克风格的教堂。巴洛克一词的原意是畸形的珍珠，古典主义者用它来称呼这种被认为是离经叛道的建筑风格，这种风格在反对僵化的古典形式，追求自由奔放的格调和表达世俗情趣等方面起了重要作用。其特点是外形自由，追求动态，喜好富丽的装饰和雕刻、强烈的色彩，常用穿插的曲面和椭圆形空间。比如，罗马耶稣会教堂、凡尔赛宫、圣地亚哥大教堂等。与巴洛克风格对应的是哥特式建筑风格，哥特式建筑是一种兴盛于中世纪高峰与末期的建筑风格。它由罗曼式建筑发展而来，为文艺复兴建筑所继承。发源于12世纪的法国，持续至16世纪，哥特式建筑的特色包括尖形拱门、肋状拱顶与飞拱。哥特式建筑最明显的建筑风格就是高耸入云的尖顶及窗户上巨大斑斓的玻璃画。最负盛名的哥特式建筑有俄罗斯圣母大教堂、意大利米兰大教堂、德国科隆大教堂、英国威斯敏斯特大教堂、法国巴黎圣母院等。

文化原因：法国人天生爱浪漫，制造奢侈品需要浪漫、富裕和艺术精神，一些热爱艺术、财富深厚的国家自然会诞生更多的奢侈品。法国正是这样一个浪漫的艺术王国。这个国家举国热爱艺术，法国人更认为：“艺术不仅是有用的，而且它大概是除了面包之外唯一真正对我们所有人都有用的东西”。对艺术有如此深切觉悟的法国诞生了一批受人称颂的艺术家：如鲁本斯、伦勃朗、保罗·塞尚、莫奈等。还有那宏伟庄严的凯旋门，屹立于塞纳河畔的埃菲尔铁塔，古老的巴黎圣母院，收藏举世瞩目的蒙娜丽莎、维纳斯、胜利女神这三宝的卢浮宫以及美轮美奂的凡尔赛宫，等等。这些艺术家、艺术作品、建筑都是法国深厚艺术底蕴的体现和精华。

材料纯天然：法国的化妆品业发展了很长时期、一直到现在依然兴盛。法国人喜欢天然植物的成分，所以法国品牌基本都是植物＋科技的风格。在环保主义和追求天然的风潮之下，法国的纯天然化妆品得到了全世界的喜爱。

文化遗产保护政策：法国是世界上最早制定文化遗产保护法律的国家，

早在1793年就有“共和国法令”加强对境内艺术品的保护。1789年11月，法国大革命之后，国家颁布了第一部文化遗产保护法。大革命后，法国文化遗产受到毁坏的情况是非常严重的，1812年，国家列出了文化遗产清单，对全国的文化遗产进行了盘点。法国对文化遗产保护政策具体表现在大力保护文化遗产、普及文化、鼓励文化创新和积极向世界推广法国文化等方面。

手工艺保护政策：法国专门成立了手工艺行业理事会，对传统手工技艺进行保护。手工作坊，是法国奢侈品行业最有价值的文化血脉源头之一。在法国，默默无闻的手工匠师们终其一生，仿佛永远都在打磨一颗钻石、雕琢一粒纽扣，缝缀一顶羽饰。

接下来作者为大家介绍全球十大顶级化妆品品牌，您会发现大部分诞生于法国。

表5-2　全球前十大化妆品品牌

	国家	化妆品品牌
1	法国	兰蔻（欧莱雅子品牌）
2	美国	Lamer（雅诗兰黛子品牌）
3	日本	资生堂 Shiseido
4	法国	迪奥
5	法国	香奈尔
6	美国	倩碧（雅诗兰黛子品牌）
7	日本	SK-II（宝洁子品牌）
8	法国	欧莱雅
9	法国	HR 赫莲娜（欧莱雅子品牌）
10	法国	碧欧泉（欧莱雅子品牌）

（1）法国，兰蔻

兰蔻（Lancome）是欧莱雅子品牌，1935年在法国成立，之后被欧莱雅集团收购并成为旗下的品牌。含苞欲放的玫瑰被誉为品牌标记，兰蔻系列香水世界闻名，兰蔻化妆品更是高端女性的代表性化妆品。这一名称构想来自法国中部的一座城堡LANCOSME，城堡周围种满玫瑰花，品牌创始人Armand（阿曼达·珀蒂让）认为每个女人就像玫瑰，各有其特色与姿态。于是就以城堡命名品牌，玫瑰则成为LANCOME的品牌标志。LANCOME从一开始就在香水中添加玫瑰花材。最早以香水起家的兰蔻，发展至今，已成为引导潮流的全方位化妆品品牌。

（2）美国，海蓝之谜

海蓝之谜（Lamer）是雅诗兰黛（Estee Lauder）子品牌，在1946年，麦克斯·贺伯博士创立了海蓝之谜Lamer品牌。1995年被雅诗兰黛收购，因为1995年美国太空总署（NASA）火箭燃料师Max Huber博士去世，品牌处于无人经营的状况。后来雅诗兰黛将其收购，配方复制成功并将品牌命名为Lamer。它主要是贵在原料和技术，以及它的专利成分MIRACLE BROTH（神奇活性精粹）。

雅诗兰黛成立于1946年，是世界上最大的护肤品公司之一。早期以香水起家，现在以护肤品闻名全球，受到无数消费者的喜爱。也有很多一线品牌，比如海蓝之谜（Lamer）、倩碧、悦木之源，等等。海蓝之谜的面霜是最有名的，被称为化妆品的奇迹，被称为“面霜之王”。海蓝之谜以奢华和魔幻为特征，受到了众多消费者的青睐。

（3）日本，资生堂

资生堂（Shiseido）是1872年在日本东京银座创立的第一家西式调剂药房。“资生堂”取名源自中文《易经》中的“至哉坤元，万物资生”，资生堂的涵义为孕育新生命，创造新价值。意为“赞美大地的美德，她哺育了新的生命，创造了新的价值”。1897年科学性地开发出了以西洋药学处方为基础，名为红色蜜露（EUDERMINE）的化妆水。资生堂便一直致力于美肌和秀发的研究，研发出了许多革新商品和美容方法。

今天的资生堂成为亚洲第一、享誉全球的化妆品集团。1994年，中日合资品牌“欧珀莱”（AUPRES）开始销售。目前，资生堂的子品牌有：GINZA、IPSA、欧珀莱（合资）、珀美、ZA、珊妃、CPB、nars、dicila、benefique、洗颜专科、安热沙、maquillage等。

（4）法国，迪奥

迪奥（Dior）公司由法国时装设计师克里斯汀·迪奥（Christian Dior，1905年1月21日—1957年10月24日）创立，总部设在巴黎。主要经营女装、男装、首饰、香水、化妆品、童装等高档消费品。遵循着Christian Dior（迪奥先生）的美好愿景，“不仅令女性更美丽，而且让她们更快乐”，Dior护肤品探索出双重美肌成果。一经使用，即刻绽现光感美肌，满足所有女性的护肤需求，让她们时刻保持年轻美丽，迪奥的香水和化妆品很受中国女性的喜爱，代表着高端。

（5）法国，香奈尔

香奈儿（Chanel）是一个法国奢侈品品牌，创始人是Coco Chanel（可可·香奈儿），该品牌于1910年在法国巴黎创立。该品牌产品种类繁多，有服装、珠宝饰品及其配件、化妆品、护肤品、香水等。对香奈儿来说，每件护肤产品的诞生，都是一次漫长而精准的研发之旅。奢华精萃活肤系列的核心成分——五月香草荚果PFA，萃取自马达加斯加岛的五月香草荚果新鲜果实，经过多重精密分馏科技的特殊提炼至精至纯，具有超强再生活化功能，可唤醒肌肤所有的生命机能。

（6）美国，倩碧

倩碧于（Clinique）1968年创立于美国纽约，现隶属于美国雅诗兰黛集团，其推广的基础护肤三步骤世界闻名。倩碧洁面皂、倩碧洁肤水和倩碧特效润肤露，深受消费者欢迎，并成为当代时尚象征及化妆品界的楷模。在倩碧基础护理产品之外，倩碧的皮肤学专家还开发出其他配合不同肌肤类型需求的多种清洁、清理皮层和滋润肌肤的辅助产品。

（7）日本，SK–II

SK–II是1975年在日本创立的护肤品牌，是专家们将尖端科技运用到护肤品开发中的完美结晶，在东亚以及东南亚等地区深受欢迎。SK–II通过再现晶莹剔透的肌肤，赢得了包括知名演艺人士、顶级模特及化妆师等各界精英的喜爱。

1975年，一队科学家，带着寻根问底的探索精神在一次参观日本北海道的清酒酿酒厂的过程中，偶然注意到年迈的酿酒工人拥有一双犹如婴儿般细嫩的手，从而他们知道，在清酒的酿造过程中蕴含着一个令肌肤晶莹剔透的秘密，也是大自然独一无二的恩赐——Pitera。Pitera是SK–II首款护肤产品——SK–II护肤精华露的基本成分。SK–II首创独家肌源修护复方，通过激活干细胞提升肌肤内在蛋白生成改善肌肤弹性结构，从而促进肌肤新陈代谢，达到肌肤再生的同时增强肌肤厚度及丰盈度，最终重现年轻、弹性、紧实的完美肌肤。1991年，SK–II被宝洁公司收购，属于宝洁旗下的一家子公司。

（8）法国，欧莱雅

欧莱雅（L'Oréal）是国际知名品牌，公司成立于1907年的法国。经过多年的发展，公司旗下拥有赫莲娜、兰蔻、乔治·阿玛尼等一线品牌，另外还有科颜氏、碧欧泉和薇姿等知名护肤品牌。是一家专业从事护肤、防晒、彩妆、染发、护发、男士护肤等诸多领域的大型国际化企业。

1907 年，年仅 30 岁的法国化学家欧仁·舒莱尔发明了世界上第一支无毒染发剂，并由此创立了巴黎欧莱雅集团。1964 年收购兰蔻，这是欧莱雅走向高档化妆品帝国的第一步。1985 年碧欧泉推出男士护肤产品，1989 年收购美国护肤品品牌——赫莲娜，随后又与乔治·阿玛尼签订了一个授权协议，使欧莱雅得以在时尚界推广这个品牌。1996 年收购美宝莲，确立了欧莱雅在美国无可争辩的霸主地位。2003 年收购中国本土品牌小护士。2020 年 5 月 13 日，欧莱雅名列 2020 福布斯全球企业 2000 强榜第 176 位。

（9）法国，HR 赫莲娜

HR 赫莲娜（Helena Rubinstein）于 1902 年由赫莲娜女士创立，目前是欧莱雅集团旗下的顶级奢华美容品牌，也是现代美容行业的奠基品牌之一。值得一提的是，HR 赫莲娜首次推出肌肤微电疗方案，推出干预式护肤系列产品。

赫莲娜夫人在 1872 生于波兰，24 岁时远赴澳大利亚，从事药物配方工作。因此，擅长将药物配方科技使用在她的护肤品的配方中。从 1902 年她在澳大利亚墨尔本开设第一家美容院起，HR 赫莲娜品牌已经遍及了 51 个国家，成为真正的美容王国。1988 年，HR 赫莲娜被法国欧莱雅集团收购。

（10）法国，碧欧泉

碧欧泉（Biotherm）创建于 1952 年，是一个高档的护肤品品牌，总部设在巴黎，其产地分布于法国、摩纳哥和日本，隶属于欧莱雅集团（L'Or é al）。碧欧泉（Biotherm）的产品均含有独特的矿泉活细胞因子 Life Plankton 活源精粹。碧欧泉（Biotherm）根据不同系列产品具体功效，针对性加入自然活性成分，两者相辅相成，对肌肤倍加呵护。

18 世纪，在比利牛斯山脉——法国南部的贵族打猎胜地，一位公爵的爱犬在捕猎时受了伤，在泥潭翻滚并用泥浆给自己擦拭伤口，结果几周后伤口竟痊愈。公爵注意到泥潭中有一眼活泉涌出，于是他试着将泉水涂抹在皮肤上，竟感到前所未有的清凉舒缓。1950 年，女化学家 Marissal 发现了泉水中的有效成分是“矿泉浮游生物”，于是，4 年后将它应用于其第一瓶乳霜中，Biotherm 碧欧泉品牌由此诞生。20 世纪 70 年代，欧莱雅集团收购了碧欧泉品牌。1994 年通过“生物发酵技术”，萃取出了精纯的温泉精华——PETP 矿泉有机活性因子。

二、全球名包：为什么大多诞生在法国？

法国奢侈品品牌之所以闻名世界，有一个重要的原因是早期受到欧洲文艺复兴运动的影响，带动了当时的科技与艺术，为法国以后的政治、经济、文化艺术发展提供了极为有利的条件，同时造就了如今的浪漫之城——法国巴黎。除了全球很多名牌化妆品诞生于法国，全球很多名包也出自法国，另一个是文艺复兴发源地——意大利。下面为大家介绍全球公认的 12 大奢侈品包品牌。

表 5–3 全球前 12 大奢侈品包品牌

	国家	名包品牌
1	法国	爱马仕
2	法国	香奈儿
3	法国	LV 路易威登
4	法国	LV 旗下——迪奥
5	法国	开云旗下——古驰
6	法国	开云旗下——YSL
7	意大利	芬迪
8	意大利	普拉达
9	意大利	葆蝶家
10	美国	寇驰
11	法国	纪梵希 Givenchy
12	意大利	范思哲 VERSACE

（1）法国，爱马仕

爱马仕（Hermès）是世界著名的奢侈品品牌，Thierry Hermès 于 1837 年在法国巴黎创立，早年以制造高级马具起家，迄今已有 180 多年的悠久历史。Hermès 的匠人们就像艺术家一样对每件产品精雕细刻，留下了许多传世之作。2020 年爱马仕集团年收入实现 63.89 亿欧元，净利润 13.85 亿欧元。

爱马仕公司最初是一家马具制造公司，1837 年在巴黎被创立，专门服务于当时热衷马术的欧洲贵族。公司第三代的负责人将事业版图发展为更多元化的经营。19 世纪 90 年代开始制作手提袋；20 世纪 50 年代，更陆续推出了香水、领带、西装、鞋饰、沐浴巾、瓷器、珠宝、男女服饰、手表和桌饰系列等新商品。1993 年公司上市，旗下 80 多家子公司，在全球拥有 311 家门店，56 个零售专柜，共有 8 个大类：马具、箱包 / 小皮具、成衣、时尚配饰、香水、钟表、珠宝、生活艺术品。经历了近两个世纪，爱马仕仍然坚持手工工艺和精英路线。爱马仕一直实行超高的定价模式，明确表示拒绝向奢侈品消费年轻化作出妥协。

爱马仕公司自创立以来，一直由爱马仕家族所掌控。爱马仕的文化源自家族的长久传承，并且家族认为维持家族企业的模式是对公司文化最好的保护。2011 年，成功抗争了 LVMH 的收购。根据法国奢侈品集团爱马仕（Hermès）公布的2021财年第一季度财报，截至2021年3月31日的前三个月，集团总销售额 20.84 亿欧元，按不变汇率计算同比增长 44%。

（2）法国，香奈儿

香奈儿（CHANEL）是法国著名奢侈品品牌，始于 1910 年，以专业经营时尚精品、腕表、高级珠宝和香水及美容品而闻名于世，双 C 标志、菱形格纹、山茶花为品牌标志，No.5 香水、2.55 手袋、小黑裙、双色鞋是时尚界的永恒经典。该品牌产品种类繁多，有服装、珠宝饰品及其配件、化妆品、护肤品、香水等。该品牌的时装设计有高雅、简洁、精美的风格，在 20 世纪 40 年代就成功地将“五花大绑”的女装推向简单、舒适的设计。香奈儿的品牌如同香奈儿女士所言：“流行稍纵即逝，风格永存。”

香奈儿（Chanel）创始人是 Coco Chanel（可可 · 香奈儿）女士，该品牌于 1910 年在法国创立。香奈儿生于 1883 年，是一对法国贫穷的未婚夫妇的第二个孩子。她的父亲是来自塞文山的杂货小贩，母亲是奥弗涅山区的牧家女。在她 22 岁那年，即 1905 年，她当上“咖啡厅歌手”（Cafe singer），并起了艺名“Coco”，在不同的歌厅和咖啡厅卖唱为生。在这段歌女生涯中，Coco 先后结交了两名老主顾，成为他们的情人知己，一名是英国工业家，另一名是富有的军官。结交达官贵人，令 Coco 有经济能力开设自己的店铺。1914 年，可可 · 香奈儿开设了两家时装店，影响后世深远的时装品牌 Chanel 宣告正式诞生。香奈儿（Coco Chanel）成名后，终生未嫁。香奈儿逝世后，1983

年起由设计天才德国的卡尔·拉格菲尔德（KARL LAGERFELD）接班。人们称他为“时装界的凯撒大帝”或是“老佛爷”。“老佛爷”精通德、英、法、意文，妙语连珠，情迷传统，又憧憬未来，被传媒封为“当代文艺复兴的代表”。

（3）法国，路易威登

路易威登（Louis Vuitton）是世界上最有价值的奢侈品品牌，并且连续七年占据全球最有价值奢侈品品牌的宝座。路易威登于1854年成立于法国巴黎，从皇室御用到顶级工艺作坊，路易威登的种种经典设计顺应了旅行历史的重要发展。1997年，艺术总监Marc Jacobs将路易威登精湛工艺及独有奢华延伸至时装、鞋履、腕表、配饰及珠宝精品，使其以卓越品质、杰出创意和精湛工艺成为时尚旅行艺术的象征。

（4）法国，迪奥

迪奥（Dior）创始于1947年，是法国著名时尚消费品牌，是享誉全球的顶级奢侈品品牌，华贵与高雅的代名词，时装、珠宝手表、香水、彩妆、护肤领域典范，蓝金唇膏、5色眼影为镇牌之宝。不论是时装、化妆品或是其他产品，迪奥（Dior）在时尚殿堂一直雄踞顶端。

“Dior”在法文中是“上帝”（Dieu）和“金子”（or）的组合，金色后来也成了Dior品牌最常见的代表色。创始人克里斯汀·迪奥并不是服装设计出身，毕业于巴黎政治学院，虽是一名企业家之子，他对艺术的热情却从未消退。他是一个天生的设计师，从没学过裁剪、缝纫的技艺，但对裁剪的概念了然在心，对比例的感觉极为敏锐。

（5）法国，古驰

开云集团（Kering）成立于1963年，2005年5月18日之前的旧称是碧诺—春天—雷都集团，后来更名为PPR集团，是一家国际控股的法国公司，公司于1963年由弗朗索瓦·皮诺（François Pinault）创立，2013年4月26日法国皮诺家族在北京宣布，将向中方无偿捐赠流失海外的圆明园青铜鼠首和兔首。

开云集团原身主要从事木材交易，1992年进入零售行业，1999年收购了古驰集团（Gucci Group NV）42%的股权，首次投资于奢侈品业务，并于2011年持有Gucci 100%的股权。开云集团现在是一家以经营服装及配饰为主的国际上市公司，拥有大量著名品牌，比如古驰、彪马、葆蝶家、圣罗兰、巴黎世家、GP芝柏表等。Gucci是目前开云集团的核心品牌，1921年始于意大利，2018年Gucci全年销售额占整个集团奢侈品业务的63%。

（6）法国，圣罗兰

圣罗兰（Yves Saint Laurent）成立于1961年，以高定时装起家，设计并销售男女成衣、皮具配饰等。1999年圣罗兰被开云集团收购，2008年圣罗兰旗下的YSL美妆业务被分拆给欧莱雅集团。1961年Yves Saint Laurent（圣洛朗）与拍档贵族投资人Pierre Berge共同创立了YSL王国，其手工精致得一丝不苟的晚礼服备受名媛淑女追捧。

YSL，Yves Saint Laurent的简称，中文译名圣罗兰，是法国著名奢侈品品牌，它是由1936年8月1日出生于法属北非阿尔及利亚的伊夫·圣罗兰先生创立，主要经营时装、美妆产品、香水、包具、眼镜、配饰等。17岁时他就被知名时尚杂志*Vogue*发掘，有了时装神童的称号；18岁时就得到了Christian Dior的赏识，并加入了其工作室；在Dior先生去世后，年仅21岁的伊夫·圣罗兰就担任了Dior设计总监。1961年成立了自己的品牌，YSL就是他名字首字母的缩写。

（7）意大利，芬迪

意大利芬迪（Fendi）公司，始于1925年罗马，意大利著名奢侈品品牌，皮革世家，形象高贵的意大利品牌芬迪，创始之初是一家位于罗马的皮革毛皮商店。1925年芬迪品牌由阿黛勒·芬迪正式创立于罗马，专门生产高品质毛皮制品。1955年首次举行芬迪时装发布会。之后公司逐渐发展壮大，经营范围也扩大到了泳装、针织服装，价格较低的成衣等品类，甚至开发了珠宝、男用香水等。发展至今，芬迪品牌以其奢华皮草和经典手袋在世界高级时装界享有盛誉。

（8）意大利，普拉达

普拉达（PRADA）始于1913年意大利，世界知名奢侈品品牌，高端皮具典范，以完美主义著称的家族品牌，凭经典“黑色的尼龙包”风靡全球。创始人Mario Prada所设计的时尚而品质卓越的手袋、旅行箱、皮质配件及化妆箱等系列产品，得到了来自皇室和上流社会的宠爱和追捧。2020年，公司收入超过190亿元。

（9）意大利，葆蝶家

意大利精品品牌BOTTEGA VENETA，自1966年诞生以来，即成为低调奢华的代名词，是意大利奢侈品品牌。采用传统意大利皮革工艺制造。产品由最初的皮包扩展至服装、高级珠宝、眼镜、香水、家具及家居用品等不同领域。以隽永而现代的设计，流露自然随性的潇洒，打造日常生活衣橱的丰富性，坚持时尚、创新与奢华的核心理念。

时尚界有这样一个说法广为流传：“当您不知道用什么来表达自己的时髦态度时，可以选择LV，但当您不再需要用什么来表达自己的时髦态度时，可以选择BV。”Bottega Veneta向来以其“低调的高贵”备受赞誉。女士手袋和男士皮鞋是葆蝶家最擅长的，女士手袋和Hermes、Chanel合称奢侈品中的奢侈品。而葆蝶家的男士皮鞋稳坐同类产品销量第一。

（10）美国，蔻驰

美国蔻驰（COACH）公司始于1941年，是皮革制品轻奢侈品品牌。坚持纯手工工艺打造经典时尚，是纽约现代奢华风尚手袋、服饰、鞋履等产品供应商。COACH是美国高端生活方式时尚品牌，为男士、女士提供精致配饰与礼品，产品系列包括女士手袋、男士包款、男士及女士小皮具、鞋履、服饰、手表、旅行用品、围巾、太阳眼镜、香水、时尚首饰等。

1941年COACH成立之初，是由六位来自皮革世家的皮匠师傅共同经营的，是美国历史最悠久和最成功的皮革制品公司之一。自此，COACH独特的手工工艺和高质量的制作被那些颇为讲究品质的顾客青睐。在日本，COACH在过去三年中是增长速度最快的进口皮具与配饰品牌，已经占据了第二大的市场份额。以其市场的定价来看，COACH处于欧洲高级品牌与中低档品牌的中间位置。以手提包的价格为例，欧洲高级品牌的手提袋约600美元，而中低档品牌约100~200美元，COACH的价格则在300~400美元之间。这对一直喜欢使用高级品牌的时尚女性来说是个能轻松接受的价格。

除了以上前十大，还有大家听过的Givenchy纪梵希也是法国，1952年创立的时装品牌，最初以香水为其主要产品，后开始涉足护肤及彩妆事业。Givenchy纪梵希一直被视为优雅、高贵、精致的象征，LOGO的4G标志分别代表古典（Genteel）、优雅（Grace）、愉悦（Gaiety）以及Givenchy。

当然，除了法国，意大利也诞生了很多名包，比如：范思哲（VERSACE），1978年诞生于意大利，由意大利设计师Gianni Versace与兄弟Santo及妹妹Donatella创立。2018年年末，Versace范思哲被美国轻奢集团Michael Kors（后更名为Capri控股）收入麾下，成为该集团旗下品牌。

三、全球名表：为什么大多诞生在瑞士？

提起名表就让人不由自主地联想到瑞士，瑞士早已成为腕表的另一个代名词，"瑞士名表"就是奢侈品的象征，都说穷玩车富玩表，全世界十大名表几乎全部诞生于瑞士，可见瑞士名表都已金贵到什么程度了。提起名表不得不说历峰集团（Richemont），它是瑞士奢侈品公司，由安顿·鲁伯特（Anton Rupert）于1988年建立。历峰集团涉及的商业领域：珠宝、手表、附件以及时装。2004年以来，按营业额计算，它是世界第二大奢侈品公司，排名在路威酩轩（LVMH）和巴黎春天（PPR）之间。历峰集团旗下有多款世界名表品牌，比如：江诗丹顿、伯爵、积家、卡地亚、万国、梵克雅宝、万宝龙、沛纳海等。

全球最贵的前5块手表有哪些呢？第一名的是世界上最昂贵的手表Graff Diamonds，售价高达5500万美元（约合人民币3.6亿元），是一枚独一无二的杰作，超过110克拉的彩色钻石镶嵌在铂金手镯中。第二名是格拉夫钻石魅力，售价4000万美元。第三名宝玑的Marie-Antoinette Grande，售价3000万美元，这块怀表于1782年由法国女王玛丽·安托瓦内特（Marie Antoinette）的爱人委托。这款怀表的制作花了40年，但在表制作成功之前预订者就已经死亡了。第四名是萧邦201克拉手表，售价2500万美元，这款201克拉手表由萧邦（Chopard）设计，包括一颗15克拉的粉红色钻石，一颗12克拉的蓝色钻石和一颗11克拉的白色钻石，以及另外一颗163克拉的白色和黄色钻石，很难说它是卖钻石还是卖表。第五名是百达翡丽的Henry Graves Super complication，售价2400万美元，这款复杂的表具有24种复杂功能，包括万年历，威斯敏斯特钟声报时，日出和日落时间、天体图表，以及格雷夫斯在纽约家中的夜空。

表5-4 全球前十大名表

	国家	名表
1	瑞士	百达翡丽
2	瑞士	江诗丹顿，属于历峰集团
3	瑞士	爱彼
4	瑞士	伯爵，属于历峰集团

续表

	国家	名表
5	瑞士	宝珀
6	瑞士	积家，属于历峰集团
7	瑞士	宝玑
8	瑞士	芝柏
9	瑞士	劳力士
10	法国 / 瑞士	卡地亚（Cartier）/ 万国（IWC）

可以看出：全球最贵的5款手表大部分出自瑞士。瑞士之所以能够成为全球名表王国，和它独特的地理位置，民族性格有关系。要做出好表，有三个条件缺一不可：必须在一个安静的环境，有技艺高超且专注的制表师，不断创新赋予名表更多的功能和内涵。而瑞士同时具备这三个条件。

平和的环境与心境：平和的环境和如画的风景也是帮助制表师沉静下来的一个重要因素。瑞士腕表的核心大多集中在汝拉山与洳山谷，这两个地方风景如画，更是常年白雪皑皑仿佛仙境，风景美得足以让人平静下来。日内瓦北部的汝拉山脉地区寒冷而贫瘠，在漫长的冬季，那里的农民终日无事可做，制表自然就成了最适合冬日的工作，以家庭为单位的钟表作坊慢慢发展起来。制表师的工作室通常直对着窗外的风景，在没有干扰的环境下工作，制表师们才能制作出精确的腕表，才能打磨出美轮美奂的机芯。制表匠的工作繁琐而枯燥，花一整天打磨一个零件也是很平常的事情，如此，没有一个平和的心态是不可能完成的。

工匠精神：提起工匠精神首先想到的是严谨的德国人和日本人，但是瑞士也是非常具备工匠精神的民族，而且瑞士非常尊敬制表匠人。拿制表匠为例，在瑞士从事钟表制造业是富有魅力的职业，人们觉得它甚至强过银行职员或教师。因此，要说真的能被称得上匠心的，世界上最精密手工艺——瑞士制表业当仁不让。而中国则恰恰相反，从隋唐科举制度开始对手工艺者、或者说工匠似乎一直没有被足够重视和尊重，古代社会普遍存在四个阶层，即“士、农、工、商”。士人，就是读书人，当官的基本上就是士人出身；农，就是农民，农业是奴隶社会、封建社会的基础；工，指百工，分类较细，司职不同，术业有专攻，是指从事制造业的工匠。商指的是商人，商人在古代可以说备受歧视，虽然自己有钱，但不能随便穿丝绸的衣服，子孙也不能入朝为官，而且经常会面临被封建统治者抄家的危险。

专注创新：瑞士是一个山地小国，几乎无任何独有的矿产资源，却成为全球最富有的国家之一。但上帝是公平的，瑞士人善于把弱点变成优点，资源稀缺的瑞士人把不多的钢铁材料锻造成世界上最精密的仪器——钟表。通过智慧与执着，瑞士人开辟出一条自己的道路来。20 世纪 70 年代，同样以"工匠精神"著称的日本人发明了石英手表，它以超级廉价和轻便的优势，对传统的机械表构成致命的打击。在短短的六七年里，瑞士钟表遭遇了一场灭顶之灾，产量在全球的比例从 45% 陡降到 15%。不过，经过 20 年的转型，瑞士表逐渐走出低谷，并且迎来了繁荣时代，这与瑞士人不懈的专注精神分不开。在石英表的打击下，瑞士制表人没有考虑转型，而是专注"立身之本"——机械表，把机械表的功能升级创新，并研发出诸多极其复杂的工艺，把精密机械发展到极致。

传统的钟表匠人们始终奉行着著名的日内瓦七种传统制表工艺（The Seven Crafts of Geneva），即结合设计师、钟表师、金匠、表链匠、雕刻家、瓷画师及宝石匠的传统工艺，制作出一块能代表自己所能达到的最高水准的完美无瑕的表，可谓一生一世的执着。可见，瑞士表之所以是世界上最好的，没有任何其他的途径，都是制表工匠不断发明创造的结果，坚持和心态是制表工匠们最基本的准则。

接下来为大家简单介绍一下世界十大名表。

（1）瑞士，百达翡丽

百达翡丽（Patek Philippe）是一家始于 1839 年的瑞士著名钟表品牌，其每块表的平均零售价达 20000 美元至 30000 美元。百达翡丽是贵族的标志，创始人安东尼·百达（Antoine Norbert de Patek）原为 1831 年波兰反抗俄国统治的革命者。波兰革命失败后他逃往法国，后在瑞士日内瓦定居，开始从事钟表业，1839 年开设了百达钟表公司。公司是瑞士仅存的真正的独立制表商之一，由头至尾都是自己生产，训练一名百达翡丽的制表师需 10 年时间。几百年来，百达翡丽一直信奉精品哲学，遵守重质不重量、细工慢活的生产原则。正因为百达翡丽追求完美，所以实行着限量生产，每年的产量只有 5 万只，并且只在世界顶级名店发售。对于钟表爱好者以及贵族来说，拥有一块百达翡丽手表就是他们身份的标志，因此，百达翡丽享有"手表中的蓝血贵族"的美誉。

（2）瑞士，江诗丹顿

江诗丹顿（Vacheron Constantin）1755 年创立于瑞士日内瓦，是世界最古老的钟表制造厂，从简约典雅的款式到精雕细琢的复杂设计，从日常佩戴的款式到名贵的钻石腕表，每一款均代表了瑞士高级钟表登峰造极的制表工艺。值得一提的是，江诗丹顿有一个“阁楼工匠特别定制服务”是为了实现客人拥有极致品质钟表的梦想，根据客户需求，设计制作独一无二的作品。定制腕表可借鉴既有表款，或是完全创新，依照个人意愿，可事先确定特殊定制品的机芯振频及设计主题，再由制表大师费尽心思地设计外观并选择功能与组件。

（3）瑞士，爱彼

爱彼（Audemars Piguet）1875 年在瑞士创立。爱彼创办人一直醉心于制表艺术，专注于研制超薄机械零件，后又创制出精密复杂的机械表。并致力研发制作钟表最精巧的部分。所以爱彼表不仅停留在外观层面，更延伸至腕表复杂的内部世界中的各个细微之处。爱彼表采用的钻石全部经过严格挑选，无论颜色还是清晰度都是上乘的水平，真正做到完美无缺。而且爱彼还在每一款钟表背后刻上制造者的名字，以示负责保证。由于对品质的苛求，每年的产量仅有 2 万多只。售价一般都在 10 万元以上。爱彼公司在瑞士设有钟表学校，每名学徒必须在钟表学校中修完 4 年课程，才能取得钟表匠资格。此外，还要经过 1~2 年训练，才能制造超薄机芯，而在开始制造复杂机芯前，还需 10 年训练。

（4）瑞士，伯爵

伯爵（Piaget）1874 年诞生于瑞士，20 世纪 60 年代以来，伯爵一边致力于复杂机芯的研究，一边发展顶级珠宝首饰的设计。从设计、制作蜡模型到镶嵌宝石，伯爵表始终秉承着精益求精的宗旨。自 1950 年，伯爵就以推出各种工艺革新，打造风格独具的超薄表款而闻名业界。伯爵品牌的座右铭是“超越自我、挑战极限”，将精湛工艺与无限创意融入每一件作品中，同时优先发展创意和对细节的追求，将腕表与珠宝的工艺完全融合在一起。超薄一直是伯爵的核心文化和历史传承之一，而由伯爵首创的纤薄型机械运转装置，成就显赫，是钟表业的历史传奇。除了独创首屈一指的机械运转装置外，伯爵的设计心思是人所共仰，所有表壳及表镯都必定用 18K 金或白金铸造，而表面的设计更是多姿多彩，别具特色。

（5）瑞士，宝珀

宝珀（BLANCPAIN）始创于1735年，是世界上第一个钟表品牌，也是现存历史最久的、最古老的腕表品牌。宝珀没有流水作业式的工厂，制造过程全部在制表工坊进行，由个别制表师亲手精工镶嵌。也是业内鲜有的整个过程完全自主设计、研发、制造的品牌。在石英机芯问世后，宝珀还是始终坚持以最纯粹的传统方式制造腕表。因此被誉为“经典时计的缔造者”。

（6）瑞士，积家

积家（Jaeger LeCoultre）自1833年成立于瑞士，作为顶级制表行业的先驱，不仅将精确计时技术和精湛艺术天赋进行糅合统一，而且对整个制表业的发展也做出了卓越的贡献。积家的1249枚自产机械机芯及413项专利，被称为瑞士高端制表发明家。1992年起，所有积家生产的每一枚表都需经过最严苛的1000小时品质管理。在这个长达1000个小时独一无二的测试中，腕表需要经过抗冷、热和不同大气压力的考验，并且需要通过程度不一的冲撞测试，以确保腕表在精准度和防水功能上，都能永葆精确可靠。因此，每项计时秒表的功能，都必须经过200多次的测试。只有通过这些测试，腕表才有资格获颁1000小时测试的合格文凭——表背上雕刻的黄金图案。每一款杰作，都传承了积家181年之久的制表工艺，对制造的每一枚钟表都倾注了高度的热情。

（7）瑞士，宝玑

宝玑（Breguet）创始于1775年。世界上任何一个品牌的机械腕表，无论是手动上弦还是自动上弦，至少有两项技术、发明、专利、装置来自于宝玑。如果把属于宝玑的部分拿走，没有一块腕表能够正常运行。每一块机械腕表上都有宝玑的影子，因此，宝玑也是最纯粹的高级制表师品牌。宝玑手表深受皇族垂青，历史上首枚腕表是由宝玑为王后设计的。法国国王路易十六和玛利皇后都是宝玑的推崇者。从18世纪开始，宝玑品牌一直致力于为皇室成员和各个领域的杰出人物提供作品和服务。在业界宝玑有“表王”的称号，同时也有“现代制表之父”的美誉。这是因为宝玑发明了业界超过70%的技术，其最具代表性的三大复杂功能的发明有“陀飞轮、万年历和三问音簧”。

（8）瑞士，芝柏

芝柏（Girard–Perregaux）于1791年在瑞士成立，是世界上第二古老的制表厂。芝柏表秉持着创新的精神，在传统的手工与机械的基础上融入现代创意，传统与当代科技、审美融为一体，设计、创作、开发和生产腕表的外部零部件和腕表的“心脏”——机芯。借助手工制表的优势，芝柏表制作的机芯品种涵盖了从各类腕表的自动上弦机械机芯到石英机芯，成为高级钟表行业内机芯谱系最为丰富的品牌之一。这种全面的综合性运作模式让芝柏表能够提供种类完整的顶级机芯（超过 100 个型号）和享有盛誉的机械腕表系列。

（9）瑞士，劳力士

劳力士（Rolex）创立于 1905 年，是瑞士钟表业的经典品牌。以其品质精良，工艺精湛，糅合尊贵、典雅和独特气质于一身，位列世界手表业之翘楚，被称为“精确”的代名词。劳力士手表“稳重、适用、不显浮华”的设计作风，备受人们推崇，而精确和耐用性的优点更使劳力士身价不凡。在国际市场上，一只普通劳力士手表的价位从 1000 美元到 15000 美元不等。每块表都进入气压室测试它的防水性能，然后用每一百年误差两秒的原子钟做精确度校准，只要发现稍有不及格的，即弃之不用，只有完成所有质量测试的表才可以出厂。一只劳力士表能够典雅瑰丽，分秒不差，全凭 220 件组件的完善联合。

（10）法国卡地亚和瑞士万国

卡地亚（Cartier）是法国一家手表和珠宝制造商，1847 年在巴黎创立。卡地亚是做珠宝起家，设计十分独特，深受许多富豪和城市小资产阶级的喜爱，其宝石系列在中国市场，有“时尚老前辈”的美誉。卡地亚腕表产品，让很多人追求时尚潮流的新宠，其中蓝气球系列和坦克系列很受消费者欢迎，在女性消费者中尤其占据一定的地位。值得一提的是，女性消费一直是国内奢侈品消费的主力军，所以，卡迪亚女表的市场表现也一直比较抢眼。

万国表（IWC）和卡地亚不分伯仲。万国创立于 1868 年，其表厂位于瑞士的沙夫豪森。由于万国潜心钻研制表工艺，其设计与技术在同行业中一直领先，打造出了永恒经典的作品。万国表目前只做男表，万国素有“高档钟表工程师”之称，经典的外表加上巧妙的设计，典雅而精致，操作也极其简便。买男表选万国，万国表有斯文、有粗犷，还有耐用的。

四、全球名车：为什么大多诞生在意大利？

提起全球顶级豪车，大家会不约而同想起法拉利、兰博基尼、玛莎拉蒂等。全球公认的十大豪车大部分产自意大利。这是为什么呢？豪车大多是跑车，跑车追求的一是漂亮的艺术曲线设计，二是超一流的发动机，三是高科技的材料，四是独特的文化内涵。而这些要素，意大利大部分都具备了。

1. 意大利是文艺复兴发源地，而跑车本身就是艺术品

意大利天然具备设计跑车的文化底蕴。罗马帝国曾是欧洲大一统的国家，自西罗马帝国于公元476年灭亡之后，欧洲便进入了长达1000多年的中世纪时期。中世纪的欧洲战乱频繁，而就在此时教皇权力却逐渐达到顶峰。人们的思想也受到了基督教会的禁锢，一切哲学、艺术都要为宗教服务，连古希腊、罗马文化也被禁止，导致欧洲文明发展相对缓慢。14世纪开始的文艺复兴打破了基督教一统天下的局面。这场运动打着“复兴古希腊和罗马文明”的旗号，从艺术领域作为开端，扩大到自然科学等领域，最终席卷了整个欧洲，为欧洲未来几百年剧烈的社会变革打下了基础。文艺复兴强调人的重要性，把人从宗教中解放出来，是影响欧洲历史的重大事件。这场轰轰烈烈的运动发源地却是当时政治上四分五裂，思想上受宗教严重控制的意大利。其中，佛罗伦萨、威尼斯和热那亚正是文艺复兴的中心地带。

文艺复兴运动的中心为什么在意大利？文艺复兴之所以发源在意大利，跟其文化传统是密不可分的。作为西方文化摇篮的古希腊、古罗马文明都在意大利留下了深深的印记。2000多年前，希腊地区形成了欧洲最早的文明。经过了几百年的发展，希腊文明成为当时欧洲最璀璨的文明，产生了诸如苏格拉底、柏拉图、亚里士多德等多位大师，为日后的西方文明奠定了基础。一部分希腊人越过地中海，在西岸的意大利南部建立起自己的领地。此后，陆续有希腊人和战争奴隶迁至亚平宁半岛。希腊人的到来，把当时先进的古希腊文明带到了意大利地区。

居住在亚平宁半岛的拉丁人在台伯河畔建立了罗马城邦。他们建立起罗马城邦之后，开始了向亚平宁半岛南北扩张的步伐，并逐渐统一了整个半岛以及西西里岛一带。在扩张的过程中，罗马人学习了当时先进的古希腊技术

和文明，并加以改进，逐步形成古罗马文明。例如，在建筑领域，罗马人创造了罗马斗兽场、君士坦丁凯旋门等雄伟建筑。意大利恰恰处于古希腊文明的前沿阵地和古罗马文明的发源地，保留了大量的古希腊、罗马文献，为文艺复兴提供了重要的文化基础。

从中世纪开始，亚平宁半岛逐渐成为地中海航运的中心地带。越来越多的商人选择把意大利作为东西方贸易的中转站。意大利的城市逐渐形成了对地中海商路的垄断，成为当时西欧最富庶的地区之一。商品经济的繁荣使得资本主义最早在意大利的土地上生根发芽。亚平宁半岛上产生了诸多作坊主、银行家们等新兴资产阶级，他们作为一支独立的力量登上了历史舞台。意大利经济的繁荣也产生了富裕的市民阶层，他们的消费能力得到了极大的提升。这与基督教的等级观念相互矛盾。因此，市民阶层成为人文主义的最大支持者。

另外，从奥斯曼帝国进攻到灭亡东罗马帝国（拜占庭帝国）的这段时间内，大量拜占庭的学者带着古希腊、罗马思想的书籍、艺术作品逃亡西欧避难。其中，经济和文化繁荣的意大利成为他们的首选。

2. 意大利参与过两次世界大战，发动机技术领先

1914—1918 年的第一次世界大战，意大利是主要参与方。1882 年意大利与德国、奥匈帝国在维也纳缔结同盟条约，史称“三国同盟”，以对抗法国（因为突尼斯领土起冲突）。第一次世界大战爆发时，意大利两边不敢得罪，并没有参战，到 1915 年反而加入协约国集团（英国、法国、俄国），向旧敌奥匈帝国宣战。第一次世界大战后奥匈帝国成了四个国家：奥地利、匈牙利、捷克、斯洛伐克。《亮剑》中大家耳熟能详的“意大利炮”，其实是 1897 年在法国施耐德公司研制的火炮（法国叫“法国小姐”）。火炮射速高达 15 发每分钟，远超过同时代的其他火炮，所以在第一次世界大战中大放异彩，第一次世界大战时期意大利曾经从法国进口了一批这样的火炮，后来被卖到了中国，由于炮身上刻有意大利文，所以便有了“意大利炮”的称呼。

1939—1945 年的第二次世界大战，意大利也是主要参与方。1939 年意大利与德国、日本组成轴心国。意大利猎犬战斗机是第二次世界大战期间意大利空军最优秀的战斗机，可排名至同期欧洲战斗机的先进行列。

可以看出，意大利能积极两次世界大战，说明其在制造业，尤其是飞机和发动机方面全球领先，这为跑车的诞生创造了良好的技术条件。包括法拉

利的标志就曾经是意大利某空军飞行员的个人徽章。

3. 跑车是意大利“罗马斗兽场”文化的延伸

罗马斗兽场是古罗马帝国专供奴隶主、贵族和自由民众观看斗兽或奴隶角斗的地方。建于公元 72—80 年间，是古罗马文明的象征。遗址位于意大利首都罗马市中心，它在威尼斯广场的南面，古罗马市场附近。

罗马人的角斗文化来自意大利本土伊特鲁里亚文化的祭祀传统，该文明曾统治罗马长达 100 余年，这反映了罗马文化的交融和包容性以及原始宗教里的嗜血基因。古罗马斗兽者（通常为战俘或犯人）和狮、虎、豹等野兽被从地下牢笼中吊升到斗兽场地上进行格斗，兽兽相斗、兽人相斗或人与人斗。而世界上最喜欢斗牛的是西班牙，“西班牙斗牛”，起源于西班牙古代宗教活动（杀牛供神祭品）。13 世纪西班牙国王阿方索十世开始将这种祭神活动演变为赛牛表演（真正的斗牛表演则是在 18 世纪中叶）。

进入近现代，随着汽车的发明，古罗马的角斗文化逐渐被赛车文化所替代。研究各种超性能跑车的历史不难发现：法拉利、布加迪、玛莎拉蒂最初都是为了研发超性能赛车而发明的，从各种超性能跑车的车标及文化内涵就可以看出，浪漫而又追求激情的意大利人，充满了对速度和艺术的执着追求，帮助意大利跑车成功登顶全球豪车榜。

下面为大家介绍一下全球赫赫有名的十大豪车。

表 5–5 全球前十大名车

	国家	名车
1	意大利	法拉利（菲亚特收购）
2	意大利	兰博基尼（大众收购）
3	意大利	玛莎拉蒂（菲亚特收购）
4	意大利 + 法国	布加迪（大众收购）
5	意大利	帕加尼
6	英国	劳斯莱斯（宝马收购）
7	英国	宾利（大众收购）
8	德国	迈巴赫（奔驰收购）
9	德国	保时捷（大众收购）
10	英国	阿斯顿·马丁（福特收购）

（1）意大利，法拉利

法拉利（Ferrari）是一家意大利的汽车生产商，1929 年由恩佐·法拉利创办，主要制造一级方程式赛车、赛车及高性能跑车，其总部位于意大利马拉内罗。法拉利是世界闻名的赛车和运动跑车的生产厂家，早期的法拉利赞助赛车手及生产赛车，1947 年开始独立生产汽车。目前虽然意大利菲亚特（FIAT）拥有法拉利 90% 的股权，但是法拉利却能独立于菲亚特运营，公司总部在意大利的马拉内罗。菲亚特公司 2009 年还收购了美国克莱斯勒公司。

法拉利所使用的传奇标志有着非同寻常的起源。该标志起初是作为个人徽章，由意大利一战飞行员空军烈士弗朗西斯科使用。1923 年，恩佐·法拉利在一场赛车比赛中遇到了弗朗西斯科的母亲，这位母亲对自己儿子的英勇战绩非常自豪，她于是提出让恩佐·法拉利把他儿子战机上的跃马标志印在座驾上。除了熟悉的跃马之外，法拉利的盾牌还包含其他元素。黄色底色取自于摩德纳的金丝雀，以纪念恩佐·法拉利的故乡，而上方的绿、白、红三种颜色则代表意大利国旗。

（2）意大利，兰博基尼

兰博基尼（Lamborghini）是全球顶级跑车制造商及欧洲奢侈品标志之一，公司坐落于意大利圣亚加塔，是由兰博基尼先生在 1963 年创立的。早期由于经营不善，于 1980 年破产；数次易主后，于 1998 年归入奥迪旗下，现为大众集团（Volkswagen Group）旗下品牌之一。兰博基尼的标志是一头充满力量、正向对方攻击的斗牛，与大马力、高性能跑车的特性相契合，也彰显了创始人斗牛般不甘示弱的个性。

创始人兰博基尼先生年轻时曾是意大利皇家空军的一名机械师，他由于工作的原因对机械原理非常熟悉。第二次世界大战之后，大量的军用物资被遗弃，兰博基尼先生就开始使用这些剩余军用物资制造拖拉机，并成立了最初的兰博基尼公司，公司的主营业务是制造拖拉机、燃油器和空调系统。20 世纪 50 年代中期，由于兰博基尼先生带领的团队对机械原理和机械制造的精通，以及极佳的商业头脑，兰博基尼公司成为当时最大的农用机械制造商。1965 年，兰博基尼第一款车 400GT 发布。1987 年 4 月，对资金需求量极大的兰博基尼再次被转卖，此次被德国大众收购，划归给奥迪公司管理。

（3）意大利，玛莎拉蒂

玛莎拉蒂（Maserati）是一家意大利的豪华汽车制造商，1914 年 12 月 1

日成立于波洛尼亚，公司总部现设于摩德纳，其品牌的标志为一支三叉戟。这个标志的灵感来自矗立在波洛尼亚 Maggiore 广场上的海神尼普顿雕像，波洛尼亚也曾是玛莎拉蒂的总部所在地。玛莎拉蒂汽车标志是在树叶形的底座上放置的一件三叉戟，这是公司所在地意大利波洛尼亚市的市徽，相传三叉戟是罗马神话中海神纳普秋手中威力无比的武器，它显示着海神的威力，玛莎拉蒂的车徽设计正是汲取了三叉戟这一形象的含义，寄寓玛莎拉蒂就像大海般拥有无尽的潜力和迅猛的力量。1993 年菲亚特收购玛莎拉蒂，使品牌得以保留。

（4）意大利 + 法国，布加迪

布加迪（Bugatti），起源于意大利。当时布加迪是以精巧的造车技术出名。布加迪是由意大利人埃多尔·布加迪在 1909 年创造的，专门生产运动跑车和高级豪华轿车。Bugatti Veyron 在中国市场登记命名为布加迪威航，即布加迪威龙，是世界顶级超跑车的典范，最普通款型的中国市场价也要 2500 万元，高性能版本的售价则更是在 3500 万以上。1998 年大众集团收购并复兴了布加迪品牌，现在布加迪的总部设立在法国的莫尔塞姆，它被确立为一个独立运营的法国汽车品牌。布加迪商标中的英文字母即布加迪，上部 EB 即为埃多尔·布加迪英文拼音的缩写，周围一圈小圆点象征滚珠轴承，底色为红色。

（5）意大利，帕加尼

帕加尼（Pagani）是一家世界知名的超级跑车制造商，1982 年成立。公司创始人为奥拉西欧·帕加尼（Horacio Pagani），与大名鼎鼎的法拉利一样，诞生于素有超跑之乡美誉的意大利小镇摩德纳（Modena）。1982 年，26 岁的阿根廷 F3 赛车设计师奥拉西欧·帕加尼仍默默无闻。但他接受 5 度 F1 世界冠军的生命中的贵人范吉奥建议："若您想制造世界最美的车，没别的选择，一定要去意大利的摩德纳（Modena）实现梦想。"

帕加尼所生产的超级跑车以极致的性能、大量采用纯手工打造的精湛工艺、昂贵的售价以及订单生产的稀有产量闻名于世。旗下代表车系有 1999 年正式发布的帕加尼 Zonda、摘取"安第斯山脉的风"之意，取名 Zonda，在媒体宣传中称为"风之子"。2011 年推出的第二个全新车系帕加尼 Huayra 等。

（6）英国，劳斯莱斯

劳斯莱斯是当之无愧的贵族豪车，1906 年成立于英国。劳斯莱斯创始人是 Charles Stewart Rolls（查理·劳斯）和 Frederick Henry Royce（亨利·莱斯），两个人的出身、爱好、性格完全不同，但对汽车事业的执着和向往，却使他们成为一对出色的搭档。Rolls 于 1910 年 7 月 12 日在伯恩茅斯飞行展的一次飞行事故中坠机身亡，而 Royce 也于 1933 年 4 月 22 日去世。劳斯莱斯的标志图案采用两个“R”重叠在一起，象征你中有我，我中有你，体现了两人融洽及和谐的关系。而著名的飞天女神标志则是源于一个浪漫的爱情故事。车标最初是为了纪念英国贵族蒙塔古和她的秘书情人桑顿之间的婚外恋爱情，是为了充分展示情人独特、超然的美。1915 年，两人所坐的去印度考察的船被德军鱼雷击中，蒙塔古生还，而桑顿却不幸随轮船葬身海底。劳斯莱斯车标的设计者查尔斯·赛克斯这样来描述他的设计理念：“风姿绰约的女神以登上劳斯莱斯车首为愉悦之泉，沿途微风轻送，摇曳生姿。”这一理念与女神的造型正是劳斯莱斯追求卓越精神的绝佳体现。

最初的劳斯莱斯与其竞争对手相比具有两大特点：制造工艺简单、行驶时噪声极低，这两大优势很快就成为劳斯莱斯的经典。劳斯莱斯最与众不同之处，就在于它大量使用了手工劳动，在人工费相当高昂的英国，这必然会导致生产成本居高不下，这也是劳斯莱斯价格惊人的原因之一。直到今天，劳斯莱斯的发动机还完全是用手工制造。更令人称奇的是，劳斯莱斯车头散热器的格栅完全是由熟练工人用手和眼来完成的，不用任何丈量工具。

除了制造汽车，劳斯莱斯还涉足航空发动机制造的领域，也是一家优秀的发动机制造商，空客飞机部分型号用的就是劳斯莱斯的发动机。2003 年，劳斯莱斯汽车公司被宝马（BMW）接手。生产汽车的叫劳斯莱斯，生产发动机的叫“罗尔斯·罗伊斯”。罗尔斯·罗伊斯是世界三大航空发动机生产商之一。

1906 年底，银魔（Silver Ghost）轿车，获得“世界最佳轿车”的称号。第一次世界大战期间，公司介入飞机制造业。1929 年、1931 年两年，公司的航空发动机得奖，创造了当时世界飞机速度纪录（655.6km/h）。1931 年，劳斯莱斯收购宾利，在 1998 年两者又被德国大众集团收购，但在同年宝马以 6800 万美元的价格购得劳斯莱斯的商标使用权，后宝马和大众签署了一项协议，规定宝马从 2003 年起开始生产罗尔斯—罗伊斯牌轿车；而大众从 2003 年起生产本特利（宾利）牌豪华轿车。

（7）英国，宾利

宾利（Bentley），英国豪华汽车品牌，总部位于英国克鲁。1919 年，

W.O. 宾利先生创办了宾利汽车公司。“要造一台快的车，好的车，同级别中最出类拔萃的车”源自创始人华特·欧文·宾利先生最初追求极致卓越的造车理念。宾利车标设计运用简洁圆滑的线条，晕染、勾勒形成一对飞翔的翅膀，整体恰似一只展翅高飞的雄鹰。中间的字母“B”为宾利汽车创始人 Bentley 名字的首字母。

第一次世界大战期间，宾利公司以生产航空发动机而闻名，战后则开始设计制造汽车产品。1921 年 9 月开始出售，在当时英国汽车市场中，是最贵的轿车之一。20 世纪 30 年代初期，由于财政危机而濒临倒闭的宾利成为劳斯莱斯旗下的一个品牌。20 世纪 30~80 年代：基本就是换标的劳斯莱斯。在第二次世界大战结束的 1946 年，劳斯莱斯和宾利被划分为两大独立品牌。近一个世纪之后，宾利先生的理念仍继续指引其信念、行动和宏大目标。宾利汽车居顶级英国豪华汽车之列，手工打造全世界最佳性能的豪华旅行轿车。到了 1990 年以后，劳斯莱斯决定加强宾利品牌，因为他们发现宾利更有市场。当时宾利已经占到了劳斯莱斯销售份额的 52%，于是 20 世纪 90 年代也是宾利在劳斯莱斯旗下时推出新车最多的一个 10 年。宾利此后推出的新车不再使用和劳斯莱斯相似的飞人标志。1997 年英国汽车工业开始萧条，大众赢得宾利，宝马赢得劳斯莱斯。

（8）德国，迈巴赫

迈巴赫（德文：Maybach）与迈巴赫引擎制造厂曾是在 1921 年到 1940 年间活跃于欧洲地区的德国超豪华汽车品牌与制造厂。迈巴赫的标志由 2 个交叉的 M，围绕在一个球面三角形里组成。1919 年，威廉·迈巴赫与其子共同缔造了“迈巴赫”这一传奇品牌，一个象征着完美和昂贵的轿车。被誉为“设计之王”的威廉·迈巴赫不但是戴姆勒—奔驰公司（梅赛德斯—奔驰公司前身）的三位主要创始人之一，更是世界首辆梅赛德斯—奔驰汽车的发明者之一。

但是由于市场业绩不佳，迈巴赫系列轿车已于 2013 年全面停产。2014 年 11 月 19 日，梅赛德斯—奔驰在广州正式发布全新子品牌梅赛德斯—迈巴赫。

（9）德国，保时捷

保时捷（Porsche），德国大众汽车旗下世界著名豪华汽车品牌，又译波尔舍，总部位于德国斯图加特，是欧美汽车的主要代表之一。主要车型有 911、718、Boxster、Cayman、Panamera、Cayenne、Macan。2009 年 8 月 13 日，大众汽车集团宣布已与保时捷就合并成一家新的汽车集团达成了综合协议，大众将出价40亿欧元收购保时捷。保时捷标志中的“STUTTGART”字样在马的上方，说明公司总部在斯图加特市；保时捷标志中间是一匹骏马，表示斯图加特这个地方盛产一种名贵种马；保时捷标志的左上方和右下方是鹿角的图案。

（10）英国，阿斯顿·马丁

阿斯顿·马丁（Aston Martin）公司设在英国盖顿，生产敞篷旅行车、赛车和限量生产的跑车。建于1913年，创始人是莱昂内尔·马丁和罗伯特·班福特。马丁是一个赛车手，而班福特则是一名工程师，1913年两人合作开始制造高档赛车。其品牌一直是造型别致、精工细作、性能卓越的运动跑车的代名词。阿斯顿·马丁汽车标志为一只展翅飞翔的大鹏，喻示着公司像大鹏鸟一样，具有从天而降的冲刺速度和远大的志向。分别注有阿斯顿、马丁英文字样表明是一家“三结义”汽车公司。1994年，阿斯顿·马丁成为福特汽车公司的全资子公司。

五、经济发达的美国和日本为何没有奢侈品？

1. 没有文化底蕴背书

我们之前提出，要成为奢侈品，必须要有文化内涵，文化是几百年甚至几千年的传承，同时还得经济发达让其他国家崇拜，非简单经济发达就能拥有的。法国之所以有全世界著名的化妆品和名包，是因为法国王室的贵族传统悠久，而且很爱美。而意大利的跑车全球有名是因为意大利是文艺复兴的发源地。那么，经济发达的美国和日本为何没有奢侈品呢？

看看美国，一个只有200年历史的年轻国家，一个靠屠杀印第安人获得土地双手沾满鲜血的国家，一个靠剥削奴役黑人发展起来的国家，有文化可言吗？北美洲原始居民为印第安人。16~18世纪，正在进行资本原始积累的西欧各国相继入侵北美洲。到了18世纪中期，在北美大西洋沿岸建立了13块殖民地，殖民地的经济、文化、政治相对成熟。但是殖民地与英国之间产生了裂痕，英国继续对北美地区采取高压政策，引起了北美地区居民强烈不满。从1776年到1783年，北美十三州在华盛顿领导下取得了独立战争的胜利。

美国正式诞生，先后制定了一系列民主政治的法令。逐步成为一个完全独立的民族主权国家。美国独立后积极进行领土扩展，美国领土逐渐由大西洋沿岸扩张到太平洋沿岸。经济发生了显著变化，北部、南部经济沿着不同方向发展。南北矛盾日益加重。1861 年 4 月至 1865 年 4 月，美国南方与北方之间进行的战争，又称美国内战。最终是北方领导的资产阶级获胜统一全国。

可以看出，作为强盗和剥削奴隶建立的美国，没有什么文化底蕴。美国的繁荣是因为掠夺的原始积累，加上第一次世界大战和第二次世界大战占尽了便宜，吸引了很多科学家和犹太人作为人力资本，第二次世界大战后吸引了全球各国优秀的人才，最终成为全球第一大强国。文化方面作为新大陆移民国家，移民的传统习俗在多年发展中变得随社区分化。尽管南部和内陆州，很多地方是比欧洲保守的，国际舞台的美国文化却是东西海岸的现代流行文化主导的。而这些讲释放、反传统并追求快捷的现代文化，也塑造了美国人在国际上的气质。比如国际市场中的美国品牌，像麦当劳、肯德基、可口可乐、Levi’s 等，更擅长的是大量制造和快销快用。而不是法国大牌、德国汽车和日本料理那样追求精致。在其他生活用品方面，美国人似乎也比较少强调忍耐，常有像洗碗机这样“解放双手”的发明。美国在文化方面的建树是最近 100 年才有的，输出给全球的主要是动画片 IP 如迪士尼、黑人的 Rap、街舞和 DJ 文化。20 世纪 60 年代末，街舞（Hip-Hop）出现于美国东海岸的纽约城和西海岸的加利福尼亚州，是美国黑人城市贫民的舞蹈，显然难以承担起奢侈品高贵的大任。美国的迪士尼公司 1923 年才成立，1980 年后才开始全球化。1958 年左右，好莱坞才火起来，一批优秀的电影公司诞生：华纳兄弟公司、米高梅电影公司（已被索尼收购）、派拉蒙影业公司、哥伦比亚影业公司（已被索尼收购）、环球影片公司、联美电影公司、20 世纪福克斯电影公司（已被迪士尼收购）。总之，美国单薄的历史无法支撑奢侈品诞生，富而不雅。

再看看日本，让我们简单回顾一下日本历史。3 世纪中叶，日本境内出现大和国。645 年，日本向中国唐朝学习，进行大化改新。12 世纪后期，天皇皇权旁落，进入幕府统治时代。19 世纪 50 年代中期，黑船事件迫使日本放弃“锁国政策”，签订一系列不平等条约。1868 年，明治天皇重新掌权，实行明治维新，建立日本帝国，迅速跻身帝国主义列强行列，对外走上侵略扩张的军国主义道路。可以看出，日本在 12 世纪之前一直在学习中国，尤其是辉煌的大唐是日本非常羡慕的偶像国度，中国的文化特别是中国的儒家文化对日本影响很大。说起日本古代文学，在大部分人心中第一个闪现的应该是《源氏物语》，一个号称是日本“红楼梦”的作品。

时至今日，提起日本，可能更多想到的是严谨的态度，工匠精神，精致的数码产品，机床，皮实、耐用、省油的汽车，很难把奢侈品和日本联想到一起。但日本人特别追求奢侈品：2006 年，全世界将一半的奢侈品都卖给了日本人。20% 的奢侈品卖到了日本市场，30% 卖给了到海外旅游的日本游客。在日本，约 40% 的人拥有一件 LV 产品。如果将群体缩小到女性，这一数据会上升到 92%。日本人对奢侈品的狂热情绪，究其根源是由 20 世纪六七十年代的新兴中产阶级带起来的。这个阶级的兴起，正好和奢侈品商业化的快速成型重叠在一起，并最终互相搀扶着成长。随着经济发展，日本战后新生代手里的钱越来越多，他们的心理正在发生改变。民意调查显示：日本人认为日本是个无阶级的国家，其中 85% 的日本人将自己定义为中产阶级。仰仗着日元当时的强势地位，这些新兴贵族们不仅在国内血拼，还喜欢参加海外购物团，距离日本不远的夏威夷成了他们的天堂。

2. 没有贵族成功代言

奢侈品的诞生要有好的形象代言人，就如同现在广告里请的大牌明星。比如奥黛丽・赫本捧红了纪梵希，传奇的奢侈品背后是跨越百年的爱情故事。出生于贵族家庭的纪梵希从小就有着艺术的天分与敏感，在 1945 年毕业于巴黎艺术学校后，纪梵希开始在工作室设计服装。经过了 7 年的沉淀后，纪梵希创建了自己的同名工作室，并且在为法国的超级名模设计了服装后一炮而红。在时装界崭露头角的纪梵希开始在世界时尚圈被人熟知，在奥黛丽・赫本拍摄《龙凤配》时，她便找到了纪梵希帮忙设计服装。在当时，赫本是好莱坞顶级的女星，姣好的面容加出众的气质，很难让人拒绝，首次的合作也是两人长久友谊的开端。1957 年纪梵希推出了第一瓶香水“禁忌”，此款香水前三年只供赫本使用，也就是在 1954 年，这款香水便独属于赫本。可以说奥黛丽・赫本和纪梵希是互相成就。

无论是在古代的欧洲，还是中国的明清两代，封建社会皇室就是当时最耀眼的明星，他们最有钱，一掷千金去购买奢侈品，成为老百姓艳羡的对象，路易十五时期的蓬帕杜夫人带红了洛可可艺术风格，清朝的乾隆皇帝带红了瑞士钟表，相信大家小时候很多人家里都会有个笨重的钟表，那时候有钱人都会戴个腕表，这也是奢侈品的表达形式。一旦封建社会被消灭，欧洲进入资本主义社会，资本家和中产阶级富起来了，他们也想享受过去王室才能享受的贵重物品，比如手表、名包等，这就是奢侈品的诞生和发展。中国改革开放后，一批人富起来了，中国打开了国门，全球奢侈品也进来了，中国富人也想享受古代欧洲皇室才能享受的爱马仕包包、路虎汽车等。唐代刘禹锡的《乌衣巷》一句话验证了奢侈品的发展过程“旧时王谢堂前燕，飞入寻常百姓家”。

法国的爱马仕如此有名能成为奢侈品，也是因为法国王室的代言。爱马仕 1837 年在法国巴黎创立，早年以制造高级马具起家，已有 180 多年的悠久历史。爱马仕从 1837 年在巴黎开设首家马具店以来的 180 年间，就一直以精美的手工和贵族式的设计风格立足于经典服饰品牌的巅峰。爱马仕，“奢侈品第一家族、王室御用”的标签一度是爱马仕最大的卖点。1993 年上市至今，爱马仕的股价整整翻了 60 倍以上，市值突破 800 亿欧元大关，成为名副其实的吸金王。

英国路虎汽车的名气是因为英国皇室。在众多有着英国血统的汽车品牌里，英国皇室似乎对路虎情有独钟。从伊丽莎白二世在英国国庆日乘坐路虎揽胜特装车型巡游，到威尔士亲王亲手切下路虎 60 岁生日蛋糕，自品牌创立至今，路虎与英国皇室有着不解的渊源。在位 60 年的英国女王伊丽莎白二世一生长期从事着探险活动。她曾驾驶过军用卡车，成为有史以来第一位、也是唯一一位服过兵役的英国皇室女性成员。

由此可见，美国和日本因为没有贵族代言，难以诞生全球驰名的奢侈品。美国人的民族主要由六部分构成。美国的所谓“民族”问题，多半是“种族”的概念。这是依照人的血统来区分的，白种人、亚洲人、拉美人、黑人，当然还有印第安人和其他少数族裔。美国是一个由多民族构成的、典型的移民国家，美国现有人口 3 亿多一点。自 1820 年美国政府开始统计入境移民以来，到目前美国已经接纳了来自世界各地的 7000 万移民，目前每年仍接纳大约 70 万新移民，比世界上任何其他国家接收的移民都要多。据报道，在美国，人们交流的语言已达 140 种，已经包括了世界上所有的主要民族语言。因为美国每年接收约 70 万移民，美国的人口构成变化很快，每十年会出现较大变化。根据美国最新的人口统计：欧洲白人占美国总人口的 61%；拉美裔依然是最大的少数族裔，他们的总数为 4550 万，占美国总人口 15.1%，位居第二；非洲裔黑人总人口 4070 万人，占美国总人口 14%，位居第三；亚裔人口 1502 万，占美国总人口大约 5%，位居第四（其中华人共有 300 万，占美国人口比例的 1%）；印第安人和阿拉斯加土著人占 0.8%；其他民族的人数占 4%。美国这样没有贵族、没有历史、没有文化底蕴的国家，很难诞生出让全世界认可的奢侈品。

再看看日本的情况。日本的民族构成比较单一，但不能简单地将其称作"单一民族国家"。之所以这样说，是因为日本列岛上除了人们熟知的"大和人"以外，还生存和繁衍着别具民族特征的阿依努人和琉球人。大和人亦称"和人"，是日本民族的主体，约占总人口的 98% 以上。大和人属蒙古人种东亚类型，其系统特征是头较短、黄皮肤、黑头发、体毛和胡须较少。琉球人目前约有 120 万人，绝大部分生活在日本冲绳县所在地——琉球群岛。琉球人虽然与大和人同属蒙古人种，但与大和人相比，他们的身材略矮，眉毛较浓，颧骨稍高。虽然日本有天皇，但他是日本国的象征，是日本国民整体的象征，其地位以主权所在的全体日本国民的意志为依据。皇位世袭，根据国会决议的皇室典范的规定继承。比如日本雅子皇后有些衣服从 2001 年一直穿到现在，只是加个帽子或者换件饰品，就作为一套全新的造型亮相，全世界最节俭的皇后当之无愧了。这样的王室很难诞生奢侈品。

六、中国的奢侈品有哪些？

通过研究全球的奢侈品历史可以看出：奢侈品品牌多起源于欧洲国家，有文化底蕴在，国内也认可并接受其输出的文化；中国的文化与国外有文化差异，不易于外国人接受，但基于其独特的文化与历史，国内可能出现属于中国的奢侈品，能否走出国门取决于中国文化的输出能力。

1. 中国有文化，但没有被传播，被认同

中华文化亦称华夏文化，是指以中原文化为基础不断演化、发展而形成的中国特有文化。历经千年以上的时间历史演变，相传经历了有巢氏、燧人氏、伏羲氏、神农氏（炎帝）、轩辕氏（黄帝）、尧、舜、禹等时代，到中国

第一个国家夏朝建立，发展至今，一个拥有灿烂文化的中国，带着丰富多彩的文化元素屹立在世界东方。中华文明亦称华夏文明，是世界上最古老的文明之一，也是世界上持续时间最长的文明。中华文明历史源远流长，若从黄帝时代算起，已有 5 000 年。

中国儒家的代表人物有孔子、孟子、荀子。作品有《论语》《孟子》《荀子》。目前全球各国已建立 322 所孔子学院，但是这远远不够。无论和美国迪士尼比起来，还是日本的二次元动漫相比，对全球的影响力都太弱。1840 年鸦片战争，清朝人才发现，天朝上国之外还有很多文明和国家。开始考虑救亡图存。首要任务，就要认清自己是谁，如何定位自己的文明？如何与其他文明区分开来？于是，来自西方的概念，如民族，国家开始被引入。“民族认同”才慢慢出现，我们开始有了华夏民族、中华民族的概念。

其实，中国古代的文化如果很好地被传承，中国国力继续昌盛，是有可能诞生奢侈品的。远在唐朝的时候，大唐帝国威名远扬，那时候真是万国来朝。但是很可惜的是唐宋之后，中国的综合国力开始走下坡路，到了明清两代更是断崖式下跌，另一方面，文艺复兴和大航海时代之后的欧洲国力强盛，文化繁荣，法国的路易十四和路易十五两代把巴洛克艺术和洛可可艺术发扬光大，成为奢侈品诞生的文化底蕴。畅想未来，中国一定会有一大批品质优良且有文化底蕴和影响力的商品受全球民众追捧。

2. 中国没有贵族，没有贵族精神，难以担当奢侈品代言

中国本来没有贵族，而统治阶级可谓“富而不贵”。中国封建社会统治长达上千年，只有皇帝和皇亲国戚，而且大部分皇帝家族不重视文化教育，甚至多次扼杀文化，打击文人。相反看看法国和意大利的王室贵族，都强调绅士精神、学习知识、马术，重视科学、创新、时尚，能成为天然的奢侈品代言人。而中国近代没有明确的贵族精神，因为距离奢侈品诞生所需要的贵族文化和文化底蕴却越来越远。比如焚书坑儒，秦始皇在公元前 213 年和公元前 212 年焚毁书籍、坑杀犯禁者四百六十余人。再比如明清两代的闭关锁国政策，闭关锁国政策又称洋禁、海禁，指闭关自守，不与外界接触的一种国家政策，是典型的地方保护主义。严格限制对外经济、文化、科学等方面的交流。是明清政府实行的严格限制对外交通和贸易的政策。明清两朝都实行“海禁”政策，但其内涵并不相同。明朝海禁，只是禁止民间私人的海外

贸易，并不禁止外国来华贸易，是一种由官府垄断海外贸易的政策。而清朝以“天朝上邦”自居，认为“天朝物产丰盈，无所不有，原不藉外夷货物以通有无”，长期关闭国门，严格限制国人对外交往。乾隆二十二年（1757年），清政府下令除广州一地外，停止一切对外贸易，就是所谓的“一口通商”政策，这标志着清政府彻底奉行起闭关锁国政策。

再往前看，其实中国由于历史的制约，一直处于农耕时代，直到欧美列强走上工业时代之后，我们还故步自封，工业上一穷二白。中国没有奢侈品，只好追捧国外的。其中，最实用、最便携、最精致的无疑要数钟表，他们可以确定时间，还可以用来装饰，或作为个人配饰，或是居家装饰，既显得时尚，又显得有品位，还是身份的象征。在这样的背景之下，作为一国之君的皇帝们，太容易就成为钟表的“粉丝”了。明清皇帝有太多“钟表控”，乾隆就是超级粉丝。从明代开始，许多外国人士就把钟表作为敲门砖，成功地与当时的皇帝套近乎。其中，最著名的当数意大利传教士利玛窦，在公元1602年，他在参见万历皇帝明神宗朱翊钧时，奉上了精心准备的两件厚礼：两台自鸣钟，一大一小。明神宗对这对宝贝爱不释手。

工业革命之后，欧美国家飞速发展，可咱们中国依然故步自封，钟表成为明清皇帝们喜闻乐见的宝贝也就不足为奇了。到了清朝，钟表逐渐成为一种艺术品，做工和造型也渐渐偏向了装饰效应。故宫的钟表最早都是西洋传教士作为礼品献入的，并从一开始就受到了帝王的喜爱，整个清朝，几乎所有的皇帝都喜爱钟表。后来随着中西贸易的增多，西洋商人将西洋钟表带到中国，许多官员也会购买进献给皇帝。尤其是乾隆一朝，乾隆深知西方机械技术的发达，形成了“崇洋”心理，甚至亲自索要西洋钟表，他不遗余力地收集各种奇钟异表，并多次下旨广东海关官员，让他们不惜重金购买西洋钟表。除了来自西洋的钟表，清朝内廷渐渐也培养了一批钟表匠人，设置做钟处，专门制作和修理钟表。清朝末代皇帝溥仪也十分喜爱钟表，珍藏了许多钟表，即使是被冯玉祥赶出皇宫也不忘随身携带精巧钟表，伪满时期更是依然不断搜集珍贵钟表。

总之，中国虽然有文化，但是没有被广泛传播，没有被广泛认同。另外，中国没有贵族，没有贵族精神，难以担当奢侈品代言，因此，中国至今也没有世界上拿得出手的奢侈品。

第二部分：古今中外获得财富的规律

第六章
从2021年全球富豪排行榜看获得财富的规律

一、2021年全球富豪榜：高科技公司CEO获得大量财富

根据最新的福布斯全球富豪排行榜数据显示，截至2021年5月底，目前排名前十的分别是杰夫·贝佐斯、艾伦·马斯克、伯纳德·阿诺特、比尔·盖茨、马克·扎克伯格、沃伦·巴菲特、拉里·埃里森、拉里·佩奇、阿曼西奥·奥尔特加、卡洛斯·斯利姆·埃卢。而中国首富为：钟睒睒（身价：626亿美元），位列全球第18位。

表6–1　2020年福布斯全球富豪榜

	名字	财富（亿美元）	公司	国家
1	杰夫·贝佐斯	1914	亚马逊	美国
2	艾伦·马斯克	1657	特斯拉	美国
3	伯纳德·阿诺特	1647	LVMH集团	法国
4	比尔·盖茨	1293	微软	美国
5	马克·扎克伯格	1140	Facebook	美国

续表

	名字	财富（亿美元）	公司	国家
6	沃伦·巴菲特	996	伯克希尔哈撒韦	美国
7	拉里·埃里森	983	甲骨文 Oracle	美国
8	拉里·佩奇	972	谷歌	美国
9	阿曼西奥·奥尔特加	771	ZARA 服饰	西班牙
10	卡洛斯·斯利姆·埃卢	665	墨西哥电信	墨西哥

资料来源：福布斯杂志，截至 2021 年 5 月底。

1. 杰夫·贝佐斯，亚马逊 CEO

杰夫·贝佐斯，1964 年 1 月 12 日出生于美国新墨西哥州阿尔布奎克；1986 年毕业于美国普林斯顿大学；1995 年 7 月 16 日创立了全球最大的网上书店 Amazon，并担任亚马逊的 CEO 至今。

截至 2021 年 2 月 19 日，亚马逊市值为 16760 亿美元，而杰夫·贝佐斯持有 16.4% 的亚马逊股份，他的身价也因此突破了 2700 亿美元。而且众多投资机构都看好亚马逊的未来，亚马逊的市值和杰夫·贝佐斯身价还将继续上涨，不仅将继续稳坐世界首富，还可能打破世界富豪个人身价纪录。

2. 艾伦·马斯克，特斯拉 CEO

1971 年 6 月 28 日出生于南非，同时具有南非、加拿大和美国三重国籍。现任太空探索技术公司（SpaceX）CEO 兼 CTO、特斯拉公司 CEO、太阳城公司（SolarCity）董事会主席。

艾伦·马斯克本科毕业于宾夕法尼亚大学，获经济学和物理学双学位。

1995 年至 2002 年，艾伦·马斯克与合伙人先后办了三家公司，分别是在线内容出版软件“Zip2”、电子支付“X.com”。2000 年 X.com 同 Confinity 合并，2001 年正式并入国际贸易支付工具“PayPal”。2002 年 6 月，艾伦·马斯克投资 1 亿美元创办美国太空探索技术公司（SPACE X）。2004 年成立了特斯拉汽车公司，2006 年创办了光伏发电企业太阳城公司。截至 2021 年 2 月 19 日，特斯拉公司市值为 7558 亿美元，而艾伦·马斯克持有 21.36% 的特斯拉股份，他的身价也因此突破了 1614 亿美元。

3. 伯纳德·阿诺特，LVMH 集团 CEO

伯纳德·阿诺特是法国首富，法国奢侈品巨头酩悦·轩尼诗－路易·威登集团（LVMH）总裁兼 CEO，1949 年 3 月 5 日出生于法国，他是世界奢侈品教父、LVMH 集团缔造者、精品界的拿破仑。阿诺特控股的 LVMH 集团旗下拥有 50 多个奢侈品相关品牌，包括迪奥、纪梵希、芬迪、豪雅等。2020 年 4 月 6 日，伯纳德·阿诺特以 5500 亿元人民币财富名列"胡润全球百强企业家"第 4 位。2020 年 4 月 7 日，伯纳德·阿诺特以 760 亿美元财富位列"2020 福布斯全球亿万富豪榜"第 3 位。

4. 比尔·盖茨，微软 CEO

比尔·盖茨，1955 年 10 月 28 日出生于美国华盛顿州西雅图，18 岁考入哈佛，19 岁退学创办了微软公司，担任微软公司董事长、CEO 和首席软件设计师。2008 年 6 月 27 日，比尔·盖茨正式退休，但仍作为微软董事长保证公司的运营，2014 年辞去董事长一职。2021 年 5 月，比尔·盖茨宣布离婚，他与妻子梅琳达共同创立的非营利性基金会，目前的价值超过 3300 亿元人民币。

5. 马克·扎克伯格，Facebook 脸书 CEO

马克·扎克伯格 1984 年 5 月 14 日生于美国纽约州白原市，是 Facebook 的创始人以及 CEO，这个网站是他在哈佛大学二年级时创建的，他也因此成为世界上最年轻的亿万富豪，随后辍学专心经营公司。目前他持有约 17% 的 Facebook 股票，截至 2021 年 2 月 19 日，Facebook 市值为 7671 亿美元，每股价格为 269 美元。

6. 沃伦·巴菲特，哈撒韦公司 CEO

沃伦·巴菲特，1930 年 8 月 30 日出生于美国内布拉斯加州奥马哈市，1951 年毕业于哥伦比亚大学。1950 年巴菲特申请哈佛大学被拒之门外，考入哥伦比亚大学商学院，拜师于著名投资学理论学家本杰明·格雷厄姆。在格雷厄姆门下，巴菲特如鱼得水。格雷厄姆反对投机，主张通过分析企业的赢利情况、资产情况及未来前景等因素来评价股票，他传授给巴菲特丰富的知识和诀窍。巴菲特 1957 年开始进入投资界，他独到的眼光帮助他一次又一次的投资获得成功，因此，被人们称为“股神”。

7. 拉里·埃里森，甲骨文 CEO

拉里·埃里森 1944 年出生在美国曼哈顿，是俄罗斯移民的美国犹太人后裔。他是世界上最大数据库软件公司甲骨文的老板，他的产品遍布全世界。2020 年 4 月 7 日，拉里·埃里森以 590 亿美元财富位列“2020 福布斯全球亿万富豪榜”第 5 位。

8. 拉里·佩奇，谷歌 CEO

拉里·佩奇，获斯坦福大学计算机科学博士学位，Google 公司的创始人之一，2011 年 4 月 4 日正式出任谷歌 CEO。2020 年 4 月 6 日，拉里·佩奇以 3800 亿元人民币财富名列“胡润全球百强企业家”第 13 位。目前佩奇领导着 Google X 团队，专门研究无人驾驶汽车、谷歌眼镜等。

9. 阿曼西奥·奥尔特加，Inditex 西班牙服装 CEO

阿曼西奥·奥尔特加是西班牙服装公司 Inditex 的创始人，这是世界上最大的服装零售集团，旗下包括了 ZARA、Massimo Dutti、Pull&Bear 等世界著名品牌。受益于旗下公司销售大涨，2020 年，阿曼西奥·奥尔特加以 715 亿美元财富名列“胡润全球百强企业家”第 6 位。

阿曼西奥·奥尔特加 1936 年 3 月 28 日出生于西班牙西北部贫困的加利西亚地区，是铁路工人和家庭妇女的儿子。奥尔特加最初是在拉科鲁尼亚的一家服装店里打工，随后开了自己的裁缝铺，向服装店出售女式上衣。1975 年，阿曼西奥·奥尔特加开了一家名为 ZARA 的服装小店，后来更名为 Inditex，成为世界第二大服装公司，在西班牙有几十个制造车间，专卖店遍布美国、日本等 34 个国家，这就是今天 ZARA 的母公司 Inditex 集团的原型。Inditex 的一位发言人说，ZARA 成功的秘密就是“在尽可能短的时间里跟上顾客的所想所需”。通常，流行时装品牌一年推出的产品款式是 2000 到 4000 款，而 ZARA 每年要推出 1 万多款新产品，普通流行服装店的顾客平均回头率保持在每年 3 次，而在 ZARA 这一频率是每年 17 次。

10. 卡洛斯·斯利姆·埃卢，墨西哥电信

卡洛斯·斯利姆·埃卢，黎巴嫩裔墨西哥商人，出生于墨西哥城。他的家庭是来自黎巴嫩的马龙派基督徒移民家庭。他是墨西哥电信的最大股东，亦是墨西哥美洲电信的首席执行官，并持有墨西哥卡尔索集团，商业网络遍及世界各地。2020 年 4 月 6 日，卡洛斯·斯利姆·埃卢家族以 3900 亿元人民币财富名列“胡润全球百强企业家”第 11 位。

二、2021 年全球富豪的成功规律：聚焦高科技赛道 + 高端消费

总结来看，2000 年以前的 IT 行业中，有 3 位没有上完大学就跑出去开公司、最后变成著名的亿万富翁的人，他们就是比尔·盖茨、迈克·戴尔和史蒂夫·乔布斯。总结世界首富的成功规律，可以看出，他们都很爱学习并有很好的眼光，他们都很勤奋，很多富豪榜上的 CEO 都是早上 4~5 点起床开始工作。而且他们有良好的品德保障自己不走旁门左道，还有就是他们善于抓住机会，当看到明确机会的时候，他们不惜退学去创业。

世界首富成功的秘诀是什么？贝佐斯分享了两个窍门。世界首富、亚马逊创始人贝佐斯分享了自己的成功之道，他给新人企业家的两个“贴士”：以顾客为先、不要害怕失败。在 2019 年拉斯维加斯举行的全球人工智能会议上，贝佐斯发表主旨演讲称：“最重要的是以顾客为导向，要取悦他们。”报道称，亚马逊以提供最低价格来吸引顾客。目前，约有 1 亿人付费加入亚马逊的“Prime 会员”优惠计划。贝佐斯还建议初创企业家为失败做好准备，并勇于冒险。他说：“您必须接受的一点是，您的生意在很多方面是一场实验，是可能会失败的。失败了也没关系，这就是风险。”贝佐斯也建议，要对自己的项目有信心，否则很难和同行竞争。他说：“您必须对您要参与发展和工作的领域充满热忱。”

另外，贝佐斯还有个成功秘密是“逆向工作法”，在 2008 年的致股东信中，贝佐斯就写道：亚马逊采用从顾客需求出发的“逆向工作法”，来了解客户需求，耐心探索，不断磨炼，直至找到解决方案。其中最典型的是 Kindle。这个产品花费亚马逊数年时间，硬件并不是亚马逊擅长的，此前从未涉及或

生产，并且还牵涉资金问题。但是，贝佐斯并没有一点动摇。他是那种“一旦有了这个点子，就不会因为技术的局限性而改变最初设想的人。”kindle的目标是打造一个生态圈，涉足影视、音像市场。由此，亚马逊成为苹果iTunes生态系统最强有力的竞争对手。

第七章
全球富豪都在如何打理自己的财富

一、美国富人如何理财？美国人靠权益投资获得财富

美国金融体系发达，金融工具类型众多，各金融产品间转换迅速、成本低，很多货币市场工具如某些共同基金份额本身就具有填开支票的功能，其本身就是储蓄的替代物，因此，美国家庭较少以银行存款的形式持有储蓄。美国人喜欢长线投资。据花旗银行的统计，美国人持有一只股票的平均时间为2至3年，持有一种基金的平均时间长达3至4年。相比于中国股民的频繁换手交易，这种长线投资在持续的经济增长中为股民赚取了不菲的收益。

金融理财：股票、共同基金、债券是美国三个比较主要的金融投资品种，其中股票风险较大，但回报较高，共同基金的风险和回报都比股票要低，而债券的风险和回报最低。遵循“不能把所有的鸡蛋放在同一个篮子里”的分散投资原则，美国理财专家的流行投资建议是每个人的投资中应包含股票、基金和债券三部分，以便分散风险。年轻时可以多承担一些风险，因此股票比例高些；到了中年以后，就应该采用比较稳妥的投资策略，增加基金和债券的持有量；而临近退休时，整个投资组合就应该以债券为主，这样比较保

险。在理财的所有金融产品中，共同基金是最受欢迎的理财方式，它已经有100多年的发展历史，是一种非常成熟的大众理财产品，美国投资公司协会的调查数据显示，目前美国约有52%的家庭共9300多万人持有共同基金，平均每3个美国人中就有1个共同基金持有者。美国人自己炒股的比例非常低，和中国正好相反。在过去70年间，美国散户比例从93%下降到11%。在1929年美国大萧条之前，美国家庭同样将股市看作是能够一夜暴富的地儿。精英阶层还给大众编织了一个通过股市致富的梦想，但却在其中通过内线交易、前端交易、金字塔骗局、庞氏骗局等操控着整个游戏场。1945年，美股超过93%的部分直接为美国散户持有，而如今美国三大证券交易所个体散户日均成交量仅占总体成交量的11%，其中超过一万股的大单中90%都是在机构与机构投资者之间进行的。经过200多年的发展和完善，美股已经发展成为比较成熟和发达的股票资本市场。在经济运行稳定的情况下，美股基本上不会出现早期那种暴涨暴跌行情。而在中国正好相反，A股的成交量近90%由散户贡献，机构投资者只占了大约10%。

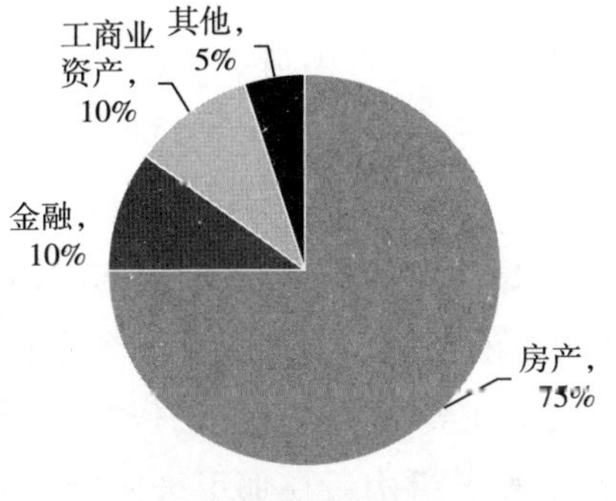

图 7–1 中国家庭资产配置比例（2018 年）

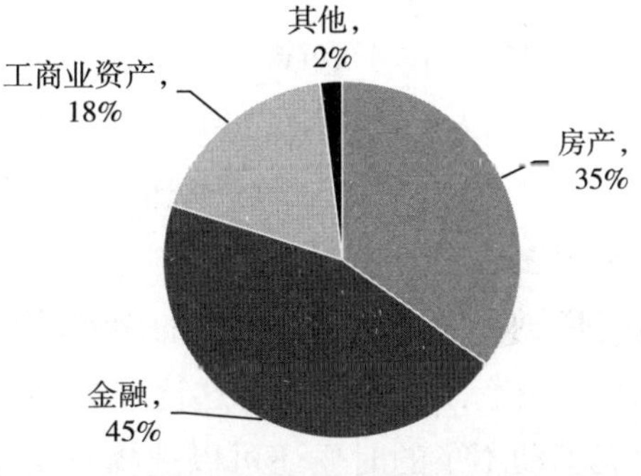

图 7–2 美国家庭资产配置比例（2018 年）

数据来源：西南财经大学《2018年中国家庭金融调查》。

保险理财：在美国人眼里，财产保护是与投资一样重要的理财手段，所幸的是美国的保险市场非常成熟和规范。保险类产品不仅能够提供各类人们普遍认知意义上的保险产品，在家庭遭遇不幸时获得免收入税的赔偿，且各类保险产品还可以参与家庭理财，尤其是对那些拖家带口的已婚人士，为家人做好应对突发事件的准备，保险是很重要的理财工具。美国常见的保险产品有：有限期限人寿保险，终身人寿保险、指数型万能人寿保险和可变年金保险等。

退休基金：在美国有各种退休金投资项目可以参与，常见的有公司为员工提供的退休理财计划 401K、政府机构为雇员提供的 403B、银行或券商为社会大众提供的退休理财计划 IRA 等，这些基金不仅有推迟缴税的税收优惠，而且广泛采用了分散投资的原则，因此，风险较低。由于其在退休前不能取出（如要强行提早取出需缴纳罚款），因此，长期的投资回报比较可观，一般年收入十来万美元的中产家庭，经过几十年的理财投资，退休时退休基金账号里有上百万美元是常事，美国人之所以不喜欢存款，是因为他们的晚年已经有了充分的保障。

401K：401K 计划始于 20 世纪 80 年代初，是一种由雇员、雇主共同缴费建立起来的完全基金式的养老保险制度，是指美国 1978 年《国内税收法》新增的第 401 条 K 项条款的规定。举个例子：假设月收入一万刀，税前收入的 6% 即 600 块存进您自己的 401K 账户，公司再额外帮您存 600 刀。一共 1200 刀每月，这笔钱放到美林证券，富达资本之类的 401K 账户中，您可以根据自己的风险偏好等选择一只或几只基金进行投资。这样做的好处一是公司的部分白送，不能不要。二是存的时候不用交税，每年资产增值不用交税，取得时候一并算。由于取钱时已退休，即在低税率区间，可省去很多税。

买房投资：经历了 2008 年次贷危机后，美国最近十年买房的热情大幅下降。直到 2020 年新冠肺炎疫情，美国释放了天量货币，在通胀预期背景下，美国很多人又开始买房。美国大多数家庭购买自住房的贷款利率低，房贷收益免税，升值盈利部分无税的额度较高，因此，有投资少、风险小、预期稳、能积累资产净值等优点，这让“买房养老”成了在美国深受欢迎的投资法则，到老了动不了的时候还可以选择把房子抵押给养老机构后在那里被照顾到离世，也因此美国人普遍不爱储蓄更爱买房。美国官方的统计数据显示，美国家庭的平均储蓄率虽不及 4%，但却有 68% 的家庭拥有自己的房屋，目前美国私人拥有的房地产总值已超过 9 万亿美元，远高于其他类别的私人资产。不过值得注意的是，美国房市因高昂的地产税以及房屋交割时高达房屋总价 6% 左右的中介费等因素，无形中增加了房屋的持有和交易的成本，自住兼投资保值（增值）比较划算，但买投资房想要取得高收益却很难。

法国人热衷低风险保险：充满浪漫主义情怀的法国人，在理财上却很踏实，不冒进选择高风险项目，对于未来人生的安定也有更多的考虑。法国每年有三分之一的资金流向风险较低的储蓄。保险在法国人的金融投资中占有绝对优势，尤其是人寿保险，近 70% 的法国家庭拥有至少一份保险合同。股票在法国算是长期投资。高税收使得法国人手中的可支配收入并不多，而风险太高的股票也就难以让他们动心。法国直接持有股票的家庭不超过 5%，多数法国人通过购买基金产品间接购买股票，让专家替他们理财。

德国人讲究“投资”安全性：德国人向来以严谨、精于数据分析著称于世。在理财上，这种严谨的民族品性也得以显露。德国人以攒钱出名，而且讲究“投资”的安全性。所以，有价证券在德国人群中并不太有市场。德国储蓄银行协会所做的调查也得出了相同的结论。即便是储蓄利息一降再降，也无法阻挡德国人的存钱热情。这或许也是德国的经济比较稳定且持续增长，并且承担了对欧盟其他国家救助任务的原因吧。

英国人习惯借贷消费：作为欧洲的老牌贵族，加上数百年资本主义社会的财富积累。英国人是欧洲人中最喜欢消费的，多数人会规划就业和工资前景、个人还贷能力等，否则将陷入债务危机。英国人钟情于休闲投资和艺术品市场，名牌陈年葡萄酒、体育纪念品、经典汽车和赛马等也是投资热门。

二、为什么家族信托这么火？能更好地保护和传承财富

家族财富传承一直是个世界性的难题，也是富豪们永远关心的话题。在中国，改革开放 30 年造就了一大批家族富豪，然而辛苦创业来的商业帝国以及点滴积累下的家族财富，很多都没能逃过“富不过三代”的魔咒。反观欧美国家，众多耳熟能详的家族如洛克菲勒家族、肯尼迪家族，都已借道家族信托、家族基金会的财富传承机制，成就了家族财富的基业长青。

家族信托的雏形可追溯到古罗马帝国时期（公元前 510 年—公元前 476 年）。当时《罗马法》将外来人、解放自由人排斥于遗产继承权之外。为避开这样的规定，罗马人将自己的财产委托移交给其信任的第三人，要求为其妻子或子女利益而代行对遗产的管理和处分，从而在实际上实现遗产继承权。

在美国，家族信托由来已久，最初出现于 19 世纪末 20 世纪初，即在镀金年代来临之初由一些富裕家庭创造的。早期的家族信托受相同的法律法规监管，设立家族信托方式较为单一。在经历了长达 25 年的经济繁荣时期后（被称为美国的第二个镀金年代），许多州的法律也变得更灵活，设立和运营

家族信托也变得更加容易——富人因此更容易实现其财富规划和传承的目标。在中国香港及欧美发达地区，以个人名义设立的信托占据信托市场的 70% 左右。

家族信托是一种信托机构受个人或家族的委托，代为管理、处置家庭财产的财产管理方式，以实现富人的财富规划及传承目标，最早出现在长达 25 年经济繁荣期（1982 年到 2007 年，被称为美国第二个镀金年代）后的美国。家族信托，资产的所有权与收益权相分离，富人一旦把资产委托给信托公司打理，该资产的所有权就不再归他本人，但相应的收益依然根据他的意愿收取和分配。富人如果离婚分家产、意外死亡或被人追债，这笔钱都将独立存在，不受影响。家族信托能够更好地帮助高净值人群规划“财富传承”，也逐渐被中国富豪认可。前段时间，链家创始人左晖先生不幸离世，但他提前为企业和家庭搭好了保护架构，订立好传承计划。左晖通过家族信托控制了上市公司 26.2% 股权，身故后信托的持股比例不受影响。

家族信托的优势：①能够实现破产风险隔离机制，具有合理规避风险功能；②制定和变更受益人（遗嘱继承人）更加灵活；③信托利益分配可以选择不同的形式；④在进行利益分配时还可以设置一定的条件等。

家族信托的管理期一般都在 30 年以上。与国内最常见的集合信托不同，家族信托是为高净值客户专门定制的产品，不设置预期年化收益率，也没有规定好的投资项目，而是根据客户的风险偏好去配置投资产品。此类信托可设置其他受益人，可中途变更受益人，也可限制受益人的权利。在信托利益分配上可选择一次性分配、定期定量分配、临时分配、附带条件分配等不同的形式。中国富人阶层不断扩大，其财富不断增多，第一代富人“离的离、老的老”，家财处置问题日益突出。中国的传统做法是“分家产”，若离婚，分割夫妻共有财产；若身故，根据遗嘱分配财产，简单干脆。很多情况下，亲属继承财产或夫妻分割财产，远非简单的法律问题。比如，企业家离婚或身故后，如果只是在事后根据法律分割其原有股权，公司有可能发生动荡、陷入混乱。对财富传承问题的研究越深入，就会越发感觉到仅凭一纸遗嘱或一纸离婚协议书解决不了问题，富人必须及早邀请专业人士“布局”。家族信托这个新的财富传承服务行业也应运而生。

三、富人为何热衷于捐款？美国富人圈的主流玩法

美国富豪们为什么都热衷于捐款？比尔·盖茨、扎克伯格、库克以及股神巴菲特这些美国超级富豪们为首的精英人士都曾经宣布要把自己所有的财产或大部分财产捐献出来。所捐出的钱通常会用来设立一个以当事人为名头的慈善基金会。慢慢地，富豪们捐款在美国形成了一种风气，大家觉得，首富都能把自己的身家捐出来，我们又何尝不可呢？

钢铁大王卡耐基曾说“在巨富中死去是一种耻辱”。洛克菲勒家族已经传承并繁盛了六代，除了惊人的财富、显赫的声名，他们还因对公益慈善给予极大的重视和投入，获得了整个社会的认可和称赞。1962 年，《时代》杂志报道过“洛克菲勒教育他的儿子们，洛克菲勒家族的财富属于上帝，他们只不过是管家”。在大卫·洛克菲勒的有生之年，他捐赠了近 20 亿美元，范围覆盖了哈佛大学、洛克菲勒大学、纽约现代艺术博物馆等。在微软创始人比尔·盖茨和股神沃伦·巴菲特之前联合发起的捐赠承诺行动中，大卫·洛克菲勒承诺将自己超过一半的财产捐赠给慈善事业。2015 年底，Facebook 首席执行官扎克伯格宣布，将自己和妻子在 Facebook 所持有股份的 99% 全部捐赠，用于慈善事业。比尔·盖茨也早在 2005 年便宣布将数百亿资产全数捐献给“盖茨基金会”，用于医学研究。自 1994 年以来，盖茨夫妇共捐赠约 350 亿美元。2017 年，盖茨捐赠了自己在微软公司约 5% 的股份，价值达到了 46 亿美元，约合人民币 308 亿元，成为 21 世纪最高捐赠数额。除此以外，乔治·卢卡斯、蒂姆·库克都曾表示会捐出自己所有的财富，帮助那些有需要的人。乔布斯的遗孀劳伦要捐出个人财富的 250 亿美元。巴菲特将价值 31.7 亿美元的公司股票全数捐赠给包括比尔·盖茨夫妇领导的基金在内的五家基金。

必须承认做慈善的动机有多面性。譬如有理想、有情怀、有资源、有担当的人，这当然是主流；但也不会排除，避税的目的、公关的目的、赎罪的目的、修行的目的。首先，在美国，如果捐款的话，在一定程度上的确有抵税的功能。不仅如此，您的爱心善举还能带来其他更多的好处，比如名望，给某个顶尖大学捐赠一幢楼，那这幢楼就会以您的名字来命名。美国人的税务机制，鼓励富豪们投资慈善，您看美国人就很少追问动机，他们只要您把钱投到公益事业中来就欢迎。此处还有一个问题，那就是慈善基金会的钱是

可以投资的，不妨碍他们正常赚钱。把自己的财富弄成基金会，不影响自己后代的生活，衣食无忧还能获得好名声。如果他们想把自己的巨额财富继承给自己的子女的话，最高要上缴 50% 也就是将近一半的税收税额，那就是遗产税。这几年美国的遗产税的免税额一直在变，从 549 万美元涨到 1140 万美元，尤其是对于盖茨、脸书的扎克伯格、股神巴菲特等人，美国富豪们几乎都用慈善的方式避过税。另外，美国富豪们，没有像中国子承父业的传统，常规的操作方式，就是用慈善的方式转到信托基金，这样不仅把资产保留下来，还可以换来慈善家的美誉。只要有 500 万美元，就已经是美国的富人了，据数据统计，这部分仅占美国人口的 5% 左右。更值得一提的是，在美国缴纳遗产税的比例连 1% 都不到。

其次，捐赠也是进入上流社会交际圈的一种常见方式。假如您想真正进入纽约的上流社会，那通过捐赠藏品加入纽约大都会博物馆并成为一名理事，会是一条很好的途径，因为纽约大都会博物馆的理事会可是纽约最上层人士的知名互动平台之一。

最后，西方人的宗教精神在美国人身上有了新发展。自古以来他们的教团就兴建学校救助穷人，这种精神多少是一些传承，欧洲也有很多慈善基金会。他们的慈善行为更多的是体现一种宗教精神的传承，我们看到很多欧美富人热衷做慈善，更多的是追求一份内心的宁静。

第八章
从中国古代富豪榜总结如何获得财富

一、从古代富豪榜总结如何获得财富

中国古代富人很多，但如果没有史料记载就无从考证，作者从有限的资料中整理了如下富豪，排行无先后顺序。

1. 陶朱公，范蠡——春秋末期

范蠡（约公元前518—公元前445年），今河南南阳人，春秋末年政治家、军事家、大商人，后世尊称为“商圣”。公元前494年，吴越两国发生战争。吴王夫差大破越军，勾践偕妻入吴为奴，范蠡伴越王赴吴为人质。范蠡用计取得吴王信任，使勾践得以顺利归国。归国后，辅佐勾践卧薪尝胆，以图强雪耻。经过十余年努力，越国终于转弱为强。公元前479年，吴王夫差率精兵北赴黄池会盟诸侯，留太子与老弱守国。在范蠡建议下，勾践发奇兵伐吴，袭破吴都（今江苏苏州）。公元前473年，终于灭吴兴越。

在功成名就之后，范蠡急流勇退，在海滨耕作，围海煮盐，捕鱼养殖。经过苦心经营，终积资达数十万，名声远扬。这时，齐人发现了他的才能，请他出任齐相三年。范蠡具有富好行德思想。他当宰相富裕后归还相印，散尽家财，赠送亲友和乡邻，又悄悄离开了海滨，到陶地定居，重新经商，又拥资产千万，成了远近闻名的陶朱公。

2. 沈万三——明初江南富豪

沈万三（1286—1379 年），本名沈富或者沈秀，今浙江省湖州市人，元末明初富豪，他是商人沈佑的儿子。万三者，万户之中三秀，作为巨富的别号。周庄就是因为有了沈万三，才成为江南著名古镇的。不但是周庄受惠于他，南京城的建城，沈万三还有一半的功劳，那时富可比国的他因为朱元璋的眼红而被逼出资与明朝共同建成了南京城。

元朝末年，沈万三随父迁徙到周庄，以躬耕起家。帮助商人陆道源理财，取得巨资。全力开展贸易活动，迅速成为“资产巨万、田产逾吴下”的江南第一富豪。之后去南京、苏州、吴江等地经商，名遍天下。他是通过垦殖而积累原始财富的，接着善于利用别人的金钱，并大胆地“竞以求富为务”，开展对外贸易活动，扩大资本。从而使他迅速成为“资巨万万，田产遍于天下”的江南第一豪富。周庄“以村落而辟为镇”，实际上是沈万三的功劳。关于沈万三富豪事，民间甚至传说他有一只聚宝盆，等等，由此反映出他财富多到不可胜数，生财、聚财技巧高超。

3. 吕不韦——秦国宰相

吕不韦是战国时期秦国丞相、卫国商人，姜姓，吕氏，名不韦，卫国濮阳（今河南省安阳市滑县）人。是战国末年卫国商人、政治家、思想家，后为秦国丞相，他是姜子牙的二十三世孙。

吕不韦的发家史：他早期是阳翟（今河南禹州市）的大商人，他往来各地，以低价买进，高价卖出，积累起千金的家产。他的二次发迹还得靠异人，异人是秦庄襄王，秦王嬴政（秦始皇）之父，异人曾在年轻时作为人质居住于赵国都城邯郸，因为秦国屡次攻赵，他的处境很困难。这时吕不韦知道了他的情况，认为他是奇货可居，决定进行一次政治赌博，于是，设法结识了他，成为密友。吕不韦用重金买通了秦孝文王宠爱的华阳夫人，使她劝说秦孝文王立异人为嗣子。为了博得出生于楚国的华阳夫人的欢心，异人在吕不韦的授意下，改名为子楚。公元前 250 年，秦孝文王继位三天后突然中毒而死，异人继位。异人继位后，尊华阳夫人为太后；拜吕不韦为相国，封文信侯，食洛阳 10 万户，执掌朝政大权。后来辅佐嬴政，横扫六国。因为嫪毐淫乱之事受到牵连，公元前 237 年，秦王免去了吕不韦的相邦职务。等到齐人茅焦劝说秦王，秦王这才到雍地迎接赵太后，使她又回归咸阳，但把吕不韦遣出京城，前往河南的封地。吕不韦一想到自己已经逐渐被逼迫，害怕日后被杀，就喝下酖酒自杀而死。

4. 胡雪岩——清代红顶商人，徽商代表人物

胡雪岩（1823—1885 年），本名胡光墉，幼名顺官，字雪岩，出生于安徽徽州绩溪。胡雪岩 13 岁起便移居浙江杭州。中国近代著名红顶商人，政治家，徽商代表人物。13 岁的胡雪岩就开始孤身出外闯荡，先后在杭州杂粮行、金华火腿商行当过小伙计，到杭州“信和钱庄”当过学徒。清光绪八年（1882 年），胡雪岩在上海开办蚕丝厂，耗银 2000 万两，生丝价格日跌，企图垄断丝茧贸易，却引起外商联合抵制。中法战争爆发后，市面剧变，金融危机突然爆发，各地官僚竞提存款，群起敲诈勒索，胡雪岩的产业受外商排挤，而被迫贱卖，资产去半。最终，胡雪岩被革职查抄家产，郁郁而终。

5. 伍秉鉴——福建商人，曾经的世界首富

伍秉鉴（1769—1843 年），又名伍敦元，生于广州，祖籍福建泉州。清代广州十三行商人，广州人，广州的世界首富。2001 年，美国《华尔街日报》统计了 1000 年来世界上最富有的 50 人，有 6 名中国人入选，伍秉鉴就是其中之一。他是美国历史上知名度最高的中国人，甚至马克思也曾在专著中提到他的名字。道光十四年（1834 年），伍秉鉴的私人资产已达 2600 万银元，这个数目相当于今天的 50 亿元人民币。而且，伍家在珠江岸边的豪宅，据说可与《红楼梦》中的大观园媲美。伍秉鉴的先祖在福建是从事种茶叶的，伍秉鉴财产的形式很多，不光是银子，还有自己的企业，这个企业叫“怡和行”，做中西贸易，主要经营丝织品、茶叶和瓷器。

二、为什么富不过三代？财商教育对财富的传承很重要

“富不过三代”这个说法最早出自孟子说的“君子之泽，五世而斩”，意思是一个品德高尚的人留给后代的庇护，不过几代就会消耗殆尽了，告诫大家不要坐吃山空而是要自己多努力，不负祖宗恩泽。这里的“五世”是泛指多代的意思。

古今中外大量家族兴衰史表明，无论某一家族通过什么途径发家致富，保持富裕状态的时间，很少有超过三代的，故被世人总结出一条定律，叫“富不过三代”。自从改革开放以来，中国民营企业家已经超过了300万，调查显示，由于找不到合格的接班人，95%以上的中国民营企业家无法摆脱“富不过三代”的宿命。有研究表明，目前国内富人家族的孩子中，只有约10%的子女继承了父母的优良品质，成为积极向上、勤奋好学的人。比如，包玉刚的外孙吴宗权、郑裕彤的孙子郑志刚，李嘉诚的孙女李思德，等等。

对不少富有家族及企业来说，不是富过三代的问题，而是能否富过两代的问题。“富不过三代”并非中国特色，全球家族企业普遍面临“穷孙子”问题。在美国，家族企业在第二代能够存在的只有30%，到第三代还存在的只有12%，到第四代及四代以后依然存在的只剩3%了。葡萄牙有“富裕农民—贵族儿子—穷孙子”的说法。西班牙也有“酒店老板、儿子富人、孙子讨饭”的说法。德国则用三个词“创造、继承、毁灭”来代表三代人的命运。可见财富传承，在全球都是个难题。

到底是什么造成富不过三代呢？

（1）子女教育失误，尤其是财商

不少富有家族缺乏勤俭精神，而且对子女教育失误。很多富人们没有理性地认识到过去的艰苦对自己是一笔宝贵的财富，正是过去艰苦磨炼的吃苦精神，对自己的艰难创业起到了积极的支撑作用，才使自己拥有财富。反而，他们不希望子女再吃苦受累，对子女娇生惯养，以为多给子女钱财，子女就会好好享受。但是事物往往走向反面，不知创业艰难的富裕人家的子女常常挥霍浪费，最终导致家庭败落。

（2）统计学规律

虽然人类的很多基因还没有被发现，但是，我们可以参考英国科学家高

尔顿的遗传统计数据，从而找到遗传学上的依据。高尔顿参照英国1865年出版的《时代名人辞典》，对英国名人家族进行了研究，力图证明智能遗传的存在。例如，他考察了1660—1860年间286名英国法官及他们的亲属情况，经过统计，他发现，平均每100个英国法官的亲属中出现了38.3个名人，其中包括8.4个名人父亲、7.6个名人兄弟和11.7个名人儿子等。他在调查了英国1768—1868年100年间的首相、将军、文学家和科学家共977位名人的家谱和亲属后发现，977位名人亲属中产生了332名杰出人士，其中有89个父亲、129个儿子、114个兄弟。他的统计结果验证了遗传与天才之间的密切关系。根据高尔顿的推算，在一般普通人中，4000人才产生一名杰出人士，所以，绝大多数普通人拥有的能力属于“普通能力”。高尔顿断言，“普通能力”也是遗传的。高尔顿还发现，在名人的后代中，随着亲属血缘关系的疏远，杰出后代的比例也随之明显下降。

（3）孟德尔遗传定律的科学根据

遗传学三大基本定律是孟德尔于1856—1864年、摩尔根于1909—1911年期间提出来的。三大基本定律分别是：基因分离定律、基因自由组合定律、基因的连锁和交换定律。“孟德尔分离定律”揭示的3∶1的遗传规律与英国科学家高尔顿统计出的名人亲属中的100与38.3和977与332的遗传比值也基本吻合。家族企业家的第二代从前辈身上所遗传到“商业基因”基本上遵循了3∶1的遗传规律，即接近30%的比例。

那么，作为富人，如何规避“富不过三代”的魔咒呢？根据历史经验，要做到重视做人教育、重视勤劳节俭教育、重视艰苦奋斗精神培养、注重能力培养、积极参与慈善事业等。

三、闽商为什么能获得巨额财富？爱拼＋动脑子

在华人富豪榜上，闽商一直遥遥领先，包括字节跳动的张一鸣、香港首富宁德时代CEO曾毓群、美团的CEO王兴、马来西亚郭氏集团的郭鹤年、菲律宾SM集团的施至成等，这是为什么呢？据传，我国80%的隧道工程由平潭人包办，我国70%木材业被莆田人经营，纽约的餐饮业60%被长乐人控制，阿根廷50%的超市是福清人投资的。想发财就要生在正确的时代和地方，当

然并不是每个闽粤人都能成为富豪的，这还要有个人的能力和眼光，伍秉鉴能纵横商海，正是靠着他的“人和”。接下来让我们看看福建人富豪这么多有什么历史原因。

福建省宁德市地处闽北，西面是延绵不绝的丘陵，东边则是平坦的滩涂和一望无际的大海。由于辖地丘陵众多，不利于耕种，自古以来宁德就是出商人的地方。俗话说靠山吃山，靠海吃海。宁德的商人以往绝大多数都会想办法去闯海，走海路出远洋，以便在遥远的地方为家族争得一片天地。实际上，古时候闯海是一个九死一生的活计。被逼到绝路的宁德人在走海路的上面，一向是赌性颇重。有宋之后，尤其是南宋，宁德兴起了聚钱造船闯海走海贸的风气。甚至曾经历史上还为此出了一个专有的名词，叫做“宁德花钱”。就是在一张写满人的姓名和出资金额的纸上，按满手印。而这个有密密麻麻人名和手印的纸，在宋代某些时候可以在宁德当地当作金钱流通。宋元两代，宁德当地每次海商集体出海，都出现多多少少针对“花钱”的“扑买”，也就是公开就海贸的成果进行预测并购买相应的金额，以便能在海商回来之后赢得部分赌注。这种形式特别像现在流行的福利彩票，募集的金额在海商出事之后就用来抚养海商的后人。因此，从历史上看福建，尤其是宁德的商人赌性颇重，而且特别爱动不动就赌上一切，当然这里赌性重不是贬义，而是宁德商人眼光好，看准了才敢下重手。2021 年 5 月 31 日，宁德时代股价大涨，市值突破 1 万亿元，成为中国创业板中市值最大的公司。宁德时代董事局主席曾毓群登顶香港首富，一举超过了常年占据香港首富席位的李嘉诚和李兆基。

据说美团的王兴对曾毓群非常推崇，不光双方是武夷山两边的老乡，而且认为他是任正非式的人物。王兴曾发朋友圈表示，曾毓群的办公室挂着一幅“赌性更坚强”的条幅，“这出乎很多来访者的意料”。曾有人问过，福建人不应该是“爱拼才会赢”吗，曾毓群跟王兴解释道：光拼是不够的，那是体力活，赌才是脑力活。其实，如果仔细盘点他的神奇创业经历会发现，曾毓群很多时候都带有一点“赌性”，但是每一次他似乎都赌赢了。

赌就是动脑子。其实福建人的赌，更多的时候是在对事件进行研判并取得自己的判断之后，下定决心全力以赴。某种意义上讲，这跟福建人经常讲的“爱拼才会赢”没什么区别。曾毓群的“赌性坚强”也是如此。有意思的是，在他办公室墙上还有另一幅字“溥博渊泉”。这四个字取自《中庸》，对于个人是说要讲求道德、修养；而对于企业来说，这四个字就意味着要讲求凡事须思虑深远，战略眼光及布局上要“溥博如天，渊泉如渊。”

表 8-1 福建籍富豪榜

排名	姓名	身价（亿元）	企业
1	张一鸣	3500	字节跳动
2	曾毓群	2700	宁德时代
3	王兴	1600	美团
4	郭鹤年	1000	马来西亚 郭氏集团
5	施至成	850	菲律宾 SM 集团
6	魏应州	460	台湾（地区）顶益集团
7	王文渊	430	台湾（地区）台塑集团
8	黄惠祥	400	印尼 中亚银行（BCA），针记香烟
9	蔡宏图	290	台湾（地区）霖园集团
10	黄志达	270	新加坡 远东机构
11	林国泰	250	马来西亚 云顶集团

数据来源：2019 年福建籍富豪榜、胡润富豪榜

四、晋商财富的辉煌与衰落：积极变化跟上时代，才能保住财富

山西人的商业活动由来已久，春秋战国时期，就出现了猗顿这样的富商。他的多种经营方式对后世影响很大，至明代已在全国享有盛誉，逐渐以货币经营资本垄断中国的北方贸易和资金调度，并插足于亚欧市场。

除了猗顿外，山西商人还有魏晋南北朝时期的繁峙县的莫含，家世丰饶，资累巨万。当时代国（北魏前身政权）的建立，就是拓跋鲜卑（原居于额尔古纳河和大兴安岭北段）在莫含等幽州（今天的山西应县）汉族士人的影响下与晋朝争取的成果。

隋唐时期，武则天的父亲武士彟，年轻时经营林业木材，是有名的木材经营商之一。李渊父子从太原起兵时，武士彟从财力上大力资助。宋元时期，是山西商人的发轫时期。宋代蜀南、南商、北商等都是有名的地方商人，其中占近世商业中坚的山西商人、徽州商人，也大体在这时显出身手。宋代，

山西地处北部边防，宋王朝所需战马大都依靠北方的辽来供应，而辽更需要宋的手工业制品。宋代曾在山西进行双边贸易。元代，虽然战争对工商业有一定破坏作用，但是元朝政权结束了宋、辽、金的割据局面，特别是元代驿站的完备，使山西商业活动的地域扩大了。《马可·波罗游记》记载，从太原到临汾这一带的商人遍及全国各地，获得巨额利润。马可·波罗（1254—1324年）生于威尼斯一个商人家庭，他17岁时跟随父亲和叔叔前往中国，历时约四年于1275年到达元朝的首都，与元世祖忽必烈建立了友谊。他在中国游历了17年，曾访问当时中国的许多古城，到过西南部的云南和东南地区。回到威尼斯之后，马可·波罗在一次威尼斯和热那亚之间的海战中被俘，在监狱里口述旅行经历，被别人写成了《马可·波罗游记》，其中就记载了山西的繁华。

晋商真正名扬天下是从明代开始的。山西商人抓住中国明代商品经济发展的大好时机，对山西富有的盐、铁、麦、棉、皮、毛、木材、烟草等特产进行长途贩运。此外，汉蒙两族之间贸易互补性很强，蒙古族需要内地的粮、布、棉、丝、铁器和其他各种生活用品，汉族也需要蒙古族的马匹、皮毛等物资。

到清代，极具商业头脑的晋商为适应金融业汇兑业务的需要，向金融业方向发展。当时全国排名居前的大财团都在山西。在清末，乔氏家族迅速崛起，在那时候乔家已经在全国各地拥有票号、钱庄、当铺、粮店200多个。在乔致庸的带领下，乔氏家族成为富甲一方的商户。据史料统计，仅仅把山西几个县域中富户的家产相加，数量就超过了一亿两白银。这个数量甚至比当时国库的存银还要多，确实称得上富可敌国。由于时局的波动，加上外国资本的侵入，晋商的成长空间收缩，这就迫使贸迁四方、足迹遍天下的晋商，不得不从四面八方撤退，向本土收缩。从此，称雄中国商界500年的晋商走向了衰落。

总结晋商衰落的原因，无非有以下几点。

（1）“以末致富，以本守之”的传统观念，束缚了晋商的发展。晋商资本流向土地，在明代已屡见不鲜。入清后，晋商购置土地者很是普遍。有民谣称：“山西人大褥套，发财还家盖房置地养老少”。此谓“大褥套”是指形同褥子的布套，也可搭在牲口背上供人骑坐。这句民谣反映了晋商外出经商致富后还家盖房置地养老少的传统观念，在这一传统观念支配下，其商业资本是不利于向近代资本发展的。

（2）墨守成规，思想保守。如前所述，随着外国资本主义的侵入，旧有的商业模式被打破，加快改革，适应潮流，是求得自身发展的途径。但是，由于晋商中一些有势力的财东和总经理思想顽固，墨守成规，以致多次失去票号改革机会。

（3）近代企业的投资见效周期过长。20 世纪初，晋商中一些有识之士以高度热情投资民族资本近代工业，但由于当时保矿运动的影响，其资本主要投入了投资额大、见效周期长、管理要求高、并受运输条件制约的煤矿业，而不是投资少、周转快、利润高的棉纺、面粉、卷烟等轻纺工业，致使资金大量积压，陷入困境。

（4）没跟上时代。新时代来临的时候，没有大规模投资新式产业，票号的中心也没有随着时代的变化，及时转移到上海，在培养后代人才上，也存在很大的失误，等等。各大票号也没有及时引进“有限责任公司”这种制度，导致在票号无力偿还债务的时候，股东得负无限责任，只能拍卖住宅，瞬间成为一无所有者。

第九章
从中国现代富豪榜看如何获得财富

一、从 2021 年中国大陆富豪榜看如何获得财富

2021 年 3 月最新发布的“2021 胡润全球富豪榜”显示：全球新增 412 位十亿美元企业家，总数达到 3228 人，创历史新高。亚马逊的杰夫·贝佐斯以 1914 亿美元身价成为世界首富。胡润研究院发布的《2020 胡润财富报告》数据显示，我国超过 500 万户的家庭坐拥 600 万元资产，他们的总财富值高达 146 万亿元。在 2020 年，我国的 GDP 为 1015986.2 亿元，这也就意味着，这些富裕家庭的总财富是我国 GDP 的 1.5 倍左右。在 2020 年胡润中国富豪榜上，农夫山泉 CEO 钟睒睒夺得头把交椅，在全球富豪榜排名约 18 位（目前全球首富是亚马逊的杰夫·贝佐斯，身价 1914 亿美元，相当于 1.22 万亿元人民币，是中国首富财富的 2.2 倍）。腾讯的马化腾和拼多多的黄峥分别位列中国富豪榜第二、三位。宁德时代的 CEO 曾毓群 2233 亿元身价，正式超过李嘉诚，成为香港首富。2021 年是胡润全球富豪榜有记录以来，首次没有房地产企业家进入中国前十。

表 9-1　2020 胡润中国富豪榜

排名	身价（亿元）	姓名	企业	籍贯
1	5500	钟睒睒	养生堂	浙江 杭州
2	4800	马化腾	腾讯	广东 汕头
3	4500	黄峥	拼多多	浙江 杭州
4	3600	马云	阿里巴巴	浙江 杭州
5	3500	张一鸣	字节跳动	福建 龙岩
6	3200	王卫	顺丰	广东 顺德
7	2850	何享健	美的	广东 顺德
8	2650	秦英林	牧原股份	河南 南阳
9	2600	陈建华夫妇	恒力	江苏 苏州
10	2450	丁磊	网易	浙江 宁波

1. 钟睒睒，农夫山泉 + 万泰生物 CEO，身价超 5500 亿元

2021 年初，钟睒睒以 946 亿美元的财富，超过了股神巴菲特，成功跻身全球第六。按照目前汇率进行计算的话，这位国内新首富，拿下了超过 5500 亿元财富。

钟睒睒的成功历史可谓是从“文人”到“商人”。1954 年，钟睒睒出生在杭州的一个传统知识分子家庭。后来，钟睒睒考入杭州电大（现浙江广播电视大学）中文系，毕业后成为一名记者，之后创办了农夫山泉。2001 年，养生堂以 1710 万元的价格收购万泰生物 95% 的股份。在钟睒睒的主导下，2002 年万泰生物开始研发针对宫颈癌的二价 HPV 疫苗，18 年后终于带着“首个国产 HPV 疫苗”的光环走上资本市场。

从他的成功案例可以看出：第一，人和人比的是经商的头脑和人脉，钟睒睒首先读过很多书，商业头脑很好。另外，做记者的经历让他积攒了很多人脉，有助于后面的成功。第二，大部分人很难第一次创业就成功，钟睒睒也是先后摆过摊、卖过窗帘、养过对虾，均以失败告终，直到 1993 年成立养生堂，才找到自己适合的方向。因此，这一条送给还在坚持创业的朋友，鼓励你们不断摸索，找到自己的致富之路。第三，长尾效应很重要，大家看起来不起眼的矿泉水行业正好复合长尾效应。从人们需求的角度来看，大多数的需求会集中在头部，而这部分我们可以称之为流行，而分布在尾部的需求

是个性化的，零散的少量的需求。而这部分差异化的、少量的需求会在需求曲线上面形成一条长长的“尾巴”，而所谓长尾效应就在于它的数量上，将所有非流行的市场累加起来就会形成一个比流行市场还大的市场。所以，做生意的您，不要轻易放弃不起眼的“边角料”行业，拼多多的成功也是这个逻辑。

2. 马化腾，腾讯 CEO，身价超 4800 亿元

马化腾，广东省汕头市潮南区人，1971 年 10 月 29 日出生。13 岁的马化腾随父母定居深圳，后转入深圳中学，1989 年，高考以 739 分的优异成绩考入深圳大学电子工程系计算机专业。1993 年获深圳大学理学学士学位，同年进入深圳润迅通讯发展有限公司开始寻呼系统的研究开发工作。他真正意义上的第一桶金是来自股市，1998 年，马化腾和同学张志东注册成立“深圳市腾讯计算机系统有限公司”，后来 ICQ 公司通过法律途径，最终判定腾讯败诉。1999 年 2 月，腾讯开发出第一个“中国风味”的 ICQ。2000 年，第一次网络泡沫席卷了整个中国互联网，马化腾曾险些把开发出的 ICQ 软件以 60 万元的价格卖给深圳电信数据局，最后碰到了 IDG 和盈科数码，获得了第一笔投资。腾讯的发展逐渐步入了正轨。2004 年 6 月 16 日，马化腾带领腾讯在香港交易所主板挂牌上市。截至 2021 年 2 月 19 日，腾讯控股的市值超过 7 万亿港币，按马化腾持股比例 8.58% 计算，个人身家超过 5000 亿元。

从他的成功案例我们可以看出：第一，很多人也是摸着石头过河，马化腾早期差点以很便宜的价格卖掉腾讯，幸亏坚持下来了。第二，人生的机会要靠国运，要猜对风口，马化腾的成功正好赶上了中国实行九年义务教育制度，第一批接触计算机的年轻人进入社会，他们迫切需要一款软件来连接人与人，这就是腾讯的机会。第三，很多好的投资机会往往就在身边，腾讯从上市那天起股价涨了 500 倍以上，我们大部分人都用过 QQ，现在正在用微信，但是又有多少人想起来去购买腾讯的股票，或者购买了做到持有 10 年以上呢？值得我们反思。

3. 黄峥，拼多多 CEO，身价超 4500 亿元

黄峥，浙江杭州人。拼多多创始人、董事长。从 2020 年 4 月到 2021 年 2 月 19 日，拼多多的股价涨了 7 倍，创始人黄峥的财富飙升了 2000 亿元，他

的总财富超过 3200 亿元，身价超越了他的老乡马云。1998 年黄峥在杭州外国语学校毕业，被保送至浙江大学竺可桢学院，主修计算机专业。2002 年，黄峥本科毕业于浙江大学，2004 年获得美国威斯康星大学麦迪逊分校计算机硕士学位，随后加入美国谷歌。2006 年回国，参与谷歌中国办公室的创立。2007 年，从谷歌离职创业，先后创立电商代运营公司和游戏公司。2015 年 4 月，创立拼好货，开创社交电商新模式。2016 年 9 月，拼好货、拼多多宣布合并，黄峥担任新公司的董事长兼首席执行官。2018 年 7 月 26 日，新电商平台拼多多在美国纳斯达克上市。

从他的成功案例我们可以看出：第一，人的成功人脉很重要，黄峥靠着认识网易的丁磊拓展了社交圈，大佬助力下，自己创业也变得轻松。所以大家平时可以积极拓展自己的人脉，要努力与比自己高一层次的人交往、学习。后期自己创业的时候能帮到自己。第二，不轻言放弃，拼多多成立的时候，淘宝、京东、苏宁电商等早已强手如云，一般人第一反应是打不过巨头放弃。但是黄峥敏锐地看到了机会。这个机会就是淘宝正在走正品化路线，主动踢出了很多卖假货的商家。另外，中国制造业产能过剩，大量物美价廉但品牌力不强的商品需要寻找买家。最后，拼多多另辟蹊径，创造了“社交电商”的新模式，用熟人社交“拼团”的方式打开了市场，在强手林立的电商行业硬是创出了一片天地。拼多多的神话注定成为中国商业界的经典案例，值得大家学习。

4. 马云，阿里巴巴创始人，身价超 3600 亿元

马云，1964 年 9 月 10 日出生于浙江省杭州市，马云的爷爷抗战时做过保长，新中国成立后被划为“黑五类”，为孙子取名“马云”，就是希望马云以后乖巧懂事，少惹是非。12 岁时，马云买了台袖珍收音机，从此每天听英文广播，对英语开始感兴趣。马云参加了三次高考才考上大学。大学毕业后的马云先创办了中国黄页。1999 年 3 月，马云正式辞去公职，后来带领被称为十八罗汉的马云团队回到杭州，凑够 50 万元人民币开始了新一轮创业，开发阿里巴巴网站。1999 年 4 月 15 日，阿里巴巴网站正式上线。Invest AB 副总裁蔡崇信听说阿里巴巴后，飞赴杭州洽谈投资，在和马云谈了 4 天后，决定辞职加入阿里巴巴。1999 年 10 月和 2000 年 1 月，阿里巴巴两次共从软银等国际投资机构融资 2500 万美元。2003 年 5 月 10 日，马云创立淘宝网，开始

抢夺 eBay 易趣 C2C 市场。2004 年 12 月，马云创立第三方网上支付平台支付宝。2007 年 11 月，马云创立的阿里巴巴网络有限公司在香港联交所主板挂牌上市。

从他的成功案例可以看出：第一，一个人起点低，学习不好也没有关系，马云也参加了多次高考才考上一个不知名的学校，但是谁能想到他日后能取得如此辉煌的成就呢？所以大家不要妄自菲薄，也不要轻易责怪自己学习不好的子女。要相信天生我材必有用，与其责骂他们，不如引导他们发挥自己的特长。我们面临的现状是社会评价体系越来越多元化，会直播的李佳琦、打游戏好的职业玩家、脱口秀演员，照样可以名利双收。第二，视野和眼光很重要，马云能够成功，很重要的原因是他 16 岁在杭州主动说英语搭讪，认识的澳大利亚人 Ken。马云在杭州师范学院（现为杭州师范大学）念书时，Ken 一共为他提供了约 200 澳元的支持。并邀请马云去澳大利亚旅游参观，马云曾在纽卡斯尔大学向现场的师生们首次讲述这段往事："那次澳大利亚之旅真正地改变了我"；"纽卡斯尔那 29 天，在我的生命中至关重要。没有那 29 天，我永远也不会像今天这样思考"。可见，无论做什么，一个人一定要开阔自己的视野和眼光。尤其是现在的社会，人和人的差距不是自己搬砖速度多快，自己多勤劳，而是能否靠脑子挣钱，毕竟选择比努力更重要。第三，要有梦想，马云刚开始创业成立阿里巴巴的时候，没有人相信他，都觉得他是骗子，只有蔡崇信相信了他并且做了财务总监，现状是蔡崇信变成了亿万富翁。还有马云的前台老太太投资了马云的原始股份，现在也是几百亿身价。试想下，如果马云因为当初别人的反对和嘲笑而轻易放弃自己的梦想，也不会有今天的阿里巴巴帝国。所以，当我们看准了方向，很多时候需要耐心和坚持，成功没有想象中那么容易。链家前 CEO 左晖先生说过一句话：要坚持做难而正确的事情。天下没有免费的午餐，凡是有价值或者获得巨大回报的事业，刚开始必然是艰难的，否则聪明人早发现了。

我致敬每一个平凡但有勇气去实现自己理想的人。人生匆匆一辈子，活出不凡的样子来。哪怕最终没有成功，也至少轰轰烈烈过，不枉此生。有句话与诸君共勉：生如蝼蚁当有鸿鹄之志，命如纸薄应有不屈之心。乾坤未定，你我皆是黑马。

5. 张一鸣，字节跳动总裁，身价超 3500 亿元

张一鸣，1983 年出生于福建省龙岩市永定区，客家人，2005 年毕业于南开大学软件工程专业，北京字节跳动科技有限公司创始人、原 CEO，今日头条创始人、原 CEO。曾参与创建酷讯、九九房等多家互联网公司，2012 年创办字节跳动。1983 年，他出生在福建龙岩的一个事业单位家庭。2008 年离开酷讯去了微软。2012 年年初开始筹备“今日头条”。目前抖音成为全球最大的短视频分享 App，在国外叫“Tiktok”。

从他的成功案例我们可以看出：第一，兴趣是最好的老师，张一鸣的成功很大程度上是因为小时候父母给了他很好的成长环境和正确的价值观。小时候，热爱尝试新鲜事物的父母很早就给了张一鸣宽松的环境，让他在很小的时候就能自主决定自己的人生走向。第二，不要懈怠自己，张一鸣已经很成功了，但是他选择急流勇退，去寻找新的赛道继续创业，这种企业家精神值得敬佩。试想如果您是亿万富翁，是否还有勇气再去进入新的行业？

6. 王卫，顺丰快递，身价超 3200 亿元

王卫，祖籍广东顺德，1970 年 10 月出生于上海，顺丰速运集团有限公司创始人、董事长，大湾区航空有限公司董事。王卫的父亲是一名俄语翻译，他的母亲是江西一所大学的老师。王卫七岁移居香港，高中毕业之后，王卫没有继续升学。十几岁的时候，王卫曾经在香港叔叔的手下做过小工。最初在顺德做印染，把样品寄到香港给客户看很困难，要较长时间，后试过在码头边求人帮忙捎样品到香港。那时很多香港人都在广东设厂，都有这方面的需求。为何不自己做快递呢？于是，王卫和别人联手在顺德创立了顺丰速运。在 20 世纪 90 年代，经常往返于香港与大陆的王卫有时会受人之托，捎带货物出入境。他看中两地物流商机。其时，两地工商业信件、货运代办派送需求日益增多，他毅然向父母筹资十万，启动创业历程。90 年代后期，顺丰已在该领域一枝独秀。随着淘宝、网购兴起，他从包机到自组航空公司，以最快、最安全方式送递货物，成就了顺丰速运。

从他的成功案例我们可以看出：第一，处处留心皆商机。王卫在香港打工每天往返两地的时候，发现很多人有带货需求，他敏锐地发现了快递的商机。我们每天工作、生活中都会遇到很多难题和不便之处，这些自己的“痛

点”和需求正是商机所在，滴滴打车解决了我们打车难的痛点，美团卖菜满足了我们日常买外卖的需求。所以大家平时可以多留心一下，也许下一个亿万富翁就是您。第二，差异化很重要，同样是快递公司，为什么顺丰能做到行业老大？为什么顺丰一个快件可以收费 20 元以上？而其他快递只收十几块？还是王卫的聪明眼光，让他看到了商务件这个高端需求。他做了市场分层，购买飞机来满足对时间要求更苛刻的客户需求，这些客户往往都是公司付费，或者对快递价格不敏感，但是要求送货时间更快、更精准。差异化的发展思路让顺丰很快坐上了快递行业的头把交椅。各位读者，您所在的行业也肯定分为高、中、低三层次的需求，无论您现在在做哪个层次，只要满足特定人群，提供符合他们预期的需求，就会成功。所以有几万块钱的一个女士包，也有中国生产的 2 元的打火机。市场很大，关键是找到适合自己的，能给客户提供差异化服务的利基市场。

7. 何享健，美的总裁，身价超 2850 亿元

何享健，1942 年出生于广东顺德。1968 年 5 月，何享健集资 5000 元，创办了“北街办塑料生产组”，1980 年开始制造风扇，进入家电行业，1992 年毅然推动美的进行股份制改造，2001 年完成了公司高层经理人股权收购，进一步完善现代企业制度。2004 年，美的集团不甘心于继续局限在赚辛苦钱的家电制造业，先吞下云南、湖南省等地的客车企业，跨界汽车业。接着又收购有国企背景的重通、荣事达、华凌，大规模进入自己相对陌生的大型中央空调和冰洗领域。截至 2021 年 2 月 19 日，美的集团的市值约 6900 亿元，早早地超过 2018 年的目标，2021 年公司收入预测将超过 3100 亿元。回顾美的成功的经验：主要是赶上了改革开放 + 国际化的快车。

从他的成功案例我们可以看出：第一，人生发财靠国运，何享健先生那个时代伟大的科技和商业创新不多，更多的是国企改制或者出口贸易，低端制造业的机会，他果断地把握住了时代赋予他的机会，利用广东独特的地理位置和外贸政策优势，做小家电。第二，股权激励很重要，美的 1992 年就完成了现代企业制度建设。而且在最近几年完成了职业经理人的交接，目前美的集团的 CEO 是方洪波，于 1992 年加盟美的集团，先后担任美的集团多个高级管理职位，负责制冷家电事业部的销售及整体管理，经验相当丰富。相信读者中有不少是家族企业，目前创一代已经功成名就，大部分人选择把企业交给自己的子女打理，哪怕他们不感兴趣，过两年再把企业卖掉。其实，如果您觉得自己所在的行业仍然有前途、有利可图，但是自己的子女不适合或者对接班传统产业不感兴趣，可以考虑招聘专业的职业经理人来打理企业，自己退居二线当股东，享受天伦之乐，何乐而不为。现在社会分工越来越细，越来越专业化，各尽其职。其实没必要很多事情都亲力亲为。

8. 秦英林，牧原股份 CEO，身价超 2650 亿元

秦英林，汉族，1965 年 4 月出生，河南省南阳市内乡县人，毕业于河南农业大学。现任牧原集团董事长。秦英林出生于河南的内乡，父亲养猪失败给秦英林造成了很大影响。1992 年 11 月，秦英林总经理携夫人钱瑛辞去公职，回到家乡河南省内乡县马山口镇，从 22 头猪开始养起。2006 年上海爆发了瘦肉精的事情，而秦英林的优质生态养猪一炮而红。2014 年 1 月 28 日，牧原股份在深交所敲钟上市，目前牧原股份市值超过 4800 亿元，秦英林持股超过 50%，身价超过 2000 亿元。

从他的成功案例可以看出：第一，人只要专注，在任何行业都可以发财，关键是您要成为行业的顶流，这背后需要数十年如一日的坚持付出，也需要自己的眼光好看准了赛道，还得借国家政策的东风。第二，做人、做事要踏踏实实，坚持客户至上，这样的企业才能走得远。如果秦英林先生像其他养猪老板一样添加“瘦肉精”，相信他的产品也不会脱颖而出，事业也不会做大做强。前几章中国古人富豪的例子也告诉我们：做人、经商诚信第一。第三，不忘初心，很多人经商过程中逐渐被逐利行为蒙蔽了双眼，走了快车道或者捷径，这样的行为往往会损害自己的企业价值。我们看看全球能做大的企业往往都有很正的价值观，国外投资很关注一个叫“ESG”的指标，是一种关注企业环境、社会和治理绩效的投资理念。这是投资者在投资时用于衡量企业的可持续性和环境、社会影响的三个核心因素，这种策略也被称为责任投资。

9. 陈建华家族，恒力石化 CEO，身价超 2600 亿元

陈建华，1971 年出生于江苏省苏州市，现为恒力集团董事长兼总裁。“从一滴油到一匹布”，恒力集团更是世界上首家打通石化—纺织全产业链的企业，坐拥多个“全球之最”——包括全球产能最大的 PTA 生产基地。青少年

时期的陈建华，骑着自行车收丝卖丝，走南闯北，勤奋吃苦，到 90 年代初，已经积蓄了 200 余万元。在 1994 年，23 岁的陈建华将全部身家压上，以 369 万元盘下吴江化纤织造厂。2008 年起，陈建华就不断斥资拓展产业链。从织造向化纤挺进，是陈建华的又一次转型。最近几年，陈建华带领恒力一举打破国外对中国 PTA 与芳烃高端行业的垄断——中国作为全球最大的纺织化纤大国，过去在 PTA 及芳烃领域都严重依赖进口。

从他的成功案例可以看出：第一,三百六十行，行行出状元。连传统的纺织化工行业也能出超级富豪，关键看自己目前做的生意是否有足够的需求，是否能满足人们日益增长的高品质需求。第二，要有胆识和魄力。美国著名影星安吉利娜·朱莉说过一句话："如果一件事不令您感到紧张和害怕，那么它不值得去做"。这句话其实蕴含着很大的道理，因为但凡让您感到很轻松很愉快就能做好的事情，大部分人也能做好，充分竞争的结果就是价格战，大家都不怎么挣钱，或者很难赚大钱，使得这个行业价值大幅下降。1990 年，陈建华先生在创业之初，自己辛苦倒卖丝赚到的 200 万元，再加上全部身家盘下了吴江化纤厂。我们不要单纯地羡慕别人功成名就，更应该反思自己。每个时代都有机会，首先您看到机会了没？假如看到机会了，您是否有勇气投入全部身家去把这件事情做好？我相信大部分人听了这两个问题会望而却步。成功哪能那么简单？

10. 丁磊，网易 CEO，身价超 2450 亿元

丁磊，1971 年 10 月 1 日出生于浙江省宁波市。网易公司创始人，现担任网易公司董事局主席兼首席执行官。1971 年 10 月，丁磊出生于中国浙江省宁波市的一个高级知识分子家庭，从小喜欢无线电。1986 年，组装了自己的第一台六管收音机。1997 年 5 月创立网易公司，与张朝阳、王志东并称为网络三剑客。2000 年 6 月，网易在纳斯达克正式挂牌上市。2009 年，宣布网易养猪计划。2020 年 6 月 11 日，网易（香港股票代号：9999.HK）正式在香港联交所鸣锣上市。

从他成功的案例我们可以看出：第一，兴趣很重要，丁磊从小就拆装电子器件，这一方面说明自己在这个行业有天赋，另外就是自己兴趣所在。伟大的科学家爱因斯坦曾说："兴趣是最好的老师。"正是兴趣爱好指引着丁磊在大学里，放弃了别人的打游戏谈恋爱时间，孜孜不倦地学习计算机相关

书籍，这为他日后事业成功打下了坚实基础。第二，做自己擅长的事情，不瞎折腾。除了 2009 年养猪之外，他所有精力都专注在把网易做大做强，持续开发了有道词典、网易游戏、网易云音乐等，不断在自己擅长的核心领域开疆拓土，提高自己的护城河。其实过去 20 年，中国富豪榜前 10 名经常更替，有的富豪致富后贪心去搞自己不擅长的房地产或者光伏，有的赌博式胡乱投资比如 P2P 等，最终财富灰飞烟灭。第三，找到了适合自己的利基市场：服务于中产阶级的产品定位，网易云音乐、有道云笔记、网易新闻客户端纷纷突围而出，就是坚持做符合资产阶级需求的小而美产品。网易所有的产品都透着一股自然生长的气质，尤其是跟对门的阿里一对比，差异非常明显。丁磊能长期“霸榜”福布斯，他的专注力起到了很重要的作用，只做自己最擅长的东西。有时候少犯错误比激进进攻更重要，做事业也是，投资更是如此。

二、从最近 40 年大陆福布斯榜变迁看财富密码

从 1980 年开始的 40 年福布斯榜单可以看出一些规律：时势造英雄，人生发财靠国运。比如，1990 年公务员下海和个体户，2000 年搞外贸，2010 年搞地产，2020 年开始搞科技 + 金融。我们把中国 1980—2020 年这 40 年划分为四个阶段：

1980—1990 年富豪榜：改革开放 + 公务员下海。1978 年 12 月十一届三中全会中国开始实行对内改革、对外开放的政策。1982 年家庭联产承包责任制的确立，为中国理顺农村生产关系打开了新路子，拉开了农村改革的大幕。

第一次公务员下海潮出现在 80 年代中期，这一时期官员下海主要表现为“半下海”。所谓半下海，是指体制内的一种流动，如机构改革后编制的缩减，于是有些官员到部门下属的单位与企业中去当领导。代表人物叶康松是 1986 年初，被媒体称为“弃官下海第一人”“改革开放的弄潮儿”，成为温州辞官务农第一人。他辞去了永嘉县城关镇党委书记职务，承包的山地获得出乎意料的经济效益。叶康松如今已成为美国康龙集团董事长兼总裁，其“康松”牌西洋参几乎席卷了整个内地市场。

1990—2000 年富豪榜：外贸和农业繁荣。1992 年，邓小平开始了南方谈话，先后赴武昌、深圳、珠海和上海视察，中国经济增势踏上腾飞的节奏。

1993年大规模的职工下岗，中国经济中，国有企业占据经济的绝对比例，然而由于管理落后等诸多原因一直效率低下，众多国有企业面临改革开放后带来的一系列冲击，不得已进行重组后的必要改革措施引起职工下岗。1997年爆发亚洲金融危机，1997年和1999年香港和澳门分别回归。在这巨大变化的十年，有的人靠赚政策空子发了财，可以看出1990中国富豪榜上的部分人锒铛入狱。剩下的有人参与了90年代海南房地产炒作，有人从美国留学回来，开始着手创办互联网。1997年5月丁磊创立网易公司。2000年6月，网易在纳斯达克正式挂牌上市。1999年，腾讯参考ICQ，开发了具有中国风味的OICQ，这也就是QQ的前身。1999年，从中国人民大学毕业不久的刘强东，在北京中关村租了一个柜台，开始售卖刻录机和光碟，柜台名称就叫“京东多媒体”。可以看到：新的财富阶层正在诞生。到了2001年，我们发现中国福布斯富豪榜上已经变成了房地产中信泰富、世茂集团，还有出口外贸相关的万向集团、农业的新希望和通威集团。我们更加清晰地看到：致富首先要合规守法，另外就是看对形势，踩对风口。

2000—2010年：地产和制造称霸。2000—2010年这十年对中国影响比较大的是2001年中国加入WTO，同年，美国遭遇了9·11恐怖袭击，2003年经历了“非典”抗疫。2005年人民币汇改采取弹性汇率机制。2006—2007年中国经济飞速增长出现了过热现象，2007年中国上证指数创下6124点历史新高，至今过去14年仍未突破。2008年中国成功举办奥运会，中国人扬眉吐气站上了全球舞台。紧接着美国爆发了次贷危机，中国政府推出了“四万亿”刺激政策重振经济，也为后面十年房地产的飞速发展打下了基础。

表9-2 2002年中国福布斯排行榜

排名	身价（亿美元）	姓名	企业
1	8.5	荣智健	中信泰富
2	7.8	许荣茂	世茂集团
3	6.0	孙广信	新疆广汇
4	5.7	鲁冠球	浙江万向
5	5.6	陈丽华	香港富华国际
6	5.4	刘永好	新希望集团
7	5.4	叶立培	仲盛集团
8	4.8	刘永行	东方希望集团

续表

排名	身价（亿美元）	姓名	企业
9	3.6	郭广昌	复星集团
10	3.6	刘汉元	通威集团

数据来源：福布斯杂志。

我们发现到了2010年，中国福布斯富豪榜上榜的变成了食品的娃哈哈，房地产相关的龙湖地产、恒大集团，制造业里的三一和比亚迪，互联网的百度和腾讯。我们可以看到，这十年期间，登顶富豪榜的，大部分都是因为看对了房地产和互联网这两个风口。2000年是中国商品房刚启动的元年，2000年也是美国互联网传入中国的元年，大量从美国留学回来的优秀人才创办了中国的门户网站，他们就是之后赫赫有名的百度李彦宏，网易丁磊、搜狐张朝阳。当然也包括出国开阔了眼界，创办了阿里巴巴的马云。

表9–3　2010年中国福布斯排行榜

排名	身价（亿美元）	姓名	企业
1	534	宗庆后	娃哈哈集团
2	480	李彦宏	百度
3	394	梁稳根	三一集团
4	380	张近东	苏宁电器
5	360	李锂	海普瑞药业
6	334	何享健	美的集团
7	327	刘永行	东方希望集团
8	314	吴亚军	龙湖地产
9	294	马化腾	腾讯
10	284	王传福	比亚迪
11	280	许家印	恒大集团

2010—2020年：科技富豪初露锋芒。2010年，欧债危机爆发，中国经济伴随着货币收紧也开始减速。2014年党中央提出了“万众创新，万众创业”，2013年经历了“钱荒”，2014年降息拉开了股市牛市的序幕，2015年大盘冲到6月的5178点戛然而止开始下跌，2016年，中国开始了严格的供给侧改革，打掉落后产能，青山绿树也是金山银山，环保污染治理和PPP成为大家关心的重

点，2018 年开始了金融去杠杆，股市大熊市，美国也发起了对中国的贸易战，2019 年特朗普对贸易战加码，中国货币政策边际宽松，开始了股市的牛市。2020 年 2 月新冠肺炎疫情暴发，由于中国政府处置得当，疫情很快得到了控制，中国经济加速抢占全球市场份额，这又加速让中国登顶全球强国的宝座。到了 2020 年底我们发现，中国首富变成了卖矿泉水的农夫山泉 CEO 钟睒睒，腾讯的马化腾以 4800 亿元身价位居第二，拼多多增长迅猛黄峥以 4500 亿元身价位居第三，马云 3600 亿元身价位列第四。可以看出，富豪榜大部分是与互联网相关的，因为过去 10 年，也是中国互联网 + 飞速发展的 10 年，新晋富豪拼多多和美团都是 2010 年之后才成立的新秀。另外，消费行业也诞生了很多富豪，包括农夫山泉、美的集团、牧原股份、海天味业等。值得关注的是，科技行业人才首次崭露锋芒，比如宁德时代的 CEO 曾毓群首次登顶香港地区首富，还有爱尔眼科和智飞生物的 CEO 也榜上有名，可以看出：科技企业的上升速度很快，未来将有越来越多的科技型人才上榜，这样我们国家才有希望，才有核心竞争力。

三、从香港华人富豪看他们如何获得财富

1. 李嘉诚（地产 + 电信 + 电力），317 亿美元

李嘉诚（1928 年 7 月 29 日—），汉族，出生于广东潮州潮安县，祖籍广东潮汕地区，长江和记实业有限公司及长江实业集团有限公司资深顾问。连续 21 年蝉联香港首富。

1947 年，李嘉诚到一家五金厂当推销员，20 岁的李嘉诚便升任塑料花厂的总经理。1950 年，年仅 22 岁的李嘉诚用平时省吃俭用积蓄的 7000 美元在筲箕湾创办长江塑胶厂。1958 年开始投资地产。1972 年，“长江实业”上市。1979 年购入老牌英资商行“和记黄埔”，1984 年长江实业又购入香港电灯公司。2015 年收购英国第二大移动电信运营商 O_2。

2. 李兆基（地产），300 亿美元

李兆基，1928 年 2 月 20 日出生于广东顺德大良。他在家中排行第四，故

有“四叔”的称号。香港地产发展商，恒基兆业、中华煤气主席、新鸿基地产发展有限公司副主席。李兆基家族是香港四大家族之一。1958 年，李兆基和冯景禧、郭德胜等八人合股组成永业公司，开始涉足地产生意。1975 年，香港股市开始复苏。李兆基成立了自己的公司——恒基兆业有限公司。1996 年元月，北京恒基中心封顶，成为京华又一美景。

3. 郑家纯（新世界地产 + 周大福），221 亿美元

郑家纯，籍贯广东顺德，出生于香港，郑裕彤长子。现任新世界发展集团（香港股票代号：00017.HK）董事会主席，新世界中国地产有限公司主席兼董事、总经理。1985 年，郑裕彤以周大福名义购入澳门自来水有限公司 42% 的股权及澳门电力公司 20% 的股权，1997 年把权益注入新世界基建。

4. 杨建文（伯恩光学），186 亿美元

伯恩光学是全球最大的玻璃面板生产商，全球市场占有额超过 60%。目前伯恩光学的年收入已经达到了 400 亿元，而蓝思科技只有 107 亿元。2021 年，杨建文以 186 亿美元身价位列香港富豪榜第四名。杨建文与夫人林惠英共同持有伯恩，该公司也是全球最大的两家智能手机制造商——苹果和三星电子防护屏的最大供应商之一。2007 年，苹果手机推出了第一代的苹果手机，杨建文马上找到苹果合作，伯恩光学开始了真正的腾飞。

5. 吕志和（嘉华集团 + 银河娱乐），148 亿美元

吕志和，广东新会人，祖籍新会大泽镇吕村。朝鲜战争爆发后，吕志和开始贩卖机械和吉普车，1963 年吕志和购买了大批采石机械，专注于石矿生意，博得“石矿大王”的称号。1977 年，香港政府推售尖东首幅填海地皮，吕志和抓住机会开发了“海景假日酒店”，之后吕氏的海景假日酒店身价倍增，成为新一代的“酒店大亨”。吕志和旗下包括两家香港上市公司——嘉华国际集团有限公司（股票代码：0173）及银河娱乐集团有限公司（股票代码：0027）。吕志和的身家大部分来自持有澳门赌牌的银河娱乐，占比达到了 42%，而其家族持有银河娱乐六成半股权。银河娱乐旗下有澳门星际酒店、澳门银河综合度假城、还有三家赌场。

6. 李文达（李锦记蚝油 + 地产），174 亿美元

李文达，广东新会人，香港“蚝油大王”李锦记第三代传人。2020 年 4 月 7 日，李文达以 152 亿美元财富位列“2020 福布斯全球亿万富豪榜”第 65 位。1945 年，李文达开始帮忙照料家族生意，每天踩着单车给城中各大酒楼送货。彼时李锦记蚝油在广东餐饮业已经名头很响，主要是因为品质高、定价贵，专攻高档酒楼。经过两代人的努力，正是在第三代李文达的开拓经营下，李锦记真正实现了全球化企业的腾飞。

7. 吴光正（船王女婿，九龙仓地产），170 亿美元

吴光正，1946 年 9 月 5 日出生于上海，祖籍浙江宁波慈溪。已故船王包玉刚的女婿，九龙仓集团原主席。2020 年 2 月 6 日，吴光正凭借 116 亿美元的身家位列“2020 年香港 50 大富豪榜单”第 8 位。吴光正的父亲是曾在德国留学的建筑学博士。1973 年与船王包玉刚的次女包陪容结婚，1975 年在包玉刚旗下的环球船运集团出任董事。1981 年包玉刚成功从英资怡和洋行手中收购九龙仓集团控制权。包玉刚逝世后，吴光正于 1986 年至 1994 年期间出任九龙仓集团主席，此外，吴光正还拥有一家私有的高端奢侈零售品牌连卡佛。

8. 刘銮雄（地产），135 亿美元

刘銮雄，1951 年出生于香港，祖籍潮州，人称大刘，是广东潮州人。刘銮雄 1978 年与友人梁英伟创办爱美高公司，以生产吊扇为主，赚取了人生财富的第一个亿。后来，靠“刘氏股市狙击手”的名声大振。1987 年刘氏开始进入中国内地房地产市场，建设了北京丽京花园及其后的北京希尔顿饭店。

9. 邝肖卿（新鸿基地产），150 亿美元

邝肖卿，籍贯广东省花都市，新鸿基地产创办人郭得胜的夫人，香港女首富。2021 年 2 月 25 日，邝肖卿以 134 亿美元财富位列“2021 福布斯中国香港富豪榜”第 9 位。20 世纪 50 年代末，拉链服装应运而生，“鸿昌”独家代理日本“YKK”拉链厂的经销权，因此赚了一大笔钱。

10. 蔡崇信（阿里巴巴），125 亿美元

蔡崇信，祖籍浙江省湖州市南浔区双林镇，出生于中国台湾，耶鲁大学法学院法学博士学位，阿里巴巴集团的创办人之一。蔡崇信于 1999 年加入公司，并于当年作为先遣部队成立阿里巴巴集团香港总部。曾任阿里健康非执行董事，现任阿里巴巴集团执行副主席，NBA 中国董事会成员。

四、从澳门及台湾地区华人富豪榜看他们如何获得财富

1. 何鸿燊（博彩），170 亿美元

何鸿燊（1921 年 11 月 25 日—2020 年 5 月 26 日），广东宝安人，出生于香港，港澳地区知名爱国工商界人士，澳门旅游娱乐有限公司、信德集团有限公司、澳门博彩股份有限公司创办人，有“澳门赌王”之称，是何东爵士弟弟何福的孙儿之一，何世光儿子，在家中排行第九。何鸿燊拥有犹太、荷兰、英国、中国多个民族血统，按照何东家族的传统祖籍跟随母系的广东宝安。

至 2011 年，其旗下的企业包括：澳门博彩控股有限公司、香港新濠国际集团、香港信德集团有限公司、澳门国际机场专营公司、王牌国际、澳门诚兴银行等。2013 年 4 月，继拿下通州综合体项目后，其控制的信德集团以 12.9 亿元的价格收购了北京二环东直门黄金地段的写字楼当代节能大厦。

2. 魏应州（台湾，顶新国际集团），72 亿美元

魏应州，1954 年生于中国台湾，据传说魏应州在一次大陆的旅行中，发现火车上竟然没有碗装的泡面（据说泡面本身就是台湾人发明的）。于是到天津投资建厂，创立康师傅品牌。打造出了一个横跨方便食品、饮料、糕点、西式快餐及零售业的“航空母舰”式企业集团——顶新国际集团，成为台商在大陆成功的典范。

3. 蔡宏图（国泰金控），71 亿美元

蔡宏图，男，汉族，1952 年出生于台湾地区苗栗县竹南镇，但从小在台

北新门町长大，台湾国泰金控董事长，目前霖园集团旗下最主要的金融企业乃国泰金融控股股份有限公司。蔡宏图对外最常使用的名衔即国泰金控董事长。1974 年于台湾大学法律系毕业，赴美深造，于 1978 年获得美国南美以美大学法律博士学位。

4. 蔡衍明（旺旺食品集团），70 亿美元

蔡衍明，中国台湾企业家，号称“米果大王”。旺旺食品集团的主席，行政总裁兼执行董事。他于 1987 年 4 月继承父业而成为旺旺食品集团主席。同时，旺旺集团版图不断扩张，不但开起大陆第一家台资医院，更积极建构横跨两岸的连锁饭店体系。

5. 郭台铭（鸿海精密 + 富士康），69 亿美元

郭台铭，1950 年出生于中国台湾，祖籍山西晋城，企业家，台湾企业鸿海精密（下属富士康科技集团）创办人。郭台铭父亲是郭爱物，今山西省晋城市泽州县人。黑白电视机刚刚在台湾地区兴起，郭台铭就从制造黑白电视机选台的按钮做起。1985 年，成立美国分公司，创立 FOXCONN（富士康）自有品牌。1988 年，郭台铭在深圳成立了广东深圳富士康精密组件厂，生产电脑周边接插件。

第十章
从海外华人富豪看获得财富的规律

一、马来西亚华人富豪成功的经验

众所周知：马来西亚 1957 年 8 月 31 日独立，是一个自然资源特别丰富的国家，是世界上最大的天然橡胶、棕榈油出产国，马来西亚地属热带地区，盛产椰子、可可等热带产物。东南亚的大部分贸易都是由中国人带领做起来的，在马来西亚最富有的大部分是华人。为什么马来西亚华人富豪这么多？在封建社会，人们为了摆脱贫穷，都选择下南洋。外出做生意的这些人，大多数都是南方人。因南方土地贫瘠，不适宜种植粮食，只能种植一些茶叶，为了生存，无奈之下这些人只能背井离乡，去别的地方谋生。旧社会的时候，中国还没有崛起，许多的国家，都看不起华人，他们走到哪儿都没有一席之地，只好下南洋去了比较近的新加坡，当时这个地方又穷又破，无处可去的人家，就在这里住了下来。第二次世界大战结束以后新加坡也就独立出来。为了可以在马来西亚安居乐业，人们就开始就地取材，利用国家的物资和自己优秀的大脑，开始贸易往来赚钱。

马来西亚是个特殊的国家，因为他们有九个王室，国王是从九个皇室中挑选出来的。马来西亚一共有 13 个州，其中沙巴和砂拉越这两个州在南海的东边，其他 11 个州在南海的西边。这 13 个州中有 9 个是拥有王室的，各王室的统治者被称为“苏丹”或“拉惹”。而最高元首，正是从他们之中产生的。这个特殊的制度，正是想平衡 9 个王室之间的利益。但是最高元首只是名义上的一号人物，国家大部分主权掌握在首相手里，国王主要的工作就是外交出访。说完马来西亚的国王制度，再说说马来西亚的人口组成，56% 是马来人，23% 是华人，7.3% 是印度人，0.7% 是其他种族。马来西亚四分之一的人口是华人，掌握着整个国家的经济命脉，十大首富中有 8 位是华人。让我们接下来认识他们中的前 6 位。

1. 郭鹤年，香格里拉 + 益海嘉里，马来西亚首富

郭鹤年祖籍是中国福建，出生于马来西亚的柔佛州新山市，是马来西亚当地最有名的企业家。素有“酒店大王”以及“亚洲糖王”之称。长期以来一直是马来西亚当地的首富，在 2018 年凭借着 134 亿美元的资产强势登顶，是第二名的两倍，2019 年福布斯全球亿万富豪榜排名第 104 位，财富值 128 亿美元。郭氏集团涉及各个行业，控制着马来西亚 80% 的原糖市场以及世界原糖市场的 20%。包括香格里拉大酒店、南华早报、金龙鱼等都是其旗下资产。郭鹤年常年居住在香港，他也跟李嘉诚、郑裕彤等人是好朋友，和另外两人一起被称为华人五大富豪。

2. 郭令灿，丰隆集团（地产酒店等）

郭令灿，1944 年出生于新加坡，祖籍福建泉州同安。马来西亚华人企业家，郭芳枫之侄。他的父亲郭芳来是新加坡丰隆集团创始人郭芳枫的长兄。在郭令灿声名鹊起之前，郭氏家族和丰隆集团已经扬名东南亚。在 1944 年创办丰隆集团，至今丰隆集团旗下有着 100 多家企业，是马来西亚最大的法人企业之一，拥有 13 家上市公司。2020 年 2 月 26 日，以 590 亿元人民币财富名列“2020 世茂深港国际中心 · 胡润全球富豪榜”第 230 位。

3. 郑鸿标，大众银行（PBB）

郑鸿标，1930 年出生于新加坡，是马来西亚华人银行家。祖籍广东潮州。是大众银行有限公司（PBB）的创始人。郑鸿标 1966 年获得马来西亚政

府迄今颁发的最后一张银行牌照，自此，这位在银行界打拼多年的职业经理人开始了自主创业。郑鸿标博士荣获首次颁发的“亚洲金融服务发展卓越贡献奖”。当时的马来西亚，公众还没有储蓄习惯，郑鸿标从获取公众信心入手，推出一系列举措，从而培养了大批中小储户，如今大众银行已成为马来西亚第二大银行，并被誉为马来西亚“最佳银行”，郑鸿标也在“2019 福布斯马来西亚 50 富豪榜”排名第 3 位。2020 年 4 月 7 日，以 35 亿美元财富位列“2020 福布斯全球亿万富豪榜”第 538 位。

4. 林国泰，云顶集团

林国泰是传奇华人林梧桐的次子，毕业于英国伦敦大学，专业木工工程。后来加入马来西亚云顶集团，控制云顶集团 41.35% 的股权。“2019 福布斯马来西亚 50 富豪榜”排名第 7 位。2020 年 2 月 26 日，林国泰家族以 110 亿元人民币财富名列“2020 世茂深港国际中心 · 胡润全球富豪榜”第 1805 位。林国泰是身家千亿的富二代，坐拥几十艘豪华邮轮，却只喜欢搭地铁，从不带保镖，林国泰也是丽星邮轮的创始人，正是他改写了亚洲无高级邮轮的历史。

5. 李深静，工业氧气集团（IOI）

李深静，马来西亚籍，出生于 1939 年 6 月 3 日，祖籍福建永春县东关镇。幼年家境贫寒，卖过冰棒、在加油站当过伙计。1982 年白手起家，创立 IOI 集团（工业氧气集团），以棕油、精细化工、房地产为三大支柱打拼自己的企业王国，成为马来西亚的“棕油大王”。他早年从事房地产及工业氧气，后来发展油棕业，成为马来西亚最大的上市种植公司，业务包括油脂化学、炼油、产业发展和娱乐休闲事业等。2019 年福布斯全球亿万富豪榜排名第 325 位，财富值 54 亿美元。2019 福布斯马来西亚 50 富豪榜排名第 5 位。

6. 曾立强，金界娱乐

曾立强，马来西亚人，祖籍东莞凤岗镇，是金界娱乐的创始人。他经营博彩、房地产、能源、娱乐影视业。曾立强早在 20 多年前就从马来西亚到柬埔寨投资，创办了金界娱乐城。曾立强有“柬埔寨赌王”之称，是东莞客家籍人的当代首富。2019 福布斯马来西亚 50 富豪榜排名第 6 位。在 2020 福布斯马来西亚富豪榜中以 53 亿美元财富值位列第 4 名。

二、泰国华人富豪成功的经验

泰国富豪2020排行榜也有8位上榜者的财富逆势上涨，其中能量饮料“红牛”的创始人许书恩名次上升至榜单第2。财富增长最多的是上市公司Gulf Energy创始人、能源巨头萨拉特·拉塔纳瓦迪，其财富上涨16亿美元，榜单名次不变，依旧第5。

表10-1　2020年福布斯泰国富豪排行榜前十

排行	姓名	行业	公司	祖籍	年龄	财富值（亿美元）
1	谢氏兄弟	食品	正大集团	广东汕头	/	273
2	许书恩	能量饮料	红牛	海南文昌	69	202
3	苏旭明	酒+地产	Sura Makeras	广东汕头	75	105
4	郑氏家族	零售	中央洋行集团	海南文昌	/	95
5	萨拉特	能源	海湾能源	泰国	54	68
6	阿亚瓦特	免税店	王权免税	泰国	34	38
7	普拉查克	涂料	TOA涂料	泰国	76	31
8	奥萨沙努格拉	饮料	Osotspa饮料	华裔	66	30
9	侯业顺	保险+饮料	泰国人寿保险	广东潮州	88	28
10	皮托派夫妇	摩托车贷款	Chuchat摩托车贷款公司	泰国	66	26.5

资料来源：福布斯杂志。

由此可以看出：泰国富豪榜前10里有6个是华人，而且都是广东潮汕+海南文昌，下南洋创业做大的。分析其中原因，可能是广东、海南一穷二白，没资源，还刮台风。反而丰饶的东北黑土地，煤炭资源丰富的山西，目前还没有诞生伟大的企业家。伟大的事业和奇迹，很多都是在艰难的条件下，最大化激发人的积极性而产生的，说明人的潜力非常大，正如始于意大利的文艺复兴，带动了整个欧洲的崛起。

1. 谢氏兄弟（农业食品巨头——正大集团）

正大集团是泰籍华人、著名潮汕企业家谢易初和谢少飞兄弟创办的知名跨国企业，在中国以外称作Charoen Pokphand Group（卜蜂集团）。经过几十年的发展，正大集团业务遍及 20 多个国家和地区，下属 400 多家公司，员工人数近 20 万人。

2. 许书标（红牛集团）

许书标（1922—2012 年），男，泰国“饮料大王”，是红牛（Red Bull）饮料创办人，1922 年生于海南文昌宝芳乡坑尾园村。20 世纪 70 年代，许书标的工厂研制出一款内含水、糖、咖啡因、纤维醇和维生素 B 等成分的“滋补性饮料”，取名为“红牛”。很快覆盖了东南亚和西欧、北欧各国市场。许书标成为泰国不负众望的“饮料大王”。

3. 苏旭明（泰国酿酒业巨子）

苏旭明，泰国酿酒业巨子，祖籍广东汕头澄海。他生于泰国，勤奋好学，聪明机敏。祖籍广东汕头的苏旭明，1944 年出生。他拥有 Sura Makeras（象牌啤酒）和 Sura Thrp 两家泰国最大的酿酒厂及集团，出品的“夜孔”“凤通”“盛颂”“盛贴”的酒驰名国内外。

4. 郑氏家族（中央洋行集团）

郑心平为首的郑氏家族是泰国企业界十八家族之首，整个家族共有独资与合资企业约 500 家，是东南亚最大的华人商业集团。中央集团，也称尚泰集团，始创于 1927 年，迄今已近百年历史。目前，旗下主要事业版图除起步的主业“尚泰零售”，尚泰餐饮集团（CRG）外，还延伸到地产开发，如泰开发集团（CPN），这家集团拥有并管理着 32 家高档购物中心、7 栋写字楼、2 家酒店和 4 栋住宅。

5. 侯业顺（保险业巨子）

侯业顺执掌泰国本土最大的保险王国“泰国人寿保险”帅印逾 70 年，他还是泰国酒精饮料业“五虎将”之一，他因雄厚的财富常年霸占着泰国富豪榜。侯业顺出生于 1931 年，他来自泰国华人家庭，祖籍潮州。14 岁时，侯业顺在街上卖香烟，后来卖大米。

三、菲律宾华人富豪成功的经验

在 2019 年度全球亿万富豪榜发布的同时，菲律宾的十大富豪也新鲜出炉。之前蝉联菲律宾首富达 11 年之久的华商零售之王——施至成先生辞世，首富易主。但菲律宾富豪榜前 10 中施至成先生的子女占了三个位置（8、9、10），福建籍占了 8 位。这些企业家发展经历都很相似，随父母来到菲律宾，白手起家。努力踏实，从小小的生意开始做起，直至富甲一方。对菲律宾国家的贡献是毋庸置疑的，而且在大陆也投资了很多实业。

1. 施至成，SM 集团

施至成是菲律宾多年的首富，菲律宾 SM 集团创始人。SM 集团名字来历是：第二次世界大战结束，菲律宾光复以后，施至成开了一间叫“Shoe Mart”（鞋庄）的鞋铺，SM 两字就来源于此。施至成在第二次世界大战之后，依托鞋业在菲律宾白手起家，并通过鞋业进入百货业，又通过百货业进入到大型购物中心领域，一路环环紧扣，步步为营，取得了一连串的商业辉煌。

2. 陈永栽，银行航空烟草啤酒大王

陈永栽，祖籍福建省晋江青阳，陈氏于 1977 年收购了联盟银行，现已成为菲律宾第八大商业银行。在菲律宾，他的名下拥有“银行大王”“航空大王”“烟草大王”“啤酒大王”等多项桂冠，身为菲律宾华商总会名誉理事长的他，是商界的传奇人物，更是富可敌国的菲律宾“王中王”。2019 福布斯菲律宾富豪榜排名第 6 位。2019 年福布斯全球亿万富豪榜排名第 436 位，财富值 44 亿美元。

四、新加坡富豪成功的经验

2020 年新加坡十大富豪公布，首富依然是海底捞的老板张勇，第二富豪也是刚刚移民新加坡的李西革。李西革是中国最大呼吸机厂家迈瑞医疗的老板，资产也超过了 150 亿美元。2021 年以来李西革的身家是一路暴涨。

在新加坡的十大富豪中，9 个富豪都是华人，只有排名第四的是萨维尔林，他是 FACEBOOK 的创始人之一。新加坡排名第三的富豪吴清亮，他是李嘉诚的老乡，也是著名的涂料大王。排名第五的富豪黄志祥是地产大王，祖籍福建，他的父亲被人誉为“乌节地王”。新加坡富豪我们重点介绍一下榜首的吴清亮。

吴清亮，祖籍潮州市潮安县浮洋镇大吴村，是立邦油漆的 CEO。2019 年 8 月，吴清亮获“2019 福布斯全球亿万富豪榜”第 203 位。2020 年，吴清亮以 148 亿美元财富位列“2020 福布斯新加坡富豪榜”第 3 位。1927 年出生于新加坡。吴清亮早年丧父，与母亲李秀英以及姐弟相依为命。吴清亮 14 岁就开始在社会打拼，最初他在一家小作坊，从事油漆工。1949 年，英国拍卖第二次世界大战剩余物资，其中有一批废油漆及废料，几乎是无人问津。吴清亮以非常便宜的价格买来后，一边自己摸索废物利用，一边翻找化学书籍、请教化学老师，结果把这批二手的各种溶剂颜料和化学品混到一起，调制出鸽牌油漆。1955 年，吴清亮设立他的第一间油漆店。其属下公司 300 多个，分布世界数十个国家和地区。20 世纪 60 年代初，由于吴清亮本人既有技术又有知识，被日本著名老字号油漆制造商“日本漆”（Nippon Paint）看上，决定合资经营油漆生意。1962 年，双方合资创办了立时集团，其中，由吴清亮掌控的私人公司吴德南集团，持股 60%，日本漆公司，占股 40%。

五、北美华人富豪成功的经验

美国是海外华人最多的国家，占到了海外华人的 7%。在美国的华人华裔当中，不少都是美国成名的富豪。可以说华人华裔在美国的商界有着巨大的影响力。

1. 黄仁勋（英伟达半导体）

黄仁勋，美籍华人，NVIDIA（英伟达）公司创始人兼首席执行官，1993 年创办 NVIDIA（全球最大显卡芯片厂商）。黄仁勋为人不张扬，国内很少有人知道这位杰出华人的成功之路。1993 年 NVIDIA 正式成立。此后，英伟达持续不断地推出更高性能的 GPU，逐渐击败了众多竞争对手，成为视觉计算领域的老大，而黄仁勋也成了硅谷最年轻的亿万富翁。

2. 黄馨祥 / 陈颂雄（医药）

黄馨祥又叫陈颂雄，他出生在南非，曾成立阿博瑞斯生物科技公司，开发抗癌药蛋白结合型紫杉醇。黄馨祥目前个人财富 98 亿美元，位列 2020 年融创中国第 91 位。陈颂雄本来不过是一个医生，后来却下海创业。陈颂雄创办了几家医药公司并且全部出售，获得了巨大的成功，获利数十亿美元。

3. 孙大卫（金士顿科技公司 COO）

孙大卫是金士顿（Kingston）科技公司 COO，身价 65 亿美元，位列 2020 年融创中国第 95 位。金士顿公司成立于 1987 年，总部位于美国加州芳泉谷，是专门生产存储用 DRAM 模组的公司，在全球拥有超过 2400 名员工。被美国财富杂志评为“美国最适宜工作的公司”。

金士顿从 1987 年的单一产品的生产者，发展到拥有 2000 多种储存产品，支持计算机、服务器和打印机到 MP3 播放器、数字相机和手机等几乎所有的使用储存产品的设备。1996 年 8 月 15 日，日本软件银行以 15 亿美元购买了金士顿 80%的股份。1999 年 7 月，杜纪川和孙大卫以 4.5 亿美元购回软件银行所持有的 80%的金士顿所有权。在美国硅谷众多的车库创业者中，孙大卫的故事是最为精彩者之一。他所创办的金士顿，像极了乌托邦的理想国。对内，不强调预算控制等繁文缛节，将心比心，以独特的人情味创造出员工自主管理文化；对外，“做生意就是做人”“OK，就这个价钱，赔钱也跟您做。”视承诺为最关键的原则。

六、海外华人成功规律总结

首先看一下中国现代史的四次移民潮。

第一次移民潮是偷渡。发生在 19 世纪末和 20 世纪初，这时候不叫移民而叫偷渡、下南洋。福建、广东一带的居民掀起了一场浩浩荡荡的“下南洋”运动，数以百万的中国移民涌向东南亚诸国。他们带去了大量华夏文明。欧洲列强统治南洋各区域时期希望引华人去开发，加之中国几次大乱，讨生活的移民出现了洪流。明末、清朝和民国时期，中国人去东南亚经商（海上丝绸之路）、打工乃至迁徙到东南亚（起初的主要动因是建立和统治印尼的荷兰当局来华南招工），规模巨大，纳土纳群岛就是华人建立的。

中国人长期处于中央集权状态下的农耕文明中，这使得他们有着足够的忍耐力来适应新的环境，并且向地球的任何一个角落移民。由于南美洲高产作物的引进，以及农业技术的日趋成熟，中国的人口开始呈现爆炸式增长，在 19 世纪末已经达到 4 亿人口。而在整个古典时期，中国的人口数量一直无法突破 1 亿这个关口。人口的压力使得处于中国核心区的农民，开始向帝国范围内的边缘地区大批移民，如东北平原、蒙古高原。这也造就了诸如闯关东、走西口这样带有强烈移民色彩的社会现象。而对于帝国南部那些多山的省份来说，人口压力也并不低于北方。不过这些地区与帝国的那些边缘地区相比在地理上过于遥远，因此，向海外扩散成为最佳的选择。

第二次移民潮是国门刚打开。发生在 20 世纪 70 年代末期，改革开放才刚刚开始，经历了十年并不理想的生活后，中国人渴望改变自己贫穷的生活状态。而国门打开，在看到国内外的差距的时候，内心是震撼的。而贫穷的状态以及对摆脱贫穷的渴望，成为走出国门的动力。

第三次移民潮是留学移民。这次移民潮发生在 80 年代到 90 年代，移民的主力是留学生。高晓松曾在他的节目里描述过那波留学风潮的狂热："当年您要能出国留学生，您知道是什么待遇吗？就是您拿着签证跟录取通知书，随便走进北京任何一家著名的文科大学，当时就能把校花带走"。当然这个说法太夸张，但可以侧面反映了当时的热闹。

第四次移民是投资移民。从 2010 年开始，这一波移民潮中，内生动力已经不再是贫穷以及想象，出国对于一些人来讲已经完全没有新鲜感和想象空间，而移民的动力更加多元化。

据估算，华人拥有的流动资金多达 3000 亿美元左右。华人巨富中有 15 人被称为"世界之王"。这些华人巨富为什么能在事业上取得如此非凡的成就？在致富的道路上有哪些共同的规律可循？俗话说：他山之石可以攻玉。对这些问题进行分析研究，对于我国当前转换企业经营机制、建立现代企业制度是具有很重要借鉴意义的。早期比较成功的华侨大多数是福州人、广府人和潮州人等。也许他们很多来自大陆的沿海各大城镇，在教育上和经济上都比客家人好，在教育上有成就和做大企业的大多是这类人。客家人是在六七十年代才开始赶上。但在政治方面，客家人倒有不少成就，建立马来西亚首都的是一位客家人叶亚来，新加坡的前任财政部部长韩修生和总理李光耀就是出名的客家人。

早期的华侨在生意方面可大概如此分类：福州人和潮州人，大多做粮米杂货等。福州人大多做修理自行车、理发、轮胎生意等。广府人做的生意比较杂，很多是开餐馆，金铺和洗衣店等。海南人很多做小餐馆、小旅馆和咖啡店等。客家人则从事药材店和洋货布料店等。但是大多数的客家人都是在乡下和矿场里干活。当年马来西亚、新加坡和婆罗洲是英国殖民地，因此，人们都很重视英语教育。因为客家人大多数是住在乡村，大多数受中文教育，在城市的其他华侨比较有机会受英语教育，因此，做官员和做大企业管理的大多数是外籍人（非客家人）。客家人如要继续深造，唯有去当年的新加坡南洋大学或者去台湾地区的大学深造。问题是受过中文教育的人们被当年的英政府和现今的马来政府歧视，文凭不被承认，只好到一般的中国人的小企业拿小薪水过活，或借点钱，搞小企业，从小做大，许多客家人就这样搞出一个天下。

（1）热衷教育。无论是第一批偷渡去国外的华人，还是20世纪70年代刚打开国门出国的华人，大部分文化程度不高，大多都是穷怕了，想去更繁华的海外闯一闯，改变命运。他们去了异国他乡，人生地不熟，文化也不相通，很多人刚开始都投奔老乡，从事低端劳动，吃尽了苦头。他们看到了有文化和没文化的人在海外的薪酬差距，因此就下定决心要教育好自己的下一代，不让他们再受苦，过自己的辛苦生活。因此，无论多苦多难，他们对子女的教育都很重视，这是改变命运最快的方式。对于90年代留学移民的一批人来说，他们代表着中国的精英阶层，他们本身在美国进入了高等学府，接受了高等教育，大部分人都留在美国高校任职，或者大公司就业，他们本身就是教育的受益者，富起来的这批海外华人对自己子女的教育有过之而无不及。对于第四次移民潮投资移民的这批人，他们大部分在中国大陆已经发财或者小有成就，去国外想给子女更好的教育，因此，他们普遍很重视教育，去海外会购买好的学区房，对子女的教育投资比重很大。比如美国华人首富黄仁勋，他是英伟达半导体的创始人，1984年于俄勒冈州立大学取得电气工程学位，其后在斯坦福大学取得硕士学位。再比如说，雅虎的CEO杨致远于1990年以优异的成绩进入斯坦福大学。该校的电机系是硅谷神州的组成部分，他就选修电机工程，只花了四年，他就获得了学士、硕士学位，1994 年 4 月创立雅虎互联网导航指南。由此可见，接受良好教育不仅可以提升自我学识能力，还能有更多的机会结识到优秀人才，与优秀的人为伍，能够相互成就，有助于更快成功。

（2）良好家风。我们通过总结海外华人的致富经验，可以看出第一批富起来的人哪怕他们父母没钱，但是他们的家风都很严格，要求他们做人要品行端庄。父母对他们要求严格，从小就要求他们知道赚钱不易，通过自己的双手去打拼，他们中很多人从小就进入父辈或者亲戚的公司打工，言传身教下，学会了很多本领，“诚信、厚道、坚持、拼搏”是这代人身上的深刻烙印，也是事业成功非常稀缺的要素。他们为自己将来的二次腾飞，打下了坚实的基础。比如菲律宾 SM 集团施至诚的经商之道。他常说，一件事情决定之前，都要“停三停”。如果一件事情能够经受住“停三停”的压力，那么这件事情的成功就没有问题。已贵为世界超级富豪的施至成，生前始终保持着华人企业家传统的朴素、艰苦作风。不但自己生活简朴，而且从小就教育子女要节俭。外出吃饭，即使席上只剩下两个丸子，他都会要求打包。施至诚生前对子女的家教很严，要求子女们一定要会说福建话。再比如说马来西亚首富，香格里拉 + 益海嘉里的 CEO 郭鹤年，他的成功和成就跟他的为人处世理念分不开。他认为，第一要做人低调。郭鹤年深受儒家文化影响，低调做人，自己虽然是首富，但是从来不炫富，不高高在上，非常节俭，接地气。第二要借势而为，不让合伙人吃亏。郭鹤年之所以能将企业从一家个体工商户发展为跨国集团，跟他的借势而为，不让合伙人吃亏的理念分不开。他的每一个领域的投资，都有合伙人，而且这些合伙人都是在该领域有着非常丰富资源的人。在《郭鹤年自传》里，郭鹤年说：“只要做到谦虚、正直、不欺诈、不乘人之危，这世界上就有做不完的生意。

（3）吃苦耐劳。一般华侨和在海外的客家人成功的主要原因是他们能吃苦耐劳，毕竟在海外，受尽歧视，刚开始能出卖的就是自己的劳动力。欧美人普遍比较懒惰，很多生意都不愿意付出辛苦劳动，以意大利为例，意大利人从每天早上 9 点工作到晚上 8 点，其中下午 1 点至 4 点为午餐时间。银行只在上午营业；商店通常由 9 点营业至下午 2 点，再由下午 5 点营业至晚上 8 点。而勤劳的中国人早上 8 点开门，晚上 10 点关门。比别人劳动时间长，所以很快生意做大了。比如马来西亚大众银行的郑鸿标，他年轻时先是做厨师，接下来是兜售钟表、眼镜、蔬果等，他做过包括任何可以改善生活的职业。这些经验，让郑鸿标学到“苦干”两个字。1950 年起在华侨银行任职。1960 年在吉隆坡任马来西亚银行副经理，1964 年升任总经理。1966 年获马来西亚政府颁发执照，创立大众银行，任董事长兼总经理。郑鸿标拥有该行 37.6% 股权。大众银行的子公司——大众金融公司在马来西亚金融公司中居第三位。70 年代起向工业、房地产业、保险业及采矿业等领域发展。从这里我们可以看出，无论做什么，将来做多大事业，吃苦耐劳是成功必备的条件之一，正如链家董事长左晖先生说的“坚持做难而正确的事”。这个世界上没有人随随便便成功，您能轻松看到的机会别人一定也看到了，而往往通向成功的道路很崎岖坎坷，需要您吃苦耐心，辛苦付出，最终很多坚持不下来的人倒下，而您会变成踩着别人肩膀爬上胜利宝座的人。

（4）眼光好。如果说光靠劳动拉不开财富差距的话，眼光或者财商是海外华侨成功最主要的秘诀之一，这种财商不仅体现在他们到海外做生意的眼光，还包括在海外和中国两地来回做贸易的眼光，无非是把海外优质的东西卖给国内，或者把国内物美价廉的东西卖给海外。比如说，马来西亚金界娱乐的 CEO 曾立强，他首先看中了石油项目，他计划好在柬埔寨的暹罗湾进行石油勘探项目。但是在 1993 年又出现了一个机会，当时柬埔寨国内局势逐渐稳定，联合国监督选举后，新政府开放了赌场牌照登记。他在 1994 年通过私人持股的 Ariston 公司，参与西哈努克地区水上娱乐城的国际招标。几经运作，他成功地赢得了赌场牌照的竞标。曾立强拿到手的，是由柬埔寨皇家政府于 1995 年授予的，持有柬埔寨为期 70 年的赌场经营牌照。再比如说泰国红牛集团的 CEO 许书标。在 20 世纪 70 年代，许书标的工厂研制出一款内含水、糖、咖啡因、纤维醇和维生素 B 等成分的“滋补性饮料”，取名为“红牛”。当时“红牛”的目标销售群体是倒班工人和卡车司机等蓝领，帮助他们在通宵熬夜工作时保持清醒。“红牛”推向市场后大受欢迎，很快覆盖了东南亚和西欧、北欧各国市场。成为泰国不负众望的“饮料大王”。还有泰国酿酒业巨子苏旭明，1993 年他选择了丹麦名牌啤酒嘉士伯，一下子占领泰国啤酒市场 30% 的销量，使他确立了泰国酿酒业巨子的地位。

第十一章
新中国四次发财机会：
您抓住财富了吗？

一个人的一生中所能够获得的机会，理论上来讲只有三次。因为一个人的寿命比 60 年长一些，能够完整经历一次康波周期，如果能够把握住康波周期中 3 个短周期的任何一个，那么就能够实现财富自由。如果每一个机会都没抓到，您肯定一生的财富就没有了。新中国成立至今 70 多年，一共有四次发财的机会，您抓住了吗？

一、新中国经济增长的四个阶段：都给了我们获得大量财富的机会

1949 年新中国成立后至今，中国经济经历了 4 个阶段，经济增长动能经历了四次转换：

第一次动能是开放带来的更大市场和资本。在 1978 年以后制度初步放开，计划经济松动，经济增长主要源自中国更多地参与到全球经济中，以及以华侨为首的外资注入，自此进口替代、出口导向发展模式一直维持约 30 年。

第二次转换是 1994 年市场经济全面开启，从供给端给企业和个人激励，配合出口导向战略，经济活力进一步释放。

第三次动能转换是商业模式的创新：互联网浪潮中诞生的百度、阿里、腾讯。中国加入 WTO，融入全世界贸易体系。

第四次动能转换是科技创新：从 2019 年贸易战开始，打响了中国科技自主创新之路，随后证券市场大刀阔斧改革，推进注册制，未来十年大量做硬核科技的公司会获得更多的机会。

表 11-1　中国经济的四个阶段

新中国成立后中国经济四个阶段	经济特点
第一阶段（1950—1970 年代）	抗美援朝 + 自然灾害，经济低迷
第二阶段（1980—1990 年代）	尼克松访华，改革开放，亚洲金融危机，工人下岗，IT 泡沫
第三阶段（2000—2010 年代）	加入 WTO，出口加速，经济腾飞
第四阶段（2010—2020 年代）	供给侧改革，金融去杠杆，经济调结构，科技创新

二、新中国第一次致富机会：1980—1990 年靠下海和胆子大

1949 年新中国成立后是一穷二白，经历了朝鲜战争，四年灾荒，经济毫无起色，还停留在农业社会。1980—1990 年对中国最重要的两次改革：一个是小岗生产队开始的家庭联产承包责任制，一个是邓小平南方谈话拉开了中国改革开放的序幕。但在这巨大变化的十年，有的人靠钻政策空子发了财，可以看到 1990 年中国富豪榜上的大部分人后来都锒铛入狱。80 年代最早致富的人，大多数抓住了两种机会：第一个是公务员下海，第二个是价格双轨制。

1. 80 年代公务员下海（1978—1985 年）

1983 年国家出台了停薪留职的通知，80 年代出现过一次公务员下海潮，史玉柱等人成了第一批下海的人。进入 90 年代，正是计划经济转向市场经济的关键阶段，为了打破国有企业死水一潭、员工不思进取的思维定式，在南巡过后出现了第二次公务员下海潮，仅仅在 1992 年当年就有 12 万公务员辞职从商，另外有 1000 万公务员停薪留职。

公务员在 90 年代薪水并不高，福利也并不比工厂强多少，甚至比工厂

效益好的工人都要矮半截。比如警察这个专业报考的人就很少，当时远没有如今这么火爆，比起来反倒是进工厂做工人，不断地提升技能级别更有前途。本身是机关在编，虽然停了工资，但保留岗位，一旦投入商业不成功还可以回来，这一政策极大地促进了公务员发展市场经济的积极性。而停薪留职造就了“92 派”，大批有编制的知识分子开始经商，现在的汇源集团、万通集团、华泰保险都是“92 派”的创业成果。

2. 价格双轨制（1985—1990 年）

价格双轨制是指同种商品国家统一定价和市场调节价并存的价格管理制度。因同时实行计划调节和市场调节两种运行机制而形成。双轨制是中国经济从计划经济向市场经济转型过程中所采取的一种特殊制度安排，是 1979 年至 1993 年间中国所实施的渐进式增量改革（体制外优先改革）战略的一个重要特征。

中国工业生产资料价格双轨制是在 1979 年价格改革以来逐步发生与发展的。国务院于 1981 年批准对超过基数生产的原油，允许按国际市场价格出口；1983 年批准对石油、煤炭超产部分实行加价出售；1984 年批准工业生产资料的超产部分可在加价 20% 以内出售；1985 年取消了原定不高于 20% 的规定，超产部分允许按市场价格出售；1988 年对主要工业生产资料规定了最高限价；1989 年对橡胶、炭黑等工业生产资料的双轨价格“并轨”，即把两种价格并为一种价格，有的商品并入国家定价，有的商品并入市场调节价。

价格双轨制具有两重性，既有积极的作用，又有消极的作用。一方面，它是实现中国价格模式转换的一种很好的过渡形式。它开辟了在紧张经济环境里进行生产资料价格改革的道路，推动了价格形成机制的转换，把市场机制逐步引入国有大中型企业的生产与交换中，促进了主要工业生产资料生产的迅速发展。另一方面，在经济过热，供求矛盾尖锐、计划价格与市场价格之间高低悬殊的时候，某些不法之徒，大搞权钱交易，钻双轨制价格的空子，时而将平价的商品转为市场出售，时而又将市场的商品变为平价商品，通过这种“平转议”或“议转平”，从中渔利，大发其财，成为暴发户。随着改革的不断深入，市场经济的建立和不断完善，价格双轨制正在逐渐缩小，直至消失。

改革开放初期，为了缓解巨大的商品供需矛盾，中国曾试行把同一商品分成计划内和计划外两种，在计划内以较低的价格出售，在计划外则按市场价格出售。这就是“价格双轨”。于是，有官员将计划内商品卖给黑市，从中赚取差价，“官倒”“倒爷”正是在这种背景下产生的。这种寻租活动获得了巨额垄断回报，今天，当人们讲到“资本”的原罪时，总也离不开“价格双轨”。

3. 最早下海经商成功的大佬都有谁？

自古以来，当官和经商两条道，当官不经商，经商不当官。据《史记·循吏列传》记载，春秋时期鲁国的国相公仪休吃了自家种的蔬菜后，觉得味道很好，就“拔其园葵而弃之”。他看见老婆织的布匹质量很好，就烧毁了织布机，还把老婆赶出门。他这么做是因为，他认为当官的不能和百姓争夺其他产业，即所谓的“当官不经商”。

但从 20 世纪八九十年代开始，情况开始有变化。八九十年代时，公务员可以“停职留薪”、下海经商，经商不顺还可以重回单位上班。而且那时由于时代红利，体制外的机会遍地都是，下海经商也就成了一股热潮。

比如接下来这几位公务员就是辞职创业的成功人士。第一位是叶澄海：曾任深圳市副市长、广东省委常委，于 1985 年辞职下海，现任 A 股上市公司信立泰的董事长。第二位是陈生，1984 年毕业于北京大学经济学院，获得经济学学士学位，曾任职于广州市委办公厅和湛江市委办公室。1990 年跟随下海狂潮辞职经商，做过房地产，卖过酒、卖过猪肉，如今是天地壹号的董事长。第三位是樊建川，1993 年辞去四川省宜宾市副市长职位，不仅通过创建房产开发公司赚了几十亿，还通过建造博物馆满足自己对文物的信仰。

当然还有比较有名的潘石屹、陈东升、冯仑、俞敏洪等。

潘石屹：SOHO 中国的董事长。1963 年 11 月 14 日出生于甘肃省天水市。大学毕业后到国家石油部工作，1987 年开始在深圳和海南开始了房地产生涯。1989 年，随同牟其中来到海南省。1990 年，同冯仑等在海南省合伙成立了海南农业高科技联合开发总公司（万通前身）。1991 年 8 月，成立万通公司，高息借贷 1000 多万元炒房地产，在海南省第二波经济热潮中半年多赚取 1000 多万元。1995 年，潘石屹与妻子张欣共同创立了 SOHO 中国有限公司。

陈东升：泰康保险集团创始人。1957 年出生于湖北天门，1983 年 7 月毕业于武汉大学经济系，先后创办嘉德拍卖、宅急送、泰康人寿保险股份有限公司三家企业。陈东升早期在对外经济贸易部做研究工作，1993 年创办中国第一家具有国际概念的中国嘉德国际拍卖有限公司；1994 年创办国内著名物流公司宅急送；1996 年创办泰康人寿保险股份有限公司（现泰康保险集团），任董事长兼首席执行官至今。

冯仑：万通实业董事长。1959 年出生于陕西省西安市，西北大学经济管理学院毕业，是恢复高考后第一届正式大学生。中共中央党校法学硕士、中国社会科学院法学博士学位。1984 年至 1991 年期间先后在中央党校、中宣部、国家体改委、武汉市经委和海南省委任职。1991 年开始领导并参与了万通集团的全过程创建及发展工作。1993 年，领导创立了北京万通实业股份有限公司。之后参与创建了中国民生银行并出任该行的创业董事，未来论坛创始理事。

俞敏洪：新东方教育集团创始人。1962 年 9 月 4 日出生于江苏省江阴市夏港街道。1976 年，俞敏洪初中毕业，毕业后并没有上高中，而是回农村去了。因为当时政策是贫下中农的子女一家只能有一个人上高中。俞敏洪的姐姐是高中毕业。1980 年，第三次参加高考，才考入北京大学西语系，本科毕业后留校任教；为了赚钱，俞敏洪在校外办班开始赚课时费。1990 年，北京大学对俞敏洪的创收行为很不满，给予了处分，在列举处分理由中，其中之一是，打着北大的名义私自办学，影响了教学秩序。1991 年俞敏洪从北大辞职，1993 年创办北京新东方学校，2006 年带领新东方在美国纽约证交所上市。

三、新中国第二次致富机会：1990—2000 年靠外贸和农业

1990—2000 年外贸和农业繁荣。这十年是中国改革开放深入发展的十年，是中国农业飞速发展的十年，凡是做外贸和农业相关的人，大概率都发财了，中间还穿插了海南的房地产泡沫。到了 2001 年，我们发现中国福布斯富豪榜上已经变成了做外贸的叶立培和鲁冠球，房地产中信泰富、世茂集团，还有出口外贸相关的万向集团、农业的新希望和通威集团。

1. 外贸的繁荣

1992 年，邓小平先后赴武昌、深圳、珠海和上海视察，中国经济增势踏上腾飞的节奏。特别是中国的义乌小商品城。义乌之所以能够成功，主要原因有如下几点：第一，义乌历经多年积累，拥有各种小商品大小供应商，绝

对是全国乃至全世界最全的，价格从低档到高端，不怕找不到，就怕您想不到，因此，义乌就是世界贸易的集散地。第二，义乌拥有上千家外商直接采购商驻扎在市区，上万家从事外商采购的大小外贸公司，物流绝对是国内最发达的，城市周边分布着上千家大小物流公司，基本能到各个省地级县，及港澳台、太平洋周边国家。第三，离深水港宁波、上海近，那么这 2 个地区的各种大小外贸公司都会云集到义乌来采购。第四，义乌政府深知经商之道，市场规划，城市规划相当有一套，所以让义乌外贸的发展如虎添翼。第五，阿里巴巴的横空出世，让电子商务变得可靠、可信，尤其是支付宝的出现。淘宝让国人几乎癫狂，贸易从此重新洗牌。要说贸易，最杰出的当属阿里巴巴的马云，把外贸生意做到全球。除此之外，浙江温州、义乌、丽水，2000—2010 年靠外贸和小商品致富的商人不胜枚举，比如曾经登顶福布斯的叶立培和鲁冠球。

叶立培，仲盛集团 CEO。他曾经是一名数学教师，在 1979 年移居澳大利亚。在那里的 10 年中，他通过做纺织贸易积累了第一桶金。正当 1989 年深圳房地产价格开始滑坡的时候，他大胆地在那里进行了大手笔的地产投资。从 90 年代初开始投资的重点转向上海，到目前已经累计开发了 100 万平方米的房地产项目。

鲁冠球，万向集团 CEO。1945 年出生于浙江省萧山区宁围镇，1969 年 7 月，带领 6 名农民，集资 4000 元，创办宁围公社农机厂。鲁冠球于 70 年代末期创建了万向，他把当时的一个生产农业机械的小作坊，发展成了中国第一个为美国通用汽车公司提供零部件的 OEM。1994 年，集团核心企业万向钱潮股份公司上市。

2. 农业的火爆

1990—2000 年这十年农业大发展，诞生了中国两大首富，新希望的刘永好，以及通威集团的刘汉元。

刘永好，新希望集团 CEO。1951 年 9 月出生于四川成都。毕业于德阳机械制造学校，刘永好的创业实践始于中国改革开放全面起步的 1982 年。当时他与自己的三位兄长一道，辞去其在政府部门、教育机构和国有企业的公职，到四川成都新津县农村创业。他们变卖手表、自行车等家产，筹集 1000 元人民币开始参与，之后积累了 1000 万元并在 80 年代末期转向饲料生产。随后的8年时间里，他们以自己的努力让企业滚雪球式地发展，创出了中国最大的本土饲料企业集团——希望集团，1996年，得益于党和政府关于多种经济成分共同发展的政策推动，刘永好组建了新希望集团。

刘汉元，通威集团CEO。1964年12月生，四川省眉山市人。1981年9月至1986年，在眉山市水电局工作，先后任技术员、助工、工程师、高级工程师。1984年，刘汉元发明了“渠道金属网箱式流水养鱼”，1986年，刘汉元办起了西南地区第一个渔用配合饲料加工厂——眉山市渔用配合饲料厂（通威集团的前身）。1992年，刘汉元在眉山建起了一座现代化的大型饲料厂——四川通威饲料有限公司。2004年3月2日，刘汉元领导的通威股份正式在上交所上市。2006年，刘汉元领导的通威正式进军新能源产业。2019年，其领导的通威集团已发展成为以农业、新能源为双主业，并在化工等行业快速发展的大型跨国集团公司，系农业产业化国家重点龙头企业。

四、新中国第三次致富机会：2000—2010年靠地产和制造

1. 当中国人口红利遇上了WTO，制造业的造富机会

2000—2010年这十年，是中国人口红利释放的十年，是中国房地产市场飞速发展的十年。这十年，也是中国加入WTO后，制造业和出口腾飞的十年，抓住这两个机会的人，都有可能快速致富。

WTO推动中国制造业辉煌：2001年11月10日，世界贸易组织（WTO）第四次部长级会议作出决定，接纳中国加入WTO。而2001年底中国正式加入WTO后，中国丰富而又廉价的商品遇上了全球疯狂的购买力，造就了一批致富神话。在2000—2010年这十年，是中国制造飞速发展的十年，中国加入WTO后，一卡车的皮鞋换回一颗芯片，本质上是中国廉价的人口红利释放，推动了房地产和制造业的繁荣，凡是能抓住这两个机会，大多都能发财。

人口红利造就了地产周期：中国1977年恢复高考，2000年左右，80年代出生的青壮年进入社会，他们有的身强力壮，有的学习了知识和技术，成为社会生产劳动的主力军。2000—2010年这十年，正好是1980—1990年这十年出生的人口进入社会的十年，当时每年新生儿仍然保持在2200万人的高水

平，这些人成家立业后，买房需求爆发，推动了中国房地产市场长达20年的牛市。1996年的房地产行业，已陷入巨额亏损的死水潭之中。为了缓解这个问题，国家又提出要让住宅建设成为新的经济增长点和消费点，住宅建设取代了商品房。亚洲金融危机于1997年爆发，我国经济开始出现“通货紧缩”，房地产行业再一次陷入低谷、濒临崩溃。政府于是开始投身于救市，1998年7月3日，国务院下发《关于进一步深化城镇住房制度改革加快住房建设的通知》（23号文），指出“1998年下半年开始停止住房实物分配，逐步实行住房分配货币化”，启动商品房市场。

2003年的“非典”全面爆发对中国经济影响严重，全国房产成交量呈现直线下降趋势，2004年房价同比涨幅达到14.4%，紧接的着就是国家宏观调控。2008年四万亿让地产再次疯狂了一把。2011年二套首付提高，伴随着“新国八条”公布。国家层面于2016年提出了“房子是用来住的而不是用来炒的”新定位，并于国庆前夕再度出手——“限购限贷，限售限价”。2020年新冠肺炎疫情，全球释放了天量货币，国内疫情好转后，从深圳开始到上海浦东再到北京海淀，炒房和学区房炒作再次开始，国家也针对性地加大了调控政策。从巨大的疫情面前，依然坚持“房住不炒”来看，中国房地产辉煌的时代过去了，未来恢复房子居住的本来功能和定价。

2. 房地产造富了一批人

2019年全球房地产富豪榜中，有7名来自中国。中国拥有139名全球最成功的房地产企业家，稳居世界第一。他们的总财富为5530亿美元。许家印作为中国恒大集团董事局主席以2500亿元蝉联世界首富，李嘉诚、李兆基以2000亿元、1800亿元紧追其后。2019年，61岁的许家印成为全球房地产首富。恒大2019年销售额超过5500亿元，销售面积达5244万平方米。

香港首富91岁的李嘉诚以2000亿元位居房地产榜第二。李嘉诚主要财富积累来自香港的房地产，改革开放后进入内地。自五六年前起，逐步减少内地地产业务，并出售内地和香港持有的物业，套现金额超千亿元。与此同时，转投欧洲，尤其是英国，开始了新一轮的全球战略布局，主要围绕在基建、零售、能源、电讯等行业进行投资。91岁的李兆基以1800亿元位列第三。恒基地产致力于建设新型住宅及商业项目，主要持有如香港国际金融中心、北京环球金融中心等城市商业地标，以及豪华住宅如天汇、尚汇和迎海等物业项目。美国房地产首富 86 岁的唐纳德·布伦以 1150 亿元位列第六。布伦的欧文公司专注于房地产开发，业务主要集中在加利福尼亚州的欧文市。英国房地产首富 28 岁的休·格罗夫纳以 1150 亿元并列第六，是榜单上最年轻的房地产富豪。2016 年，他继承了父亲的遗产。他也是英国乔治小王子的教父。美国总统唐纳德·特朗普以 205 亿元位列房地产富豪榜第 82 位。从居住地来看：香港以 25 位 10 亿美元房地产富豪位居全球首位，其次是深圳（17 位）和北京（15 位），广州以 14 位位列第四，上海以 12 位位列第六，此外，重庆、台北和佛山也进入前十名，其中佛山有 5 人均来自碧桂园。

表 11–2　2019 年全球房地产富豪榜

公司	姓名	身价（亿元）
恒大集团	许家印	2500
长江实业	李嘉诚	2000
恒基实业	李兆基	1800
碧桂园	杨惠妍	1600
尚泰集团	郑昌家族	1300
美国 欧文	唐纳德·布伦	1150
万达集团	王健林	1150
英国 格罗夫纳	格罗夫纳	1150
新世界	郑家纯家族	1150
华人置业	刘銮雄家族	1100

资料来源：《2019 胡润全球房地产富豪榜》。

3. 未来中国房价预测：以平稳为主

中国房地产经历了 20 年粗犷式飞跃发展，目前进入成熟期。而且房子上涨本质上和人口周期密切相关，过去 20 年是中国人口出生的高峰期。房价长期看人口流入情况，中期看土地供应速度，短期看金融或者说房贷利率和调控政策。

2019 年全球房价排名中：全球最高的是摩纳哥的蒙特卡罗，房价达到 38 万元 / 平方米，摩纳哥是法国的殖民地，主要语言是法语，只有 2 平方公里大，而且 0.5 平方公里还是填海造田的结果，人口密度达到 3.8 万人 / 平方米，全球人口密度第二大。对比中国广州市 7000 平方公里 1500 万人，梵蒂冈 0.4 平方公里 800 人。蒙特卡罗房价之所以这么高，是因为博彩和旅游业发达，而且不收个人所得税，变成了全球富人避税的天堂。

全球主要城市中核心区房价均价较高的是中国香港（32 万元 / 平方米）、伦敦（27 万元 / 平方米）、纽约（24 万元 / 平方米）、日内瓦（16 万元 / 平方米）、悉尼（16 万元 / 平方米）、新加坡（15 元万 / 平方米）、巴黎（11 万元 / 平方米）。再对比一下，中国深圳南山区房价均价 18 万 ~20 万元 / 平方米，其中深圳湾一号均价高达 30 万元 / 平方米。上海黄浦区核心区房价 20 万元 / 平方米，其中汤臣一品均价高达30万元/平方米。北京海淀区和西城区的核心区房价均价 18 万 ~20 万元 / 平方米，其中顶级学区房均价高达 20 万 ~ 30 万元 / 平方米。可以看出，中国核心城市房价和全球顶级城市核心区房价已经持平甚至超越了，而中国人均 GDP 或者说核心城市人均收入距离全球顶级城市水平还有差距，由此可见，中国房价上涨空间已经不大。

表 11–3　全球主要 80 个城市房价收入比

房价收入比高的城市	房价收入比	房价收入比低的城市	房价收入比
香港	46	大阪	10.5
深圳	43	柏林	9.8
北京	41	里昂	9.1
德黑兰	41	墨尔本	9.0
孟买	40	旧金山	7.6
金边	36	波士顿	7.0
上海	36	迪拜	4.7
台北	36	费城	4.0
天津	35	芝加哥	3.8
泰国	27	约翰内斯堡	3.5

数据来源：IMF。

中国房地产已经出现明显泡沫，只能靠时间慢慢消化。2018 年，中国居民住房资产配置占比为 56.9%，明显高于英国、日本、美国、德国这些典型的发达国家。与国际相比，2018 年中国住房市值为 47 万亿美元，明显大于美国的 26 万亿美元、日本的 10 万亿美元、英法德三国合计的 28 万亿美元。从住房市值与 GDP 的比例看，2018 年中国为 356%，高于美国的 126%、日本的 208%、德国的 238%、英国的 320%、法国的 341%。在 1990 年代，日本房地产泡沫破灭前，住房市值与 GDP 比例一度高达 391%。

作者预测，未来中国房价大概率是“整体平稳 + 严重分化”的走势。主要理由是：

（1）需求端：人口已经过了高增长期，进入人口老龄化时代

2020 年后出生的小孩，独生子女居多，他们一出生就会自然继承父母和爷爷奶奶、姥姥姥爷的房子，大概平均有 3 套房。等他们长大成人后，根本不需要买房。而且最近几年新生儿人数一直在下滑，公安部发布的人口数据显示：2020 年出生并进行户籍登记的新生儿共 1003.5 万，猛跌 400 万人，其中男孩 529 万，占 52.7%，女孩 474.5 万，占 47.3%。从 2016 年到 2020 年，中国每年的出生人口为：1786 万、1723 万、1523 万、1465 万、1003.5 万。在 2020 年我国育龄妇女的生育率仅为 1.3，处于一个相当低的水平。在 2020 年公共卫生安全事件极大地增加了分娩的不确定性，这也使得生育率在 2020 年出现了新低。从以往其他国家的数据中可以得出结论，当一个国家生育率过低时，将非常难以回升，就拿我们邻国日本和韩国来说，在生育率低于 1.5 以后生育率长期处于一个低迷的状态。

（2）政策端：国家对房地产调控态度坚决，房住不炒深入人心

目前中国房地产已经出现明显的泡沫，楼市泡沫只有在连续加息之后才会被捅破，就是大家都承受不了高的资金成本了，才会抛售资产，引发下跌。当初日本 1990 年的连续加息，刺破了房价泡沫，导致日本房价整整跌了 20 多年，日本进入了痛苦的“失去的二十年”，中国政府比较聪明，汲取了日本的经验教训，采取的是“稳房价”的策略，依靠时间和经济增长来缓慢地减小房地产泡沫。我们可以看到，国家调控房价的决心非常大，哪怕是 2020 年疫情冲击了经济，国家也没有放松房地产调控，只要涨价的城市，随后必然出台政策打压。

（3）资金端：金融市场更多地支持股市，限制房地产融资

在“房住不炒”政策下，基金业协会叫停了基金子公司备案房地产供应链类产品，主要为购房尾款资产。此前，通过基金子公司等资管计划作为通道的“非标”融资形式一直存在，但近期基金业协会窗口指导机构要求暂停此类产品备案。近几年，随着房地产融资渠道如银行信贷、私募资管计划、

委托贷款、银信合作和海外债等的步步收紧，供应链融资越来越成为企业补充资金来源的重要方式，特别是三条红线以来，该方式可以有效帮助房企降低有息债杠杆。

除了对供应链金融逐步收紧，2020年以来，国家多次出台房地产融资新规推行行业降杠杆，其中包括“三道红线”、贷款集中度管理、严控房地产信托规模等。2020年8月，住房城乡建设部发布重点房地产企业资金监测和融资管理规则，外界称之为“三道红线”。总的来看，此次监管层面对非标供应链产品的限制主要是对房地产非标融资方面的进一步规范化，结合近期在购房尾款资产证券化等方面做出的政策限制来看，这也是在当前“房住不炒”的主导思想下加强房地产融资规范。

（4）未来中国房价会分化：主要看人口流入+城市产业

作者预测：未来中国房价会分化，人口净流入的城市，科技企业占比比较高的城市，一线城市核心区房价还是继续上涨。大概率涨幅和GDP增速差不多，或者和国家投放货币增速M2的同比增速差不多。未来几年我国GDP同比增速也就在5%~6%区间，M2的同比增速也在6%~8%区间。其他人口净流出的城市，以传统制造业为主GDP增长缓慢的城市，一、二线城市非核心区以及三、四线城市的房价以平稳或者微跌为主，可能连物价CPI都跑不赢。

表11–4　最近10年人口净流入和净流出的前十个省市

	人口流入前十	净流入（万人）	人口流出前十	净流出（万人）
1	广东	2937	河南	–1549
2	浙江	1417	安徽	–1016
3	上海	1017	四川	–732
4	北京	797	贵州	–715
5	江苏	616	广西	–682
6	新疆	299	湖南	–675
7	天津	281	江西	–520
8	福建	257	湖北	–402
9	海南	71	黑龙江	–369
10	辽宁	69	河北	–302

数据来源：国家统计局。

①看 GDP 规模及 GDP 增速

2020 年 GDP 前十名城市分别是上海、北京、深圳、广州、重庆、苏州、成都、杭州、武汉和南京。23 个城市的 GDP 超过了万亿元大关，比上年增加了 6 个，分别为泉州、济南、合肥、南通、西安和福州。6 个城市的 GDP 超过 2 万亿大关，比上年增加一个，即苏州。2020 年 GDP 50 强城市的经济总量为 549138.55 亿元，占全国的比重为 54.05%，比上一年提升了 0.49 个百分点。50 强城市最低的 GDP 为 4601.97 亿元。相比 GDP 总额，更重要的是 GDP 增速，代表这个城市的经济增速，也是财富增长的速度，最终会体现在整体房价里。我们可以看到主要城市里，2020 年 GDP 增速排名靠前的是：西安、福州、济南、南通、南京等。

表 11–5　2020 年 GDP 前 10 强城市

	城市	2020 年 GDP（亿元）	和 2019 年比增长率
1	上海	38700	1.7%
2	北京	36102	1.2%
3	深圳	27670	3.1%
4	广州	25019	2.7%
5	重庆	25002	3.9%
6	苏州	20170	3.4%
7	成都	17716	4.0%
8	杭州	16106	4.0%
9	武汉	15616	–4.7%
10	南京	14817	4.6%

资料来源：wind。

②看各城市科技含量

光看一个城市的 GDP 和 GDP 增速还不够，因为这代表着过去。未来国家财富的流向是由房地产行业到科技行业，城市和城市的竞争主要看科技企业的数量。我们把各城市上市公司中科技公司总市值加总，得到中国城市科技公司市值排名，深圳居然第一，如果华为上市，那会将第 2 甩得更远。就广东本土大企业数量而言，深圳、广州遥遥领先，佛山单独第二梯队，东莞领衔第三梯队。

表 11–6　2020 年各城市科技型上市公司总市值排名

	城市	科技股总市值（亿元）	和 2019 年比增长率
1	深圳	106399	69%
2	北京	84842	91%
3	杭州	66707	21%
4	上海	62880	145%
5	广州	15052	114%
6	无锡	10891	169%
7	宁德	8911	271%
8	连云港	8076	52%
9	苏州	6787	102%
10	长沙	6501	158%

数据来源：wind。

③看人口净流入排名

据《全国第七次人口普查公报》显示，广东全省人口 1.26 亿人，2020 年比重位列全国第一。根据国家统计局近期公布的相关数据以及部分城市的统计公报，当前人口净流入最多的十个城市分别是上海、深圳、北京、东莞、广州、天津、佛山、苏州、宁波和杭州，全部来自三个经济圈，其中珠三角 4 个、长三角 4 个、京津冀 2 个。人口净流入是指常住人口与户籍人口的差值，常住人口大于户籍人口，就说明该城市人口处于净流入，反之则为净流出。

表 11–7　第七次人口普查中人口增长较快的前 10 个大型城市

	城市	第七次人口普查（万人）	与上次普查比人口增长（万人）	增长率
1	重庆	3205	320	11%
2	上海	2487	185	8%
3	北京	2189	228	12%
4	成都	2094	689	49%
5	广州	1868	598	47%
6	深圳	1756	714	69%
7	天津	1387	93	7%
8	西安	1295	448	53%
9	苏州	1275	229	22%
10	郑州	1260	397	46%

数据来源：国家统计局。

从净流入总量来看，上海、深圳、北京、东莞和广州位居前五，这其中除了东莞之外，其余均为一线城市。其中上海的人口净流入达到了958.84万人，总量位居全国第一。根据2019年上海市统计公报，2019年年末，全市常住人口总数为2428.14万人。其中，户籍常住人口1450.43万人，外来常住人口977.71万人。人口是房价上涨的基础，一个城市人口净流入越多，代表这个城市未来潜在的购买力越旺盛。从这个角度说，大城市里上海、深圳的房价增速将跑赢北京。二线城市里，相对看好西安、成都和长沙。

五、新中国第四次致富机会：2010—2020年靠互联网

工程师红利的爆发：中国互联网造富浪潮。2000—2010年这十年，做房地产的商人都发财了，持续买房的个人都发财了。但我们看2020年胡润中国富豪榜，前十名已经没有地产公司老板了，从2017年开始的严厉的房地产调控政策，叠加金融去杠杆，终于勒住了中国疯狂房市的缰绳，而财富转移也在悄悄发生：由房地产行业到科技行业。2020年胡润富豪榜上，有5位是科技行业，3位是消费行业，1位快递行业，1位石化行业。中国首富变成了卖矿泉水的农夫山泉CEO钟睒睒，腾讯的马化腾以4800亿元身价位居第二，增长迅猛的拼多多CEO黄峥以4500亿元身价位居第三。

1980—1990年每年的新生儿平均约2200万人，他们大部分接受了九年义务制教育，其中一半以上进入了大学或者职业学校，这批人2010年正式进入社会工作生活，成为中国的主力军，工程师红利开始释放。这时候叠加3G和4G技术的普及，从智能手机、Pad、个人电脑、电商、直播、VR/AR等新技术、新应用层出不穷，如果说2000—2010年登顶中国富豪榜的腾讯是把人和人连接起来，百度是把人和商家地址连接起来。那么从2010年后爆发的微信、美团、抖音、快手、拼多多、滴滴就是更好地把“人—物—商家”三个完整地连接起来，形成闭环，商业模式也发生了重大变迁。马云最早的中国黄页和阿里巴巴是B2B，把企业和企业连接起来，之后的淘宝是B2C和C2C，把企业和客户连接起来，到了2015年之后，大数据的普及，抖音、快手、美团、拼多多、滴滴的诞生，是C2C和C2M的繁荣。

美团：2010年3月4日，王兴推出美团，当时中国在搞团购百团大战，

2011 年中国团购网站超过 5000 家，美团通过融资烧钱撑了下去。2008 年成立的饿了么与阿里巴巴合作，2018 年收购了百度外卖。当年美团和饿了么各占 30% 市场，但美团打败了饿了么，获得了 70% 的市场。2020 年 8 月，美团外卖更是宣布其订单量突破4000万个，市场份额直逼70%。背后的原因是：①美团有腾讯的支持，腾讯是美团的大股东，这样就造成美团既不缺流量，也不缺金钱，所以它可以超越饿了么。②美团不仅仅包含外卖，它还包含本地生活服务与逐渐兴起的同城物流，而饿了么的形式太过于单一，除了送外卖几乎没有别的。③国人的上网方式决定了美团与饿了么的差距，比如大部分人喜欢用微信支付，因为微信支付在表面上看着非常方便，所以很多人会选择美团，毕竟美团在支付上是优先支持微信支付的。

2015 年 7 月，美团收购酷讯，布局酒店旅游、完善产业链的脚步将不断加快。2018年4月，美团收购摩拜单车。2018年9月20日，美团登陆港交所。2020 年 Q_3 财报显示，美团年度交易用户 4.8 亿，用户平均交易笔数 26.8 笔，活跃商户 650 万。2020 年美团收入 1148 亿元，同比增长 17.7%，实现净利润 47.1 亿元，同比增长 110%。公司市值一度突破 2 万亿元。

快手：快手是北京快手科技有限公司旗下的产品。快手的前身，叫“GIF 快手”，诞生于 2011 年 3 月，最初是一款用来制作、分享 GIF 图片的手机应用。2012 年 11 月，快手从纯粹的工具应用转型为短视频社区，作为用户记录和分享生产、生活的平台。后来随着智能手机的普及和移动流量成本的下降，快手在2015年以后迎来市场。2016年3月，快手完成C轮融资，由百度领投，红杉资本、晨星资本等跟投，当时估值为 20 亿美元。2021 年 2 月 5 日，快手正式在香港交易及结算所有限公司上市，市值一度突破一万亿元。快手 2020 年全年营收 587.8 亿元，市场预期 593.82 亿元。2021 年一季度，快手的中国应用程序及小程序的平均日活跃用户达到 3.792 亿，同比增长 26.4%，环比增长 20.0%。而快手应用平均日活跃用户及平均月活跃用户则在 2021 年第一季度分别达到 2.953 亿及 5.198 亿。2021 年一季度，快手的平均月付费用户为 5200 万。

字节跳动 + 抖音：北京字节跳动公司成立于 2012 年 3 月，字节跳动的全球化布局始于 2015 年，“技术出海”是字节跳动全球化发展的核心战略，其旗下产品有今日头条、西瓜视频、抖音、火山小视频、皮皮虾、懂车帝、悟空问答等。回顾公司发展里程：2012 年 8 月，字节跳动旗舰产品今日头条 1.0

版本上线，2016 年 9 月，字节跳动旗下抖音短视频上线，2017 年 5 月，抖音海外版 TikTok 上线，2017 年 8 月，字节跳动旗下懂车帝上线。2018 年 10 月 24 日，字节跳动 Pre-IPO 轮融资完成，投前估值达到 750 亿美元。2019 年 9 月，字节跳动完成对互动百科的收购，持股 100%。2021 年 5 月 20 日，字节跳动创始人张一鸣发布内部全员信，字节跳动联合创始人梁汝波将接任成为新 CEO。字节跳动最火的子公司就是抖音了，2019 年年初，抖音的日活就已突破 2.5 亿，月活破 5 亿。抖音 2021 年日活目标是 6.8 亿。对比而言，淘宝的日活用户仅 2.37 亿，抖音已经成为中国的流量老大。

拼多多：拼多多是国内移动互联网的主流电子商务应用产品，专注于 C2M 拼团购物的第三方社交电商平台，成立于 2015 年 9 月，用户通过发起和朋友、家人、邻居等的拼团，可以以更低的价格，拼团购买优质商品。2018 年 7 月 26 日，拼多多正式登陆美国资本市场，IPO 市值达到 240 亿美元，截至 2021 年 6 月 2 日已经达到 1753 亿美元，增长了近 7 倍。2021 年 2 月 12 日拼多多日活跃用户数达 2.59 亿，史上首次超越淘宝（日活用户 2.37 亿）。2020 年拼多多收入 595 亿元，同比增长 97%，亏损 72 亿元，亏损速度明显放缓，市场预期 2023 年拼多多收入增长至 2000 亿元，开始盈利。

滴滴：滴滴出行是涵盖出租车、专车、滴滴快车、顺风车、代驾及大巴、货运等多项业务在内的一站式出行平台，2015 年 9 月 9 日由“滴滴打车”更名而来。进入 2018 年以来，滴滴不断推进其国际化战略。滴滴加紧国内安全整改的同时，也仍然在拓展日本、巴西、墨西哥和澳大利亚等市场。在大阪的上线也标志着其在 2016 年收购优步中国后，滴滴再一次在亚洲主要市场和优步展开竞争。2020 年，滴滴日活用户突破 4 亿人，2021 年 4 月 13 日，据腾讯《一线》消息，滴滴出行已于北京时间 4 月 9 日晚间向 SEC 秘密提交 IPO 文件，申请在美挂牌。2020 年，滴滴网约车司机收入占乘客应付总额的 79.1%。剩下 20.9% 中，10.9% 为乘客补贴优惠，6.9% 为企业经营成本（技术研发、服务器、安全保障、客服、人力、线下运营等）及纳税和支付手续费等，3.1% 为网约车业务净利润。

第十二章
最好的投资在中国，因为中国崛起是历史的必然

作者见过不少人前几年觉得美国强大，选择移民美国。有的人觉得美元强大，千方百计把人民币换成美元转移出去，结果这几年，人民币反而升值了。转移出国的钱，发现在美国也有没有好的投资去处，有人去澳大利亚和新西兰炒房，结果惹得当地人很不满意。其实，当下最好的投资机会就在中国，可惜很多人看不懂，或者不相信。未来 10 年甚至 100 年最好的投资机会都在中国。我们知道金融是水，是为实体经济服务的。我们的任何投资，最后都会锚定一个实物资产，而实物资产的价值增长，又和这个国家的经济增长密切相关。试问当今天下，哪个大国经济增长速度和增长潜力有中国大？是过去 30 年原地踏步的日本？还是貌合神离陷入欧债危机的欧洲？或者在经济增速在 1% 左右金融危机四伏的美国？很多人因为不相信中国会越来越强大，经济越来越好，整体被外媒报道的中国危机论给吓坏了，所以不敢投资中国。作者在这章就通过历史规律和数据来推论，中国崛起是历史的必然，建议您重仓中国，投资中国，才能在未来获得财富。

一、四大文明古国为何只剩下中国？中国的四大核心竞争力还在

在研究中国能否二次崛起之前，让我们先看看古代中国有多伟大。中国自古就是全球领先的帝国，从 GDP 来看，汉朝中国占全球 GDP 比重为 26%，和当时罗马帝国称霸东西。唐朝 GDP 更是占到全球的 58%。宋代和明朝的 GDP 均占全球 80%，人口 8000 万占全球 40%，宋朝 10 万户以上的城市有 40 个，同时期的伦敦只有 4 万人，巴黎 6 万人。炼钢、矿冶、造纸、印刷、火药、罗盘代表了那个时代的科技最高峰。所以被称作“大唐”和“大宋”是实至名归。到了元朝，成吉思汗开始疯狂开疆扩土，当时顶峰时 GDP 占全球的 35%，国土 1372 万平方公里（1330 年），北边到了北冰洋。中国衰落就是从晚清开始的，即使在 1840 年鸦片战争前，中国 GDP 还占到全球的 35%。

让我们再看看四大文明古国，为什么只有中国保留下了？考古学上对文明的定义有三个标准：城市的出现、文字的出现、复杂礼仪和建筑的出现。回顾人类历史，称得上世界文明古国的只有古中国、古巴比伦、古埃及和古印度，而古罗马文明（公元 753 年前）是以希腊文明为基地染上自己的色彩，希腊文明又是由两河与埃及古文明为基础大幅度改造而成的，不列入四大文明古国。最终完整保留下来的四大文明古国只有中国了，其他文明都被外族消灭或者打散了。

（1）古中国：诞生于黄河、长江，文化没断层，华夏部落最早 8000 年前在当今甘肃的天水还有郑州，仰韶文化遗址就是证明。3000 年前商代开始冶炼青铜，陶瓷，丝织，技术进步，春秋战国百家争鸣，文艺繁荣。

（2）古巴比伦：古巴比伦就是如今的伊拉克，两河流域一带，地处平原易攻难守，古巴比伦诞生了伟大的童话作品《伊索寓言》，诞生了人类历史上最早的药典、月历、两院制议会、学校、文学、神话等。古巴比伦王国（约前 1894 年—前 1595 年）位于美索不达米亚，在这里的人们建立了最早的奴隶制国家，并有先进的铸造技术。在这平原上发展了当时世界上稀有的几大城市，流传最早的史诗、神话、药典、农业历书等。古巴比伦文明是两河流域文明的重要组成部分，两河流域文明还包括苏美尔文明、阿卡德文明、亚述文明等重要组成部分。公元前 18 世纪初，在汉谟拉比领导下，古巴比伦王国崛起。为了强化统治，汉谟拉比制定了世界上古代第一部比较完备的成文

法典《汉谟拉比法典》。古巴比伦文明在公元前 729 年被野蛮的波斯人征服。

（3）古埃及：古埃及文明发源于尼罗河，位于非洲东北部尼罗河中下游（今中东地区），距今 7400 多年，以法尤姆地区为中心开始出现聚落组织城邦进而形成国家，古埃及文明最早形成于约 7450 年前下埃及的法尤姆地区（约公元前 5450 年，终止于公元 639 年），阿拉伯帝国将其伊斯兰化。5150 年前（约公元前 3150 年）南北埃及完成统一，并建立了世界上首个大一统国家，其朝代延续并更迭长达 3000 年之久，一直到公元前 30 年罗马征服埃及托勒密王朝。

（4）古印度：印度的远古文明是在 1922 年才被发现的。由于它的遗址首先是在印度哈拉巴地区发掘出来的，所以通常称为“哈拉巴文化”；又由于这类遗址主要集中在印度河流域，所以也称为“印度河文明”。哈拉巴文化的年代约为公元前 2300 年至前 1750 年。哈拉巴文化是古代印度青铜时代的文化，它代表了一种城市文明。印度西北部的印度河流域分别于公元前 6 世纪中期和公元前 518 年遭到波斯帝国的居鲁士和大流士一世的入侵。古波斯人统治印度西北部将近两个世纪之久，直到公元前 4 世纪后期才一度被来自欧洲东南部的巴尔干地区马其顿的亚历山大所征服。恒河文化昌盛于公元前 1800 至前 600 年间，为印度著名的吠陀时代。从吠陀时代末期（公元前 600 年）到摩揭陀国孔雀王朝（公元前 324 至公元前 187）的 400 多年的佛陀时期，是继印度河文化城市繁荣之后的第二次城市繁荣时期。在这时期里，释迦牟尼创立了佛教。从孔雀王朝开始，即中国的汉代时期传入我国。古印度消失在公元前 1500 年左右，被雅利安人 / 波斯人入侵。

表 12–1　四大文明古国对比

文明古国	古埃及	古巴比伦	古印度	古中国
发源地	尼罗河	两河流域	印度河，恒河	长江，黄河
文明产生时间	公元前 3500 年	公元前 3500 年	公元前 2500 年	公元前 2070 年
文字	象形文字	楔形文字	梵文	甲骨文
天文历法	太阳历	太阳历 + 星期制	太阳历	夏小历
建筑	金字塔 + 狮身人面像	空中花园	巴利赫蒂希尔神庙	青铜器 + 长城
数学计算	等腰三角形面积	圆周率进位法	阿拉伯数字和通用计数法	祖冲之圆周率，勾股定理，十进制

四大文明古国为何只有中华文明得以保留和传承？作者认为主要有四大原因：

①资源禀赋：中国地处暖温带，适应奴隶制/封建制生产要求，黄河、长江两河孕育了中华文明。

②地理位置：北部严寒，东南部是海洋，古代航海技术不发达。新疆的戈壁沙漠，西藏的喜马拉雅都是天然的屏障。每个朝代都会修建长城，抵御外族入侵。

③民族特性：中国人天生勤劳善良，好统治，便于组织大规模生产。

④民族精神；中华民族包容性强，从《孟子》达则兼济天下，穷则独善其身，可见一斑。56个民族战争少，得以休养生息。

二、从历史规律看中国崛起的必然性：投资中国，重仓中国！

我们知道人类之所以能够称霸大自然，是因为发达的头脑可以计算和语言沟通，劳动使得古代的尼安德特人四肢开始进化并发明了投掷器等工具，另外最主要的就是分工合作。尼安德特人是现代欧洲人祖先的近亲，从12万年前开始，他们统治着整个欧洲、亚洲西部以及非洲北部，但在两万四千年前，这些古人类却消失了。尼安德特人会围攻猛犸象，猛犸象是一种适应寒冷气候的动物，曾经是世界上最大的象之一，是在陆地上生存过的最大的哺乳动物之一，其中草原猛犸象体重可达12吨，猛犸象的高度可以达到4.5米甚至更高，牙齿的长度有2.5米，它是冰川世纪的一个庞然大物。而尼安德特人身高只有1米6左右，他们要通过分工合作完成一个对个体来说难度极大的任务。12万年过去了，在现代文明的今天，现代人也要通过分工合作来完成一个较大的任务，要么是分工完成公司今年定的很高的销售目标，要么是要组装一架波音747飞机等。而波音747飞机有400万个零部件，由分布在65个国家1500个大企业和15000多家中、小企业协作生产。时过境迁，虽然时间过去了十几万年，但是不变的是人类的分工合作，这好像是十几万年前人类祖先留在基因里的东西，通过不断地学习，不断地分工合作，去挑战大自然一个又一个的不可能，生物学上我们把它叫作“进化”，社会学上我们称之为“文明”。

澳大利亚有种鸟叫“园丁鸟”，它有一种非常奇特的癖好，它们会从各个地方收集东西，范围广、花色多，比如，石英、花、蘑菇、羽毛、眼镜等，并在自己的巢前展示这些东西，雄鸟还会发出悦耳的鸣叫声，这都发生在冬天繁殖季节。园丁鸟的求偶亭结构非常复杂，装饰很有“品位”，以至于早期的欧洲移民者根本不相信这是鸟筑的，而是以为某些妇女为了哄小孩特意搭建了这样的结构。新几内亚人对园丁鸟的勤勉和“艺术才华”非常欣赏，将它们的行为比作男子娶妻的贵重“彩礼”。不过，雄鸟所筑的求偶亭与营巢无关，后者完全是雌鸟的事。求偶亭的亭址往往会使用数十年，雄性成鸟在这一点上表现出极大的忠诚度，如有些缎蓝园丁鸟的亭址已使用了长达 50 年时间。雄性未成鸟要当五六年的“学徒”，它们参观成鸟的求偶亭，然后搭建简单的“实习”亭来锻炼手艺。筑亭本领不是天生的，至少从对锻蓝园丁鸟的研究中可断定其很大程度上为后天习得。其实现代人一样，竞争激烈的北京人为了给自己后代一个安稳的家，一个好的学习环境，不惜付出高昂的代价购买学区房。2020 年底，北京市整体房子均价是 6 万左右，而西城区学区房每平方米均价 12 万 ~ 19 万元，是北京市均价的 2~3 倍。

古代的印第安人修建了“图腾柱”，图腾制的土人在图腾柱上的雕刻相当精美，其中北美的德林克特、海达等族尤为可观。北美德林克特人的图腾柱，多竖在酋长住所的门旁，有的高达五十尺。雕刻都是人与动物的形象，象征其部落的图腾祖先。并且在上面涂上了奇异的色彩。西北岸印第安人的图腾柱不过是一种巨大的雕刻柱，为同一血缘的人群或是氏族出于纪念某一历史事件或是神话典故而竖立的，它完全属于一种社会秩序而不是宗教性的。一些形象也许具有图腾的含义，但大多形象同集团的社会关系与社会身份有关。有的柱子描写了单个的事件，也有的同集团的历史传统或近似于历史传统的多重事件有关。图腾表达了古代人对大自然和神灵的敬畏，把未解之谜刻画在图腾柱上，祈求神灵和祖先的庇佑。

我们对比古代印第安人的图腾柱和现代人的摩天大楼，虽然功能不同，但是某种程度上都表达了人类对大自然的敬畏。现代人的图腾柱是摩天大楼，比如上海的标志性建筑群“上海中心”和“东方明珠”，其中上海中心建筑主体为 119 层，总高为 632 米，结构高度为 580 米，是上海最高的建筑，东方明珠高 458 米，差了 178 米。目前全球最高的建筑是阿拉伯联合酋长国迪拜的哈利法塔（828 米），哈利法塔也叫迪拜大厦，一共有 162 层，总高 828 米，是目前全世界已经建成的大楼中名副其实的最高建筑。

总之，由上可见，虽然历史在变化，时代在进步，但是有些内在规律并未变化，理解了这些，有助于我们理解中国崛起的历史必然性。这是由中国的民族特征、资源禀赋、民族智商、性格等多方面共同决定的。只要政治稳定，假以时日，必然成为全球顶级大国。

三、中国自古就是世界强国，只不过明清落后，如今王者归来

回顾东西方文明史，发现人类文明有两条清晰的路径：一条是以中国为首的东方文明，一条是以古罗马为首的西方文明。

表 12-2　中国和欧洲的文明时间轴

时间	2000BC	770BC	475BC	221BC	221BC–220AD	581–907	960–1279	1271–1368	1368–1644	1636–1912
中国	夏商	春秋	战国	秦朝	两汉	隋唐	宋朝	元朝	明朝	清朝
欧洲	迈锡尼文明	古罗马	罗马共和国＋希波战争	亚历山大＋马其顿	布匿战争＋凯撒＋屋大维罗马帝国	西罗马亡＋中世纪	十字军东征	黑死病	东罗马亡＋大航海	工业革命
文化	特洛伊木马	百家争鸣	苏格拉底	希腊衰落	5BC 佛教诞生	穆罕默德	幕府时代	马可波罗	文艺复兴	契约论

中华文明：中国文明从公元 2070 年前的夏朝开始，再到 1600 年前的商朝，770 年前的春秋时期，公元 475 年前的战国时期，公元 221 年前的秦一统天下。之后经历了西汉、东汉，魏晋南北朝，隋唐五代，宋元明清。可以看出，中华文明得以很好的传承和保留。虽然偶尔有少数民族执政的，比如元朝和清朝，但大部分时间还是汉人执掌政权。

西方文明：西方文明是从公元前 753 年开始的罗马文明，再到公元前 395 年分离成东西罗马，西罗马很快灭亡，而东罗马一直持续到公元 1453 年，被奥斯曼土耳其帝国灭。经历了黑暗的中世纪（公元 476 年西罗马帝国灭亡至公元 1500 年）后，开始了文艺复兴和轰轰烈烈的大航海时代，紧接着是资产阶级革命和工业革命。可以看出：西方文明虽然得以传承，但是被打散在很

多国家，分布在今天的意大利、希腊、德国、法国等。

回顾中国过去几千年历史，从夏商与西周，春秋与战国，一统秦两汉，三分魏蜀吴，魏晋南北朝，隋唐五代传，宋金元明清。完成了从奴隶制到封建制的转变，再到1949年新中国成立，中国特色社会主义制度确立。从中国的政治制度变更来看：最早的是西周开始的奴隶制和井田制，到了东周，开始大动荡，皇帝成傀儡。春秋时期铁制农具和牛耕开始流行，以封建土地生产关系，封建制，封诸侯、分天下。到了秦朝商鞅变法（公元前356年）奴隶制彻底消灭了，中国社会顺利进入封建社会阶段。中国消灭奴隶制比西方早千年，到宋朝工商业世界领先。秦朝（公元前221年，采用法家的君主专制，中央集权制的郡县制国家），此时的印度孔雀王朝推翻了亚历山大的统治，而公元前2世纪，西方罗马帝国布匿战争后分裂，欧洲进入中世纪。进入汉朝早期，虽然恢复了封建制，但汉武帝又恢复了君主专制。对比来看，欧洲奴隶社会开始于古希腊，公元476年，西罗马最后一个皇帝被废黜，标志着罗马帝国的灭亡，欧洲奴隶制社会的结束，476—1500年是中世纪。奥斯曼土耳其的存在对欧洲来说意味着东方通往欧洲的商路被垄断，文艺复兴使欧洲进入了资本主义时代。进入1640年，英国发生资产阶级革命，1789年，法国发生资产阶级革命，中国宋代（960—1279年）之后，工商业开始萌芽。但是在明清两代由于闭关锁国+制度腐败最终落后于西方国家。可以看出，中国的落后只是暂时的。

四、帝国周期300年：美国往下，中国往上

美国著名经济学家、投资人桥水基金CEO达里奥先生在2020年5月提出观点认为美国在走下坡路，正在经历一个完整的帝国周期。帝国周期一般是300年，从历史数据来看：唐朝290年、明朝276年、清朝276年。这其中的原因是以下几个方面。（1）外部原因：债务扩张到极限。比如中国明朝末期，经济放缓，债务到极限。（2）内生原因：贫富差距到极限+人口老龄化。（3）熵的理论：国家和组织越来越无秩序化，也容易导致组织衰落。（4）修昔底德陷阱：应对挑战者的策略失败，如宋元明清。历史上16次大国更替，12次通过战争。

达里奥认为，帝国生命周期有八个阶段：新世界秩序—经济健康增长—债务泡沫与收入差距—债务违约与经济衰退—货币与信贷扩张—战争与改革—新世界秩序。目前美国处于衰退期，中国正在上升期。美国的衰落是从伊拉克战争开始，价值股崩溃，内部瓦解衰落。简言之，在一套新的规则建立了新的世界秩序之后，通常会有一个和平和繁荣的时期。随着人们习惯了这种繁荣，他们越来越多地押注繁荣将持续下去，他们也越来越多地借钱并用以支出，这最终导致了泡沫。随着繁荣程度的提升，贫富差距也在扩大。最终，债务泡沫破裂，导致印刷货币和信用以及内部冲突的增加，导致某种形式的财富再分配的革命，可能是和平的，也可能是暴力的。通常，在周期的后期，赢得上次经济和地缘政治战争的领先帝国相对于繁荣时期崛起的竞争对手来说，实力已经没有那么强大，在糟糕的经济条件和大国之间的分歧下，通常会有某种战争。在债务之外，革命和战争导致经济、国内和世界秩序的崩溃，并带来新的赢家和输家。然后，赢家聚集在一起，创造新的国内和世界秩序。

总结历史规律可见：国家进入鼎盛时期，大多是因为相对较低的负债水平；相对较小的财富、价值和政治观点差距；国民之间通力合作，缔造繁荣；良好的教育和基础设施；能胜任其位的领导力；由一个或多个大国引领的和平世界秩序。

当盛极而衰时，国家就走向了解构和重组时期。而国家衰落的原因，大多是因为高负债；巨大的财富、价值和政治观点差距；国民之间合作破裂，转而内斗；落后的教育和基础设施。为了维持过度扩张的状态，大国在新崛起力量的挑战下经历了煎熬的斗争、破坏和重组时期，孕育了新秩序，为新时代的来临奠定了基础。全球霸主不是一成不变的，经历了多次更替，接下来可能是中国崛起。

表 12–3　全球帝国更替图

时间	15 世纪	16 世纪	17 世纪	18 世纪	19 世纪	20 世纪	21 世纪
霸主更替	西班牙挑战葡萄牙	法国与奥斯曼 PK	荷兰成为海上霸主	法国挑战英国地位	普法战争，德国崛起	美日崛起，一战二战	美国称霸，日德复苏

五、从《大秦赋》看中国崛起：成功有三个相似之处

2020年有部电视剧《大秦赋》非常火爆，我们从中能找到很多当下中国的影子。秦国的崛起是一个漫长的过程。秦国的先祖是周王的马夫，后来被周王封了一块地盘，地盘非常小，而且封地四周被犬戎所包围。秦国先祖枕戈待旦，经过几代人的努力和牺牲，终于稳定了地盘。后来经过秦孝公重用商鞅进行变法，国力居于六国之首，经过接下来几位君王的励精图治，终于统一了六国，建立了第一个大一统的封建国家。春秋时期的秦国，利用荆晋楚争霸，城濮会战，秦穆公协助文公重耳，联手击败强楚。当时晋国称霸中土，穆公在百里奚，简述蹇叔的协助下称雄西方。后来在与晋国争霸中原时，孟明视在肴之战被晋国打得全军覆灭，退出争霸中原，称雄西域。

战国时期，随着六国的变革，给秦国崛起造成很大压力，在秦王奋六世之余烈，任用商鞅变革，使得秦国逐渐强大，趁魏齐马陵之战偷袭魏国，夺得商域於六百里。后来在大忽悠张仪的远交近攻下夺得楚国大片领土国力增强，随时有并吞天下之势。后来在长平战役彻底击溃赵国，实力远超其他六国，终于在公园前221年建立了我国第一个统一的、强大的封建国家——秦国。经过至少六代君王的努力，而且每代君王都很贤明，重视人才发掘。每代的国策制定都很正确，积累了大量家底，最终到始皇帝一统天下。

当然秦朝的时间比较短，公元前221年建立秦朝，公元前207年灭亡，短短十四载春秋一朝覆没。汉朝建立后，刘邦总结了秦朝灭亡的经验教训，有一条是：秦始皇放弃分封制，全盘改为郡县制，皇室失去拱卫，外戚争权，很快就灭亡了。因此，汉朝不能像秦朝那样，继续实行郡县制以外的分封制度，以保证刘家子孙的势力。实际情况是，汉朝延续的时间比秦朝要长得多，西汉时期加起来是407年，秦朝和汉朝是无法相比的。据司马迁《史记·项羽本纪》所载，楚国南公曾预言："楚虽三家，秦必楚亡！"从这里我们可以看出一种强烈的情绪，楚人对秦国不满，楚人对亡国不甘，战国时期秦国为了平定天下而逐个击破诸侯国，楚国虽不是最晚灭亡的，却是最难啃的硬骨头，而且秦朝建立之后，楚南公的预言还是实现了，揭竿而起的陈胜是楚人，刘邦项羽也是楚人。

无论如何，秦朝在历史上是非常伟大的，秦始皇第一次统一了天下。秦

国的崛起，是天时、地利、人和的综合实力的作用。主要源于商鞅变法，商鞅变法符合时代发展潮流，增强了秦国的经济，军事等实力。

从《大秦赋》看当下中国。对比秦朝和当下中国有如下诸多相似之处。

1. 重视人才

春秋五霸秦穆公用五张羊皮换来了智者百里奚，随后有嬴驷和张仪的搭档组合，嬴政＋吕不韦＋李斯的搭档组合，让秦朝在人才战略下一步步强大起来。对比当下，国家重视人才，老百姓重视教育，资本市场上设立科创板，满足科技企业融资需求。2018 年，中国公务员招录人数 2.85 万人，参加考试的有 166 万人，最终比例为 58∶1，这样大范围高强度的选拔人才，保障了选出真正的能人来治理国家。我们同时看到，越来越多的海外科学家回国效力，越来越多的海外留学生回国创业或者工作。这一方面反映出中国综合国力在日益强盛，另一方面反映出中国的制度和人才战略越来越吸引人。如果您现在去深圳，一定要去人才公园走走看看，那里到处贴着世界上著名的科学家及介绍，也有深圳各行业突出贡献的人才介绍，深圳喊出的口号是“深爱人才，圳等您来”。这样的城市，才有活力和竞争力。未来国与国的竞争，城市之间的竞争，都是人才的竞争。2017 年，国家主席习近平曾经指出：“办好中国的事情，关键在党，关键在人，关键在人才。”以习近平同志为核心的党中央高度重视人才和人才工作，坚持聚天下英才而用之，加快人才强国建设步伐，推动我国人才事业蓬勃发展，不断开创人才工作新局面。

2. 改革创新

秦朝一直在改革：从商鞅变法立木赏金，到李斯推行郡县制，废除分封制；统一文字、度量衡、货币（车同轨、书同文、行同伦）。除了商鞅变法，秦献公废除“殉葬制度”，对秦朝的强大也很重要。对比新中国的改革开放，还有当下的深化体制改革、金融改革、“一带一路”和对外开放。

对比新中国，重点说一下改革开放。1978 年开始的改革开放，大幅提高了经济活力。中国的对内改革先从农村开始。1978 年 11 月，安徽省凤阳县小岗村实行“分田到户，自负盈亏”的家庭联产承包责任制（大包干），拉开了中国对内改革的大幕。在城市，国有企业的自主经营权得到了明显改善。1979 年，中央正式批准广东、福建两省在对外经济活动中实行特殊政策、灵活措施，迈开了改革开放的历史性脚步，对外开放成为中国的一项基本国策，中国的强国之路，是社会主义事业发展的强大动力。1992 年南方谈话发布中国改革进入了新的阶段。改革开放使中国发生了巨大的变化。2013 年中国进入全面深化改革新时期。

3. 危机感

秦朝发迹较晚，地域偏僻，长期被六国所看不起和压制，秦人历来尚武，地域民风十分剽悍，商鞅变法，底层人民可以建立军功改变身份。当初的秦朝，面临“战国七雄”合纵连横的制裁，包括楚、韩、魏、赵、齐、燕等。对比当下中国，综合国力虽然在上升，但是也面临着欧美等诸多西方国家的对抗和制约，比如 G7 国家：美国、日本、英国、德国、法国、意大利、加拿大、外加一个上蹿下跳的 G7 尾巴澳大利亚和印度，经常在国际上诋毁中国，或者制造边境和贸易摩擦。中国目前虽然在快速崛起，但是也是个有危机感的国家，始终励精图治，强国建军，来保障崛起。人类近代史上，尽管 11 个国家，通过 12 次主要战争来完成霸主更替，但可以看出：在 1500 年前，中国几乎总是最强大的，尽管阿拉伯帝国、法国、蒙古、西班牙和奥斯曼帝国也曾崛起。

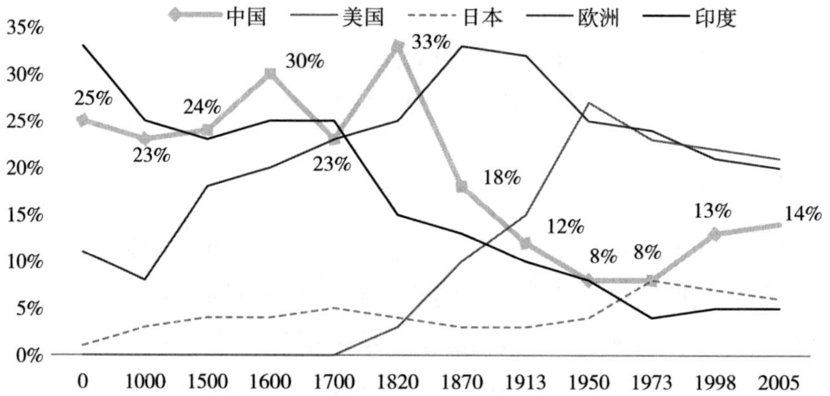

图 12–1　全球主要经济体占全球 GDP 比重变迁

数据来源：联合国。

六、2020 年的疫情客观上加速了中国崛起

2020 年我国国内生产总值达 101.6 万亿元人民币，比上年增长 2.3%，是全球唯一实现经济正增长的主要经济体。中国 220 多种工业产品产量占据全球第一。我国中小企业的数量已经超过了 3000 万家，个体工商户数量超过 7000 万户，贡献了全国 50% 以上的税收、60% 以上的 GDP。中国有 663 个城市，其中直辖市 4 个，地级市 293 个，县级市 366 个。中国的用电量也可以看出中国的文明和发达程度：2019 年中国发 / 用电量 7.2 万亿度，占全球 1/4，美国 4.1 万亿度。中国居民用电量约 732 度（美国的 1/6）。从全球 GDP 占比来看：2019 年中国 GDP 占全球比重 16%，出口占全球比重 20%，汽车占全球产量 27%。2020 年的疫情，客观上增加了中国在全球出口市场份额，加速了中国变成全球第一大强国的步伐。

表 12-4　中国大部分商品产量全球第一

中国商品	产量	产量占全球比重
粮食	6.5 亿吨	24%
彩电	1.9 亿台 / 出口 1 亿台	70%
洗衣机	7400 万台 / 出口 2600 万台	40%
电冰箱	7900 万台 / 出口 5500 万台	30%
空调	2.2 亿台 / 出口 6000 万台	75%
水泥	24 亿吨	60%
煤炭	34 亿吨	50%
粗钢	10 亿	53%
造船完工量	1 亿吨	40%
玻璃	9.3 亿重量箱	50%
化肥	5600 万吨	20%
卷烟	3500 万箱	33%
维生素 C	5 万吨	50%

数据来源：国家统计局。

七、印度会不会复制中国的成功？不要投资印度，印度没戏

我们这里提到中国崛起成为全球第一大经济体是历史的必然。肯定有人会怀疑说印度发展很快，万一后面超越了中国怎么办？比如各种数据显示：印度人口 13.24 亿人仅次于中国，印度矿产资源丰富，铝土储量和煤产量均占世界第五位，云母出口量占世界出口量的 60%。印度的制造业占全球比重的 3.1%，是全球排名第六的制造大国；印度的发电量占全球比重的 5.9%，世界排名第三；印度的钢铁产量为全球第二，已经超过了美国和日本；印度的汽车产量为全球第四等。但是作者在这里明确地预测：未来印度永远不可能赶上中国，这是人种、宗教、制度、资源禀赋等多因素共同决定的。

古印度是四大文明古国之一，公元前 2500 年诞生了印度河文明。前 1500 年左右，中亚的雅利安人进入南亚次大陆，征服了当地古印度人，建立了一些奴隶制小国，并确立种姓制度，吠陀教开始发展为婆罗门教。公元前 6 世纪末期，波斯阿契美尼德王朝国王大流士一世征服了印度河平原一带，之后侵入印度的是马其顿国王亚历山大大帝，他对孔雀王朝的兴起起了助推作用。亚历山大撤出印度之后不久，旃陀罗笈多建立起印度历史上的第一个帝国式政权——孔雀王朝（第三人君主阿育王笃信佛教，对佛教的传承与发展有着莫大的贡献）。公元前 4 世纪，孔雀王朝统一印度，开始推行佛教，并向外传播。从前 2 世纪初开始，大夏希腊人、塞人和安息人先后侵入印度；塞人的侵略尤其广泛。大月氏人成为最成功的侵入者，他们在北印度建立了强大的贵霜帝国。公元前 188 年，孔雀帝国灭亡后群雄割据、外族入侵，印度教和伊斯兰教兴起。伊斯兰对印度的真正征服开始于 11 世纪，是由中亚的突厥人进行的。1529 年又消灭了阿富汗人的残存力量，由巴卑尔建立的政权被称为莫卧儿帝国。1600 年英国侵入莫卧儿帝国，建立东印度公司，1757 年以后逐步沦为英国殖民地。1947 年 6 月，英国颁布《蒙巴顿方案》，实行印巴分治。同年 8 月 15 日成立印度自治领。1950 年 1 月 26 日宣布成立共和国，同时成为英联邦成员国。

印度是世界排名第二的人口大国，也是金砖国家之一，印度经济产业多元化，涵盖农业、手工业、纺织以至服务业。近年来服务业增长迅速，已成为全球软件、金融等服务业最重要的出口国。印度还是全球最大的非专利药

出口国，侨汇世界第一。印度虽然是亚洲第二大国，国土面积很大，人口很多，在世界的影响力也是与日俱增。但是不可否认的是，印度却也是世界上最穷的国家之一，人均 GDP 只有 1000 多美元，这比很多非洲国家还要穷困。更加直接的是，印度到现在，全国的穷困人口超过了 8 亿人，这里的穷困，那是绝对的贫困，全世界绝对贫困最多的两个地方，一个是非洲，一个就是印度。印度之前是英国殖民地，宗主国英国也叫日不落帝国，鼎盛时期光殖民地面积就有 3350 万平方公里，是中国面积的近 4 倍；印度没有继承英国的经济政治战略，但继承了日不落帝国的野心，称霸南亚，收回英属印度的所有领土，是印度的第一步；光复日不落帝国的辉煌，应该是印度的第二步。

很多人关心印度能否复制中国的成功路径？作者认为比较困难，主要有如下四个原因。

（1）种姓制度限制了人才流动和社会进步。印度人口结构主要以语言、宗教以及种姓制度来划分，相互隔阂，使得印度简直是一个人口大杂烩，因而民族凝聚力也远远赶不上中国。印度独立建国这么多年来，这么多的穷困人口，却从来没人反抗，因为这是印度人“逆来顺受”的民族本性。在印度历史上也很少有农民起义，印度的改朝换代基本都是外来入侵，内部很少自我改朝换代。所以印度无论多么穷困，都没人反抗。之所以如此，主要是因为印度从雅利安文明开始，建立了种姓制度和等级的社会。而对于穷人，却有了宗教的枷锁，那就是逆来顺受。印度人即便是吃不上饭，也不会去反对政府，反对统治者，甚至印度还有应对饥饿的修行，意思是让穷人能够自我的修行和救赎。这种逆来顺受，享受贫穷的思想，使得印度内部很难有爆发力，而且极容易受到外部打击。这里就要提到英国的罪恶了，民族主义，是安格鲁撒克逊这一族人的最大敌人，英国人恨不得这个世界上没有任何民族，把全地球的 70 多亿人，所有的组织全部肢解，分割成 70 多亿个独立的人，这样英国人很快就可以奴役整个地球。当英国发现了印度后，印度成了英国最大的乐园，多达 2000 个以上的民族产生的民族矛盾，多如牛毛的宗教产生的宗教矛盾，还有深刻历史原因产生的种姓矛盾，英国人左右逢源，几乎没有用任何代价，成了印度人心中至高无上的仲裁者。英国殖民印度期间，印度至少饿死了几千万人，但是印度不会去恨英国的，没有英国，印度可能死的人更多，在英国撤出印度的那一刻，印度就发生了死亡上百万人的种族大仇杀。

（2）英国埋下的祸根：肆意的民主。印度的宪法体制和政治体制存在诸多限制因素，导致印度无法实现高速发展。无论政治领导层希望做什么，必须在中央层面经过一套纷繁复杂的程序，甚至还需要在各邦经历更复杂的审批，印度的发展速度是由其宪法、种族结构、选举模式以及由此产生的联合政府决定的，而这些因素都会加大决策难度。但这种状况是其宪法体制的一部分，印度人民现在已经接受，在其思想中已经根深蒂固。围绕各邦边界、语言隶属、种姓配额出现的推诿现象永远也不会消除，所有这些因素都不利于印度实行充满活力的英才管理体制，妨碍其最大限度地发挥潜能。

印度的官僚体制运作迟缓且抗拒变革，猖獗的腐败与地方上的争斗也不利于改革。此外，民粹主义的民主体制导致执政党出现常态化的更迭，从而弱化了印度政策的连贯性。印度基础设施薄弱、企业面临的行政管理障碍大，财政赤字严重，尤其是各邦政府的财政赤字更严重，这些因素都不利于印度进行投资和创造就业。

（3）语言杂乱，教育难题。尽管印地语是印度的国语，但不同的州和地区还有其他 16 种不同的半官方语言，而英语却在法律和政府机关广泛使用，这是语言的大杂烩。尽管印度人与西方交流确实比中国人更方便，可那只是为了交流，完全丧失了自身应有的文化内涵，同时也使印度人相互交流比较困难。

（4）战争风险，不能甩开膀子搞经济。巴基斯坦、孟加拉国原本是印度的领土，可却在英国的干预下独立了出去，造成了印度人心中永远的痛。关键是他们将这一伤痛转化为对巴孟两国人民的仇恨，而却不管其始作俑者——英国。中国人牢记着两次鸦片战争、火烧圆明园、强占香港等英国人强加于中国的民族之痛；巴基斯坦的 GDP 在 2002 年左右大概不到印度 GDP 的 1/11（现在应该更小），可却是印度的死对头，这对于中国人来说是难以想象的。更令印度人恼火的是，印度宣称整个克什米尔都是印度的领土，不仅无法收回（两次克什米尔战争使印度伤筋动骨却改变不了现状），而且印控克什米尔还闹着要归于巴基斯坦。更有甚者，印度至少七个邦闹着要独立，真可谓自顾不暇。这也是欧美不担心印度威胁的很重要的原因之一。

第三部分：

人类二次进化，正式进入X时代，财富在哪？

第十三章
人类开始二次进化，
我们的财富获得方式也会变化

一、人类一次进化：生存和安全需要，劳动推动，追求物质财富

人类的第一次进化是生存和安全的需求，而人从猿变成人的主要推动力是劳动。在古猿进化到人的过程中，脑容量不断增加，早期人类在使用天然工具的过程中，逐渐学会了制造工具。随着制造的工具越来越复杂，他们的大脑也变得越来越发达，并在群体生活中产生了语言，逐渐发展成现代的人类社会.工具的制造和使用促进了脑的发展，而脑的发展又提高了他们制造工具的能力；能够用火是人类与动物的一个重要差别，早期的人类用火烤制食物来吃，从而改善了身体的营养，有利于脑的发育，大大增强了他们在自然界中生存的能力；语言的产生，使得相互之间能更好地交流与合作。在人类的进化过程中，劳动是一个重要因素。劳动使人类的身体得到协调发展，最终演变成自然界的强者。

政治学家经常说：劳动是一切财富的源泉。其实劳动和自然界一起才是一切财富的源泉，自然界为劳动提供材料，劳动把材料变为财富。但劳动还远不止如此，它是整个人类生活的基本条件，劳动创造了人本身。

几十万年以前，在地质学家叫作第三纪的地球发展阶段，生活着一种特别高度发展的类人猿。达尔文曾经向我们大致地描述了我们的这些祖先：它们满身是毛，有须和尖耸的耳朵，成群地生活在树上。这些猿类，大概首先由于它们的生活方式影响，使手在攀援时从事和脚不同的活动，因而在平地上行走时就开始摆脱用手帮助的习惯，渐渐直立行走。这就完成了从猿转变到人的具有决定意义的一步。从攀树的猿群进化到人类社会之前，一定经过了几十万年——这在地球的历史上只不过是人的生命中的一秒钟，但是人类社会最后毕竟出现了。人类社会区别于猿群的特征又是什么呢？正是劳动。猿群满足于把它们由于地理位置或由于抗拒了附近的猿群而分得的地区内的食物吃光。它们为了获取新的食物地区而进行迁徙和斗争，但是除了无意识地用自己的粪便来施肥，它们没有能力从这块食物地区得到比自然界所供给的更多的东西。一旦所有可能占据的食物地区都被占据了，猿类就不能再扩大繁殖了。

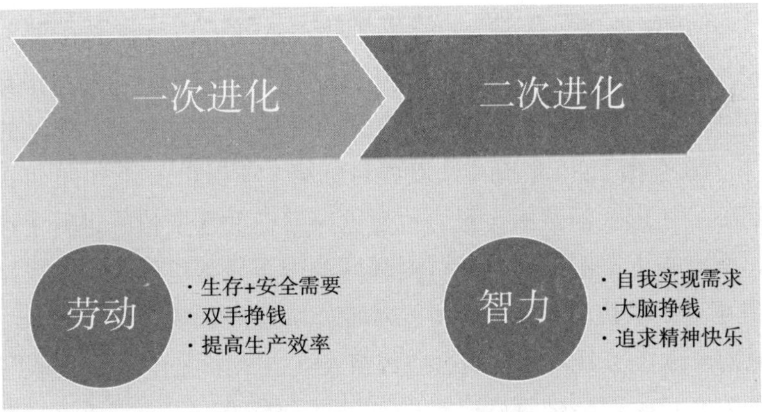

图 13-1 一次进化由猿变成人，二次进化由人变成新智人

但是，这一切还不是真正的劳动。劳动是从制造工具开始的。我们所发现的最古老的工具是些什么东西呢？根据所发现的史前时期人的遗物来判断，根据最早历史时期的人和现在最不开化的野蛮人的生活方式来判断，最古老的工具是打猎的工具和捕鱼的工具，而前者同时又是武器。但是打猎和捕鱼的前提，是从只吃植物转变到同时也吃肉，而这又是转变到人的重要一步。肉类食物引起了两种新的有决定意义的进步，即火的使用和动物的驯养。前者更加缩短了消化过程，因为它为口提供了可说是已经半消化了的食物；后者使肉类食物更加丰富起来，因为它和打猎一起开辟了新的更经常的食物来源。除此以外还供给了就养分来说至少和肉相等的像牛乳及乳制品一类的新食物。这样，这两种进步就直接成为人的新解放手段。

二、人类二次进化：自我实现需求，人工智能推动，追求精神财富

虽然过去几十万年了，人类文明发展速度日新月异，但本质上还是在为提高生产效率而努力，还是处在进化的第一个阶段。联合国开发署发布 2019 年度《全球多维贫困指数》报告显示，全球共有 13 亿人处于“多维贫困状态”，且各国之间与国家内部各地区之间的贫困程度存在巨大差异。全世界的 13 亿贫困人口中有 84.5% 都生活在撒哈拉沙漠以南的非洲和南亚地区，虽然同属撒哈拉以南的非洲，但南非的贫困率为 6.3%，南苏丹的数字则高达 91.9%。而在南亚地区，贫困人口在马尔代夫占到人口总数的 0.8%，在阿富汗则占到 55.9%。报告显示，在全球的 13 亿贫困人口中，有超过半数，即大约 6.63 亿人的年龄在 18 岁以下，其中大约三分之一，即 4.28 亿人的年龄在 10 岁以下。联合国 2030 年可持续发展目标第 1 项提出，到 2030 年，在全球范围内消除一切形式的贫困，报告也对这一目标的落实情况进行了评估。报告指出，全球有十个国家在消除贫困领域取得了显著进展，涉及人口总数约 20 亿，其中进步最快的国家是印度、柬埔寨和孟加拉国。

但是对于欧美、日本和中国这些经济发达国家来说，早已经过了贫困线，国家富强安全，大部分老百姓已经丰衣足食，安居乐业，完成了马斯洛需求理论第 1~2 层次需求：生理需求和安全需求，开始追求第 3~5 层次需求：社交、尊重和自我实现。对这些国家和国民来说，已经完成了人类进化史第一阶段，劳动使人生活得有尊严。随着人工智能的普及，机器人的大量使用，无人驾驶的推广，越来越多的人从劳动中被解放出来，去从事更高等级的工作，或者去思考更多有趣的事，部分人正式开始第二次进化：追求自我实现，

追求精神世界快乐。

三、二次进化过程：从靠双手挣钱到靠大脑挣钱，由睡前收入到睡后收入

如果说一次进化是靠双手挣钱，那么二次进化就是靠大脑挣钱，或者如同我们前面章节所述，未来每个人的价值可能不简单通过金钱来体现，可能还包括：社会尊重和个人成就感，体现方式可能是通过数字货币，或者某种形式的荣誉。这些“财富”有的可能是简单靠双手劳动无法实现的，而是要靠“创造性”的创新，要么带给其他人快乐，要么带给其他人健康，或者为人类打开新的文明窗口，而不是简单地生产一些商品或者物资。与一次进化后的人相比，二次进化后的人类所从事的工作更加高级，而且很多时候是出于兴趣爱好、创造、尊重和自我实现的角度出发，不是简单地为了钱或者狭义的财富。

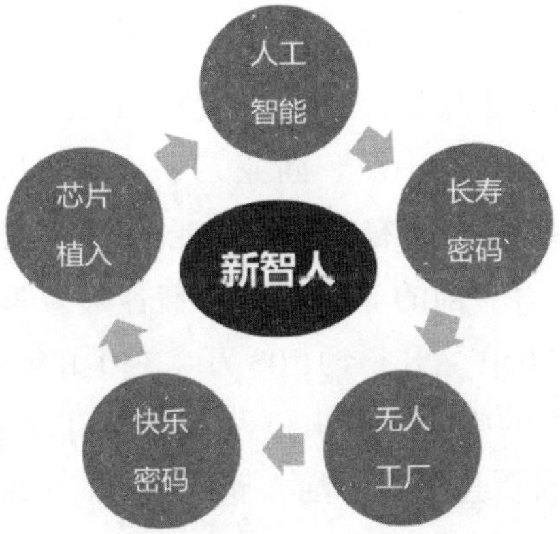

图 13-2　人类开始二次进化，成为 X 时代的新智人

如果说一次进化中人的收入是“睡前收入”，那么二次进化的就是“睡后收入”，而且财富的方式发生了巨大的变化。在一次进化过程中，大部分人靠自己辛勤的劳动去获得货币奖励，然后用货币去购买自己想要的东西，日出而作，日落而息，大部分人一旦下班就停止赚钱了。而在二次进化时代，有的人靠自己的智慧或者投资，能够在下班之后额外挣钱，这被称作“睡后

收入”。因此，投资也被称作很多人的第二份职业，以及最后一份职业。当您退休之后，大部分人将不再继续工作，但是您可以继续进行投资，获取回报。这在二次进化时代，表现得将更为淋漓尽致。

四、人类文明分两阶段：过去提高生产效率，未来追求精神快乐

人类文明 1.0 时代：提高生产效率。人类长久以来的进步，靠的是不断将事情做得更好，也就是提高生产力。长期而言，学习并不断提高生产力是最重要的力量；尽管经济周期波动，短期而言也很重要，但无法改变长期趋势。

人类文明 2.0 时代：追求精神快乐。在人类文明 2.0 时代，由于人类开始二次进化，大脑更多地被开发，重复且繁琐的体力劳动大量地被机器人替代，人类将有更多的时间来追求精神快乐。其实人类大脑的潜力是非常大的，有大量空间尚未被开发。据科学家统计：在过去 200 万年间，人类的大脑容量进化成了原始人的 3 倍。非洲古猿的脑容量约 452 毫升，而现代人的脑容量为 1000~1500 毫升。中国人的平均脑容量在 1360 毫升，与非洲黑人持平；斯拉夫人平均脑容量 1507 毫升左右，日耳曼人、西欧人及欧裔美国人平均脑容量在 1475 毫升左右，印欧及中亚、西亚人平均脑容量在 1409 毫升左右。犹太人平均脑容量在 1442 毫升左右，介于西亚、印度与欧洲之间。腊玛古猿脑容量约 300 毫升，300 万年前的非洲南猿的脑容量为 440 毫升；100 万年前的能人的脑容量为 600 ~ 650 毫升；约 100 万 ~ 150 万年前的直立猿人的脑容量为 940 毫升；与此相应的中国“蓝田猿人”距今约 100 万 ~ 80 万年，它的脑容量是 780 毫升；中国和县猿人生活在距今约 28 万到 24 万年前，它的脑容量为 1025 毫升，与周口店的北京人相接近。一般来说现在猴子的脑容量只有人类的五分之一。

另外，人的颅骨是出生以后再闭合成熟的，婴儿颅腔如果闭合得太早，脑容量相对就会较小。很多人会担忧脑小头小就不聪明，然而对于个体来说，区别于其他物种的脑容量是必须的，但并非脑容量越大越好。现代人的脑容量为 1300 ~ 1500 毫升。对于每个人一生中所有的事来说，脑容量是完全可以记住的，但由于大脑只开发了其中的一小部分，所以人们总是忘记一些不怎

么重要的事情，应该说对于人的一生来说脑子能储存的记忆是无限的。在人类文明 2.0 时代，借助人工智能和生物学技术，可穿戴设备和植入式芯片将帮助人类开发更多的大脑空间，进一步拓展人类的思维边界和创造力。到时候，人类文明的前进速度可能是现在的成千上万倍，我们能理解的世界规律，能去的空间，可能远远超出我们现在的想象。

人类的大脑并没有得到完全的开发，我们现在使用的大脑也不过是 1/10，甚至连 1/10 都不到，这 1/10 的大脑容量已经相当于 200 万 G 的内存了，所以人类自身的大脑还是非常强大的。其实每个人的智商都是不一样的，脑容量确实是无限量，这是不可否认的事实，右脑是左脑的 100W 倍这是科学的研究结果，所以才会有左撇子人比右撇子的聪明这么一说。但是因为要开发大脑智商这样的事情是很困难的，所以就算脑子的容量再大，您没有能力去将它开发出来也等于是白搭，爱因斯坦就承认自己只将大脑开发出来 2% 而已，而这 2% 又包含着记忆和思考。

如果按照人的大脑容量来计算，一般人可以记忆 5 亿本书。正常人的脑细胞约 140 亿 ~ 150 亿个，但只有不足 10% 被开发利用，其余大部分在休眠状态。更有研究统计认为有 98.5% 的细胞是处于休眠，甚至有专家认为只有 1% 参加大脑的功能活动。而人在 30 岁以后每天脑细胞是以十万个的速度在死亡，虽然这对大脑 150 亿脑细胞来说是微不足道的，但如果死亡的是已开发的、有功能的脑细胞，必然影响脑效能，必显迟钝呆板。

五、从马斯洛需求理论看人类二次进化：未来更多地追求精神财富

马斯洛是美国著名社会心理学家，第三代心理学的开创者，提出了融合精神分析心理学和行为主义心理学的人本主义心理学，其中融合了美学思想。他的主要成就包括提出了人本主义心理学，提出了马斯洛需求层次理论，代表作品有《动机和人格》《存在心理学探索》《人性能达到的境界》等。他在 1943 年提出了著名的“马斯洛需求理论”，他指出：人们需要动力实现某些需要，有些需求优先于其他需求。

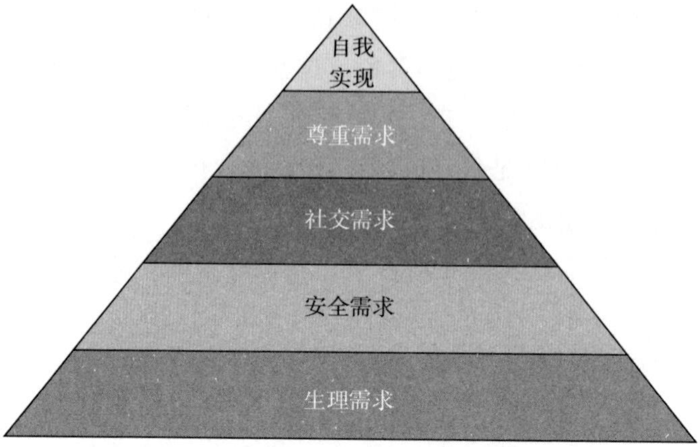

图 13-3　马斯洛需求理论的五个层次

马斯洛的需求层次结构是心理学中的激励理论，包括人类需求的五级模型，通常被描绘成金字塔内的等级。从层次结构的底部向上，需求分别为：生理（食物和衣服）、安全（工作保障）、社交需要（友谊）、尊重和自我实现。这种五阶段模式可分为不足需求和增长需求。前四个级别通常称为缺陷需求（D 需求），而最高级别称为增长需求（B 需求）。

马斯洛的人本主义心理学为其美学理论提供了心理学基础。其心理学理论核心是人通过“自我实现”，满足多层次的需要系统，达到“高峰体验”，重新找回被技术排斥的人的价值，实现完美人格。他认为人作为一个有机整体，具有多种动机和需要，包括生理需要、安全需要、归属与爱的需要、自尊需要和自我实现需要。马斯洛认为，当人的低层次需求被满足之后，会转而寻求实现更高层次的需要。其中自我实现的需要是超越性的，追求真、善、美，将最终导向完美人格的塑造，高峰体验代表了人的这种最佳状态。

创造美和欣赏美，是自我实现的一个重要目标，审美需要源于人的内在冲动，审美活动因而成为自我实现的需要满足的必要途径。审美活动的形象性、无直接功利性、超时空性、主客体交融性，使之对完美人格的创造，具有极其重要的意义；同时，审美与完美的紧密关系，使美具有真的、善的和内容丰富的性质。这样，通过审美活动，包含真、善、美于一身的完美人格形成了，审美活动成为人的一种基本的生存方式。马斯洛还认为：在人自我实现的创造性过程中，产生出一种所谓的“高峰体验”的情感，这个时候是人处于最激荡人心的时刻，是人存在的最高、最完美、最和谐的状态，这时的人具有一种欣喜若狂、如醉如痴、销魂的感觉。马斯洛认为人的本性是中性的、向善的，主张完美人性的可以实现性，是一种乐观主义的美学。

马斯洛在 1943 年发表的《人类动机的理论》一书中提出了需要层次论。这种理论的构成根据两个基本假设：①人要生存，他的需要能够影响他的行为；②只有未满足的需要能够影响行为，满足了的需要不能充当激励工具。其实，是关于人的超越性追求。

根据马斯洛需求理论，我们可以把世界上主要国家分成几个层次：

表 13–1 世界主要国家所处的马斯洛需求层次

主要国家	主要需求	所处层次
美日欧	大国地位，国民福祉	第五层：自我实现
中国	消费升级，“一带一路”，国际影响力	第四层：尊重需求
韩国 + 新加坡	经济增长，民族自信，世界贸易	第三层：社交需求
印度等发展中国家	城市和国家安全，居民健康安全	第二层：安全需求
非洲等穷国	温饱问题，停止战争霍乱	第一层：生理需求

六、从弗洛伊德的“人格理论”看人类的二次进化

弗洛伊德（1856—1939 年），奥地利精神病医师、心理学家、精神分析学派创始人。1873 年进入维也纳大学医学院学习，1881 年获医学博士学位，之后在维也纳综合医院担任医师，从事脑解剖和病理学研究。然后私人开业治疗精神病。1895 年正式提出精神分析的概念。1899 年出版《梦的解析》，被认为是精神分析心理学的正式形成。

阿德勒、荣格、弗洛伊德并称心理学三巨头，阿德勒在其经典之作《自卑与超越》中阐述了生命的本质。他认为：对于生存于地球的任何个体，均会受到三大约束：生产、合作、婚姻。生产是说我们生活的地球资源有限，必须劳作才能得以生存；合作是说我们是社会的一员，必须与他人合作分工，才能更好地获取资源，我们无法离开他人而独立存在；婚姻是说世上有男女两种性别，为了生命的延续、繁衍，我们必须建立亲密关系。在他的哲学体系中，所有问题都可以归集于生产、合作、婚姻。此外，弗洛伊德还提出了

“精神分析理论”，他认为人的心理包括意识和无意识现象，无意识现象又可以划分为前意识和潜意识。前意识是指能够进入意识中的经验；潜意识则是指不能进入或很难进入意识中的经验，它包括原始的本能冲动和欲望，特别是性的欲望。

本能理论：在弗洛伊德的理论体系中，“本能”是指人格的推动性或者动机性的驱动力量，是身体内刺激的源头。本能的目的是通过某些行为，如进食、饮水、性行为等，来消除或减少这种刺激。弗洛伊德把本能分为两类：生的本能（life instinct）和死的本能（death instinct）。生的本能包括饥饿、渴、性。生的本能是为了个体和种族的存续，因此是维持生命的创造性力量。生的本能通过被称为“力比多”（libido）的能量形式表现出来。死的本能是一种破坏性的力量，可以指向内部，表现为自虐和自杀等，也可以指向外部，表现为仇恨和攻击等。

人格理论：弗洛伊德的精神分析建立了心理学史上第一个系统的人格理论，包括人格结构和人格发展两个方面。人格结构方面：在早期，弗洛伊德把人格分为意识、前意识和潜意识三个层次。在晚期，他进一步提出了新的人格学说，提出人格是由本我、自我和超我三个部分组成。本我是指原始的、与生俱来的潜意识结构部分，其中蕴含着人性中最接近兽性的一些本能性的冲动，它按照快乐原则行事。自我是指意识的结构部分，处于本我和超我之间，监督自我，予以适当满足，它按照现实原则行事。超我是人格中最道德的部分，代表良心、自我理想，处于人格的最高层。它按照至善原则行事。精神分析心理学的研究对象相应地发展为研究这三部分的内容和相互关系。人格发展方面：他认为个体的成长可以划分为5个阶段：口唇期（oral stage。0～2岁）、肛门期（anal stage，1～3岁）、性器期（phallic stage，3～5岁）、潜伏期（latent stage，5～12岁）和生殖期（genital stage，12～20岁）。

弗洛伊德认为：人的历史就是人被压抑的历史。文化不仅压制了人的社会生存，还压制了人的生物生存；不仅压制了人的一般方面，还压制了人的本能结构。但这样的压制恰恰是进步的前提。人的各种基本本能，如果有追求其自然目标的自由，就不可能发生任何持久的结合或保存，因为它们甚至刚刚结合，便开始分离了。未加控制的爱欲，同其对立面死亡本能一样，是命运攸关的。本能之所以有破坏力量，是因为它们无时不在追求一种为文化所不能给予的满足，这是一种纯粹的、作为自在目的的满足。因此，必须使本能偏离其目标，抑制其目的的实现。

从弗洛伊德的“人格理论”可以看出：现代文明的每一次杰出成就，每一个领域的创造和发明，它在日益增加的竞争中所取得的每一个进步，都只能以巨大的心智努力来换取和保持。在这种生存竞争中，对每个人能力的要求大大提高了，个人只有将全部心智力量施展出来，才有可能应付这一要求。同时，个人对享乐的欲望，也扩展到每个层次。

第十四章
人类正进入 X 时代，X 时代有哪些变化?

一、人工智能推动人类进入 X 时代：跳跃进化，光靠苦力难以获得财富

人工智能（Artificial Intelligence）：是指使用机器代替人类实现认知、识别、分析、决策等功能，其本质是对人的意识与思维信息过程进行模拟，是一门综合了计算机科学、生理学和哲学的交叉学科。作为一种基础技术，理论上讲人工智能能够被应用在各个基础行业（如：AI+ 金融、AI+ 医疗、AI+ 传统制造业等），同时也有像机器人这样具体应用的行业概念。人工智能将从根本上改变人类社会，未来 80%重复性的工作将被取代。无人驾驶、无人工厂、无人银行、无人酒店、无人餐厅、无人图书馆、无人学校正在加速出现在我们生活中。我们出差住的酒店办理入住、送水等服务都已经被机器人替代，未来还有机器人伴侣出现，人类的伦理和社会组织方式都有可能因此改变，每个人都可以根据自己喜好私人定制一个完美伴侣，包括外貌、年龄、性格、高矮胖瘦等。大家试想一下，到那个时候，人不用工作，衣食住行极

大丰富，伴侣完美，身体健康，您还有什么需求和追求？这就是 X 时代。X 时代的人类和现在我们的生活方式、价值观、需求等等，都会有所不同。他们将更多地追求精神世界的快乐，追求真理、探索世界，更多地关注人和宇宙、人和自己内心的对话。虽然目前全球生产效率、物质文明丰富程度不同，但是我们肉眼可见的是人工智能、无人驾驶、无人工厂、无人机等各种替代传统人类工作和生活方式的事物正加速出现，部分国家的部分人已经提前进入了“X 时代”。

“跳跃进化”：人类进化速度可能出现跳跃式突变。由于 3D 打印技术，生物芯片等技术的发展，人的寿命将大幅延长，很多器官直接可以替换新的。人类目前大脑开发的容量不及总容量的 10%，我们处在关键技术突破的前夜，一旦人工智能技术或者量子计算取得重要突破，人类文明的推进速度将大幅提升，人类进化的速度也可能呈现指数级别的跳跃式发展，我把这称作“跳跃进化”。正如几百万年前，一直生活在池塘里的鱼类爬上了岸，把海洋生物文明带向陆地文明；或者如同第一只进化成智人的古猿一样，人类文明发展过程中存在着若干跳跃式发展，并不是线性的。我们目前享受的各种便利的发明创造，比如汽车、计算机等，都是在最近 200 年发明的，人类文明在这 200 年出现了突变，进化速度在明显加快。作者大胆假设，由于人脑和计算机的结合，人工智能的外延和应用领域将被大幅拓展，相当于双动力发动机一样在进化，我们很可能很快迎来技术飞跃发展，把人类文明带入新的时代，那时候的人类叫“新智人”，以区别于几百万前的“旧智人”。我们正以前所未有的速度进入新的发展期：新的 X 时代。

X 时代的 X 代表着未知（X）和不确定，X 代表着享（Xiang）乐、幸（Xing）福。在物质极大丰富的时代，人类讨论和关注更多的是人工智能、躺平、泛娱乐等围绕人自身享乐和自我满足的事情。劳动不再仅仅是一种谋生的手段，而是更关注于过程和结果带给人的精神层面的满足与快乐，人类可能越发无限地接近于无所不能的神。

人工智能行业主要分为基础支撑、技术应用和方案集成这三大板块。基础支撑主要包括 CPU/GPU/NPU、传感器、深度学习和神经网络。科幻电影中展现的通常是“广义的人工智能”，这种人工智能算法具备与人类相似的能力——如在推理、概念学习、常识、规划、跨领域思维、创造力甚至自我意识和情绪等方面。但是，现有技术远达不到这样的水平。过去很多艰难的事实性判断，如今无须程序计算，通过大数据就可得出。在特定任务中人工智能算法可以胜过人类，这已经非常具有实用性，因为“狭义的人工智能”可以快速、准确、全天候工作，可应用于许多任务且经济效益显著。据普华永道预计，到 2030 年人工智能对全球 GDP 的贡献将达 16 万亿美元。

图 14–1 作者假想中的 X 时代部分要素

人工智能的发展，目前大致上可以分为四波浪潮：互联网智能化、商业智能化、实体世界智能化、自主智能化。每一波浪潮运用了人工智能的不同能力，颠覆了不同的产业，都让人工智能在我们的日常生活中更加深入。在过去的 5 年中，我们从 AlphaGo 的事件可以看到，AI、机器学习、深度学习是无所不能的一个黑盒子，当您给它海量的数据，在单一的领域里面，它能学到任何事，而且能够远远超越人类的能力。目前，我们已经经历了由阿里巴巴、百度、今日头条等互联网公司带来的以海量的数据、互联网导入以及目标函数为基础的第一波 AI 浪潮。与此同时，人类也顺利进入了第二波浪潮，这是 AI 技术赋能整个商业领域，将从互联网企业向传统企业甚至整个社会公共服务系统的智能化渗透。我们的金融业、教育业、零售业、政府都可以找到各种应用，把大量的已有的用户数据激活，用来产生商业价值。AI 的第三波浪潮，是把数据产生的价值智能化利用，比如计算机可以做人脸识别、语音识别以及对语言的理解。而第四波浪潮，AI 将呈现全自动化趋向性，将以智能机器人和智能处理系统的形式参与到人们的日常生产生活中。那么，有手有脚的机器人就让我们全面进入一个人工智能科幻片的时代。

人工智能一定会取代相当一部分劳动力。与过去的机器革命不同，机器革命首先取代蓝领阶层，但人工智能从白领开始，而工资比较低的群体反而不会被取代。比如，律师助手、财会、保险经济等工作中重复性内容比较多的以及依赖数据较多的金融行业会有失业危机。例如，目前华尔街大规模裁员的对象就是交易员，因为交易员的工作是根据过去的交易数据总结经验。但是机器能精确地记住过去一百年间，全世界所有交易的数据经验和曲线，人类的记忆和脑容量无法和机器相提并论。因此，机器最终可能会取代中低级工作，同时保留最高级的工作。

当然，人工智能再发达，非重复性的以及需要人类情感投入的职业在未来不会被人工智能取代，如医生、护士，因为情感即是信任，很多事情是机器力所不能及的，比如倾诉。当下机器对自然语言的掌控远不到位，它还无法解读人类的情感。

二、X 时代的三大特征？代表着获得财富的方式也会变化

X 时代的 X 代表着未知（X）和不确定，X 代表着享（Xiang）乐、幸（Xing）福。在物质极大丰富的时代，劳动变成了一种快乐，正如马克思在《资本论》中提到的一样：劳动是一种权利，劳动是一种快乐。《资本论》第一卷第六篇第十七节“劳动是价值的实体和内在尺度”。马克思以商品交换为终点，再次对这两种劳动形式进行考核，揭示了在价值的相对和相等形式之间的另一种二重性。使用价值不是恒定不变的，一个东西是否有使用价值是因客观条件而改变的，金子现在有装饰的使用价值，但是哪天要是成了什么罪恶象征，那就对普通人没有使用价值，对恶人可能还有栽赃陷害的使用价值。而交换价值就是社会必要劳动时间所形成的供需。

劳动不是生产使用价值的唯一源泉，有用劳动是“人和自然之间的物质变换即人类生活得以实现的永恒的自然必然性”。是自然物质和劳动这两种要素的结合，正像威廉·配第所说：劳动是财富之父，土地是财富之母。一切劳动，一方面是人类劳动力在生理学意义上的耗费；作为相同的或抽象的人类劳动，它形成商品价值；一切劳动，另一方面是人类劳动力在特殊的有一定目的的形式上的耗费；就具体的有用的劳动这个属性来说，它生产使用

价值。

人类可能在无限地接近神。试想一下：如果 2020 年的我们开着无人驾驶的汽车，带着人工智能机器人，和无人机穿越到 1900 年的清朝，能把清朝人吓一跳，在清朝人眼里，现代人就是“神”。而如果 1900 年的清朝火枪手带着西洋人供来的钟表、火枪火炮，穿越到公元 221 年期的秦朝，也能把秦朝人吓一跳，在秦朝人眼里，清朝人就是“神”。同样道理，如果公元 221 年前的秦朝人穿越到距今 170 万年前的北京元谋人时代，坐着战车带着弓弩，能把元谋人吓一跳，在元谋人眼里，秦朝人就是“神”。我们所在的时代，科学技术正比以往任何时候加速发展，人类尝到了科技的甜头，奋起直追。劳动使人站起来，由猿变成人。工具的发展，生产效率的提升，导致社会分工和阶级的出现。黑暗的中世纪之后的文艺复兴，极大地释放了人性，把人从宗教的束缚中解放出来，思想大解放的同时，伴随着大航海时代的到来，世界文明交互速度加快，思想的碰撞，工具的共同，带来了第一次工业革命。随后，蒸汽机、电、铁路、计算机相继发明，汽车、飞机、轮船等伟大发明相继问世。目前我们进入了人工智能时代，也被称作第四次工业革命。

三、各国文明分为 WAX 三个时代：温饱（W），安全（A），幸福（X）

我们把人类文明可以分为 WAX 三个时代：温饱（W），安全（A），幸福（X）。拿新中国来说，1949—1960 年根基不稳，还在打朝鲜战争，真正的国家站稳脚跟从 1960 年开始算起。1960—1990 年属于温饱（W）时代，1990—2020 年属于安全（A）时代，2020 年至未来属于幸福（X）时代。

而随着进入 X 时代，人工智能技术和生物芯片技术的普及，人类文明进化速度可能呈现出指数级别的加速，也就是说人类文明进化过程并不是线性的。毕竟地球生命有 40 多亿年，而很多现代文明的诞生也就是最近 200 多年。这就是作者此前描述的“跳跃进化”。

新中国的温饱（W）时代（1960—1990 年）：上山下乡 + 集体土地所有制 + 鼓励生育 + 大炼钢铁。从 1960—1990 年这 30 年属于温饱（W）时代，也是 60 后和 70 后占社会主力的时代。这一阶段的经济特征是以农业和重工业为主，当初的新中国百废待兴，年轻人上山下乡从事劳动，全国人民勒紧裤腰带造原子弹，大炼钢铁，当初还是农村土地集体所有制，农村劳动力都在公社的农田里劳动挣积分，按劳分配。那时候强调“人有多大胆，地有多大产”，鼓励生育，人口就是生产力。大部分劳动都是体力劳动，大部分人未接受教育。国家和人民首先考虑到的是生存，活下去，解决温饱问题。因此，文明把这 30 年定义为 W 时代，W 是温饱的拼音 wen 的首字母。

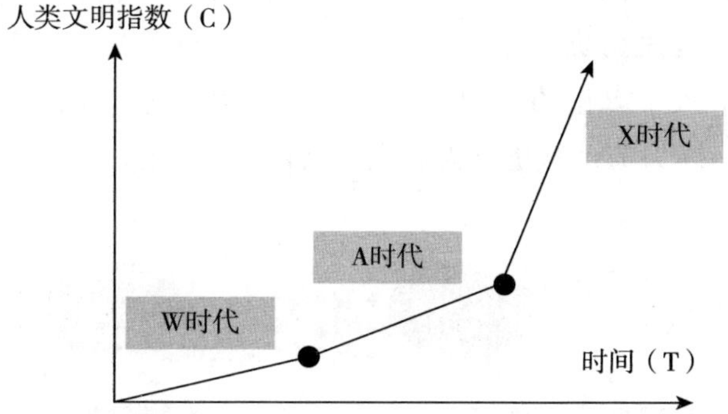

图 14–2　人类文明指数（C）：此为作者原创，定性说明文明进化速度在加快

新中国的安全（A）时代（1990—2020 年）：计划生育 + 恢复高考 + 改革开放 + 市场经济 + 家庭联产承包责任制。“计划生育”政策是在 1953 年被提出来，1971 年开始实施，1982 年正式写入我国宪法。中国新生儿最高峰是 1963 年，当年新生儿近 3000 万人，2019 年断崖式下跌至 1465 万人。1977 年，中断了十年的中国高考制度得以恢复，扩大了高等教育的入学门槛（1966—1976 年是由工、农、兵推荐上大学）。1977 年 9 月，中国教育部在北京召开全国高等学校招生工作会议，决定恢复已经停止了 10 年的全国高等院校招生考试，以统一考试、择优录取的方式选拔人才上大学。这是具有转折意义的全国高校招生工作会议决定，恢复高考的招生对象是：工人农民、上山下乡和回乡知识青年、复员军人、干部和应届高中毕业生。会议还决定，录取学生时，将优先保证重点院校、医学院校、师范院校和农业院校，学生毕业后由国家统一分配。1982 年 9 月被定为基本国策，同年 12 月写入宪法。主要内容及目的是：提倡晚婚、晚育，少生、优生，从而有计划地控制人口。1982 年 1 月 1 日，中国共产党历史上第一个关于农村工作的一号文件正式出台，明确指出包产到户、包干到户都是社会主义集体经济的生产责任制。此后，中国政府不断稳固和完善家庭联产承包责任制，鼓励农民发展多种经营，使广大农村地区迅速摘掉贫困落后的帽子，逐步走上富裕的道路，中国因此创造令世人瞩目的用世界上 7% 的土地养活世界上 22% 人口的奇迹。

新中国的幸福（X）时代（2020—未来）：大国崛起 + 鼓励创新 + 碳中和 + 土地流转。2020 年我国国内生产总值（GDP）为 14.7 万亿美元，稳居世界第二，是美国 GDP 的 70%，占世界经济比重预计达到 17% 左右。在前面几章中，我们从人口结构、智商、民族特性、地理位置、资源禀赋、历史规律等多方面论证了中国崛起是历史的必然，展望未来，中国必然会变成全球第一大经济体。中国人进入了真正的 X 时代，这代人不用为房子发愁，工作更多考虑兴趣、健康等，体力劳动被机器人和人工智能替代，80% 的劳动靠智力。

图 14-3　中国的 WAX 三个时代，正进入 X 时代

为了进一步解释清楚 WAX 三个时代的特征，我们创造性地提出一个新概念，叫“劳动三要素（TLI）”：我们把一个人的劳动能力分拆为：时间（T），体力（L），智力（I）。

表 14-1　WAX 时代和劳动 TLI 三要素

	温饱（W）阶段	安全（A）阶段	幸福（X）阶段
对应时间	1960—1990 年	1990—2020 年	2020—未来
年龄阶段	60~70 后	80~90 后	00 后
工作环境	农田 + 国有工厂	996 私企 + 个体户	私企 + 自由场所
劳动特征	80% 时间 +80% 体力 +20% 智力	100% 时间 +50% 体力 +50% 智力	20% 时间 +20% 体力 +80% 智力

续表

	温饱（W）阶段	安全（A）阶段	幸福（X）阶段
工作特点	大部分人未受教育，在公社和工厂以体力劳动为主，估算体力劳动占 80%，智力劳动只占 20%。但是按时下班，不会 996 加班，因此估算占用了 80% 的可劳动时间。	1980 年恢复高考，大部分人接受过中高等教育，但是 996 加班多，体力劳动和智力劳动各占一半。	00 后不用为房子发愁，工作更多考虑兴趣，健康等，拒绝加班，体力劳动被机器人和人工智能替代，80% 的劳动靠智力。
经济阶段	农业 + 重工业	轻工业 + 制造业	高端制造 + 服务业
政策指向	鼓励生育 + 上山下乡 + 大炼钢铁	计划生育 + 恢复高考 + 改革开放 + 市场经济	大国崛起 + 鼓励创新 + 碳中和
土地所有制	集体土地所有制	家庭联产承包责任制	土地流转

T 指的英文字母 Time（时间）。T 是一天除了维持基本所需外可以用的劳动时间，比如古人的“日出而作，日落而息”，或者现代人的 8 小时工作制，或者天天加班的 IT 民工所谓的“996”。一个人每天可用的劳动时间为 100% 的话，60 后和 70 后大部分人使用了 80%，那时候以公社的农田里种庄稼为主，或者在国有企业里准时上下班，那个年代很少加班。但是对于 80 后和 90 后来说，是奋斗的一代，中国加入 WTO 后经济飞速发展，这代受过中高等教育的年轻人想要出人头地，为了房子、车子、孩子，接受加班。中国强大崛起的背后，有成千上万的 80 后和 90 后在 996 加班，不分周末和节假日，无数送外卖的小哥牺牲健康和休息时间在飞跑着送外卖，他们的可用工作时间基本上被榨尽了，我们夸张估算 80 后和 90 后可用劳动时间占比 100%，也算是向他们的拼搏奋斗致敬。到了 X 时代，00 后这批人他们更多关注自己的身体健康，身心愉悦，由于大部分工作被机器人和人工智能替代，他们有大量的时间去娱乐和创造，我们粗略估算 X 时代的人可用劳动时间占比仅 20%。

L 指的是英文字母 Labor（体力）。L 指一个人的体力劳动能力，人在持续的体力劳动后会感觉疲乏，需要休息，体力是有限的。60 后和 70 后从事的大部分是体力劳动，要么在农田，要么在工厂，粗略估计 80% 的工作都是体力劳动。而 80 后和 90 后这代人很多已经从农田和工厂里走出来了，劳动工具由父辈的锄头镰刀变成了电脑，但是他们躲不开的是 996 和无穷无尽的加班。剩下没考上大学的可能在大城市打工，要么送外卖，要么在某电子组装厂生产线上工作。粗略估计 80 后和 90 后从事体力劳动的占比约 50%。到了 00 后这一代，进入了幸福（X）阶段，也就是所谓的 X 时代，大量的体力劳动被机器人和人工智能替代，他们更多的劳动是智力劳动，更多时间用来发明创造，要么开发出更智能的机器进一步提高生产效率，要么创作出好玩有趣的视频或者内容满足人们的精神快乐，要么研发出一款新的药品或者仪器，能大幅减轻老龄化带来的病痛或者延长人们的寿命。粗略估计X时代的00后从事体力劳动的占比仅仅20%。

I指的是英文字母Intelligence（智力）。I指一个人的智力水平，正如我们在前面“人类文明分两阶段：过去提高生产效率，未来追求精神快乐”章节所述：人类的大脑并没有得到完全的开发，我们现在使用的大脑也不过是1/10，甚至连1/10都不到，这1/10的大脑容量已经相当于200万G的内存了，所以人类自身的大脑还是非常强大的。60后和70后这代人勒紧了裤腰带，砸锅卖铁造原子弹，克服了60年的自然灾荒，大部分人都吃不饱肚子，哪里有时间和机会读书？因此，这个阶段人们劳动中需要智力参与部分较少，大部分工作就是按部就班地重复体力劳动，比如农田里除草，或者工厂里拧螺丝钉。如果假设人的智力总量为100%的话，我们从狭义的智力角度考虑，60后和70后这代人智力被开发的程度可能只有20%，这里不是贬义，而是粗略估计这代人受过高等教育的比例非常低，我们假设20%的人读过高中。1986年后，《中华人民共和国义务教育法》和《中国教育改革和发展纲要》相继颁布，为义务教育的发展提供了法律保障，中国开始了轰轰烈烈的九年义务制教育，这对中国接下来的30~50年国运而言是非常重大的决策。大批的80后和90后能顺利地走进高中，2018年我国总人口13.95亿，我国劳动人口为90199万，大学毕业生数量占全国劳动年龄人口比例为11.87%。

《2020年全国教育事业发展统计公报》显示：2020年，全国共有各级各类学校53.71万所，在校生2.89亿人，专任教师1792万人。2020年，全国共有幼儿园29.17万所。入园儿童1791万人，在园幼儿4818万人。2020年，全国共有义务教育阶段学校21.08万所。招生3440万人，在校生1.56亿人。专任教师1029万人。九年义务教育巩固率95.2%。全国共有普通小学15.8万所。小学招生1808万人，在校生10725万人。小学共有专任教师643万人。小学学龄儿童净入学率99.96%。2020年，全国高中阶段共有学校2.44万所。招生1504万人，在校生4127万人。高中阶段毛入学率91.2%。2020年，全国共有普通高校2738所。其中，本科院校1270所（含本科层次职业学校21所）；高职（专科）院校1468所。各种形式的高等教育在学总规模4183万人，高等教育毛入学率54.4%。

因此，这里我们假设80后和90后从事智力密集型相关劳动的比例约50%，或者说他们劳动中需要使用智力的时间约占50%。对于幸福（X）阶段的00后来说，他们的大学入学率将进一步提升，人人都是知识分子。这时候大量的体力劳动被机器人替代，他们的劳动时间也大幅减少，从事的工作也主要是和智力相关的创造性工作，我们粗略估算X时代的年轻人工作中从事智力劳动的占比约80%。

四、Z世代与X时代的区别？ X时代应该更加积极地获取财富

"Z世代"，是美国及欧洲的流行用语，意指在1995—2009年间出生的人，又称网络世代、互联网世代，统指受到互联网、即时通信、短讯、MP3、智能手机和平板电脑等科技产物影响很大的一代人。美国作家库普兰在他1991年的小说《X世代：加速文化的故事》中使"X"符号流行，1992电影"马尔科姆X（Malcolm X）"发行，所以"Generation X"留传下来。"X"是数学里的未知变量，代表人们对那一代人未定义的期待。来自X世代（1965—1980年），把X世代之后的15年（1981—1995年）定义为Y世代，把Y世代之后的15年定义为Z世代（1995—2009）。

表14-2 美国对人口年龄层的分类

人口分类	出生年代
Boomer	婴儿潮世代，生于1946—1964年的人
Gen X	生于1965—1980年的人
Gen Y	千禧世代，生于1981—1996年的人
Gen Z	生于1995—2009年的人

那么作家普库兰所定义的"X世代""Z世代"与本书中提出的"X时代"有什么区别呢？我在创作这本书的时候，第一时间想到了X时代，因为X充满了未知，不确定性，而且是中文里的幸福、享乐。当时我只知道Z世代，并不知道库普兰还定义了他认为的X世代。后来研究才发现，他定义的X世代和我定义的X时代有天壤之别：

（1）时代背景不同：普库兰定义的X世代指狭义的1965—1980年出生的那代人，代表一个群体，或者说是我们中国人经常提到的“60后和70后”，是人称代词。而我定义的X时代指的是2020年之后的所有时期，是时间概念，表示一段时期。我在前文中把人类文明分为WAX三个阶段。因为人工智能和机器人的普及，使得人类文明加速，提前进入了X时代。

（2）价值观不同：《X一代：在加速文化中失重的故事》作家生活在爆发于20世纪60年代的美国反主流文化运动的反叛精神，即承袭于50年代的“垮掉的一代”作家。“垮掉的一代”作家的作品蕴涵着50年代社会主体的意识形态、思维方式以及价值观取向。这本书是献给出生在60年代末70年代初的人们。主人公是拥有高学历的安迪、戴戈和克莱尔，终于在年近三十的时候辞掉了稳定的工作，他们剪断所有羁绊来到加利福尼亚沙漠，那里是一个可以让灵魂游荡其间的地方。为了寻求能让生活产生意义的巨变，他们选择生活在记忆的残片中。他们以禁欲、讲睡前故事、酗酒、做酒吧招待或商场售货员来消耗自己的生命。他们对自我极端追求。享受着充分的自我空间却摇摆不定，以及他们对所谓爱情、永恒和家的求索无望，追寻无门。可以看出，作者普库兰所描述的X世代的人充满了颓废，向往某种全新的波希米亚生存状态。而我定义的X时代的X代表着未知（X）和不确定，X代表着享（Xiang）乐、幸（Xing）福，代表着人类开始二次进化，智力劳动占比大幅提升，人类文明推进速度指数级别上升。

接下来为大家阐述下Z世代和我定义的X时代的关系。Z世代指1995—2009年间出生的一代人，指的是一批人。而X时代指的是2020年往后，是时间概念。X时代将是人工智能大爆发、无人驾驶和无人工厂普及时代，因此Z世代和X时代二者的概念范畴完全不同。

据联合国发布的人口调查统计显示，2019年“Z世代”的人口数量占全世界总人口的比例将达到32%。目前，中国的“Z世代”最庞大，总计有1.49亿人，到2020年将占据整体消费力的40%。也就是说，Z世代的青年将成为未来社会经济的主流，并代表未来国家发展的面貌。美国市场营销专家就曾指出，美国本土的Z世代人数已超千禧一代，在总人口中达到最大占比。而在中国，根据百度2015年发布的《95后生活形态研究报告》，95后人口总数约0.99亿，加之年龄更小的00后，中国的“Z世代”人口总数和占比同样不可小觑。

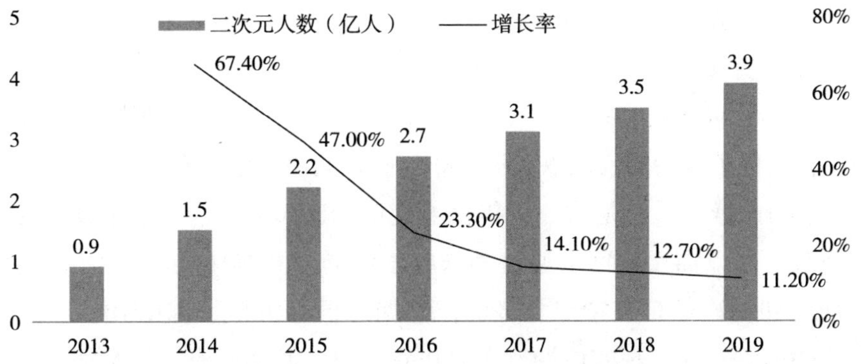

图 14-4　中国二次元人数及增长率

数据来源：艾瑞咨询。

Z 世代的特征有三个：第一，Z 世代更关心的是体验，同时也更节俭。他们尝试去挖掘最好的价值和服务。第二，Z 世代的青少年影响他们父母的消费，远大于千禧一代曾经的影响力。有较高的生活费用且其偏好能显著影响家庭购买决策。第三，Z 世代重视创新与独特性。作为互联网的原住民，Z 世代受着较高程度的教育，通过互联网和社交媒体平台能够使 Z 世代青年容易接触到更多样化的观点和事物，塑造了他们多元的价值观，能够接受和尊重文化、政治、种族、性别、性取向等各个领域的多样化。同时也喜欢塑造自我风格，希望在全球同龄人中显得与众不同，更加注重创新和独特性。由于智能移动设备和无线宽带的普及，随时随地浸入虚拟世界变得唾手可及。虚拟世界已经成为年轻人交流和娱乐的主要场所，他们在赛博世界中构建起更加封闭和细分的圈层，创造出用于和同伴交流的一套独特的语言，这些语言也被叫做“黑话”。对于圈层外的人以及他代际的人群而言，它们通常有着较高的理解成本。诸如语 C、cdx、扩列、养火、nss 等来自 95 后的黑话。

表 14-3　Z 世代职业分布图（截至 2019 年底）

职业	在校学习	白领	自由职业	个体户	无业	企业高管	专业人士	公务员	蓝领
占比	49%	26%	10%	4%	3%	2%	4%	1%	1%

数据来源：智联招聘。

对于中国的 Z 世代来说：1995—2009 年间出生的这一批人，自从他们懂事开始，就已经没有了兄弟姐妹的概念，大家都是独生子女。而同学对他们来说，也更接近于竞争者的形象，因为高考是1999年开始扩招的，这一批Z世代已经能直接开始感受到竞争和学历贬值的压力了。当然，从结果上讲，这批人是幸运的，他们的高校入学率（42.67%）是上一代的两倍（17.70%），这也使得他们毕业后的收入以每年200~500元的幅度稳步上升。

B站的火爆本质上是这一代年轻人变得无比孤独。这一批年轻人其实是异常孤独，所以需要在网上通过梗来寻求认同感和群体感。非主流文化里，很多词汇和说法都是有特定含义的，比如“很有精神”“GIEGIE”“哲学”，但是这些词汇有什么现实内涵或者真正意义吗？其实没有。但是您为什么还会看得很开心，因为您发现自己其实并不孤单，在这个世界上，还有其他人也和您刷同一个梗，看同一个视频，做同样的事情，喜欢同样的东西。Z世代会因为这么简单的东西而感动，已经没有什么比这个更孤单的事情了。

Z时代的消费理念也发生了很大改变。他们的资源禀赋和可支配收入是增长的，但是问题是涨不过房价，这里陷入了一个尴尬的境地：如果涉及买房育娃，那么收入的增长杯水车薪；但是如果不涉及买房育娃，由于人均GNI（也就是人均可支配资源）在稳步提升，他们的收入又是很充裕的。所以一旦放弃生娃，很多人发现自己凭空富了十倍，所以会有宠物、游戏、汉服和盲盒消费的爆发，背后隐含的是一批人彻底躺倒放弃，这反过来又压制了新生儿的数量，并导致至今人口普查数据的难产。这一批年轻人，他们没有兄弟姐妹，他们的收入比上不足比下有余，他们的同龄人更像一种竞争者的形象，他们对互联网的亲和度远高于他们的父辈，这也导致了两代之间的代沟更大。

Z时代的中国年轻人宁愿坐在直播间里哭，也不愿留在生产线上笑。时代变了吗？没变。变的是主流消费者，有欲望的Z世代消费者强势地崛起，震得情怀一代的大叔都不得不对着手机骚首弄姿。曾经热火朝天的旅游圈，也遭遇了世纪大瘟疫的灭顶之灾，连专心研究世界人口趋势的梁建章，都开始玩起了Cosplay，还有无数代码农出身的CEO纷纷尬聊，在手机摄像头之下，强颜欢笑。这便是Z世代所引发的以新一代消费社群在全新的消费场景中颠覆传统人货场的浪潮。

日本作家三浦展的《第四消费时代：共享经济的新型社会》以日本消费社会为研究对象，将1921年到2012年划分为了四个消费社会，作者提出日本在2005年已经进入第四消费时代。作者提出第一和第二消费时代的特征就是从物质匮乏到物质过剩的过程，对中国而言，大致是从新中国成立到改革开放、改革开放到2008年金融危机这两个阶段。第三消费时代区别于第二消费时代的核心是个性化，趋于感性，追求品牌和质量，享受服务，中国大体还处于这个阶段。而第四消费时代区别于第三消费时代的关键是从个人转向社会、从利己转向利他，也就是说更加注重消费行为对社会的影响，这也是为什么消费中的环保越来越受到重视，文化消费也兴起。从中国的情况来看，汉服的兴起是一个典型代表。

五、赛博朋克与X时代的区别？生产效率提升，物质财富将极大丰富

赛博朋克（英语：Cyberpunk）是“控制论、神经机械学”与“朋克”的结合词，又称赛伯朋克。赛博朋克的情节通常围绕黑客、人工智能及大型企业之间的矛盾而展开，背景设在不远的将来，一个反乌托邦地球，而不是早期赛博朋克的外太空。它实际上标志着针对以往科幻小说不注重信息技术的具体设定的缺点的改善和进步。劳伦斯·普尔森曾尝试定义赛博朋克文学运动的内涵和社会思潮：经典的赛博朋克角色是边缘且性格疏远的独行者。他们生活在社会群体的边缘，一个弥漫反乌托邦氛围的未来：日常生活受到急剧改变的科技影响，普及的计算机化信息笼罩全球，以及侵入性的人体改造。

说起“赛博朋克”四个字，总会让人脑海中很有画面感：人人都有的机械义肢、错落的布满各国文字的霓虹广告牌、像香港九龙城寨一样堆砌的贫民窟建筑，以及透明的伞、透明的衣物、透明的街边广告。赛博朋克很大部分是源自1960至1970年代的新浪潮科幻运动。赛博朋克这个词最早起源于19世纪中下页的科幻小说中，其中典型的代表作为菲利普·狄克所写的《仿生人会梦到电子羊吗？》最为经典，小说更是在1982年被改变为电影《银翼杀手》，火爆一时。赛博朋克文学中，大多故事发生在网络上、数码空间中。现实和虚拟现实之间的界限很模糊。此流派经常使用人脑和电脑的直接连接。赛博朋克经常以隐喻义出现，反映了人们对于大公司企业、政府腐败及社会疏离现象的担忧。一些赛博朋克作家试图通过他们的作品，警示人类社会依照如今的趋势将来可能的样子。因此，赛博朋克作品写作的目的是号召人们

来改变社会。通常以骄傲、目空一切的态度看待在城市中犄角旮旯生存的过街老鼠为展开。

赛博朋克时代可能提前到来。各种新兴科技，例如新材料、VR、3D 打印技术、黑科技越多，越有赛博朋克的味道。每一个新材料的研发和使用都是对文明的巨大推动，从石器到骨器，原始社会进入了奴隶社会，后来发现了青铜器、铁器，古代的王权社会就建立了，士农工商持续了很长一段时间，近代是科学发展的黄金年代，几乎每个十年和之前都是巨大的变化，蒸汽到电气、核能、无线电、半导体的不断推出。当世界被科技包围的时候，您看到的可能是机器想给您看到的，这样的世界要分辨什么是真实，甚至什么是作为人的意义是尤为困难的，甚至出现黑客帝国中的设定的“笼中之脑”也不是什么稀奇的了。在 1969 年日本机器人专家森昌弘提出“恐怖谷”理论，这个理论说的是一个关于人类对机器人和非人类物体的感觉的假设，该假设认为，人形玩具或机器人的仿真度越高人们越有好感，但当超过一个临界点时，这种好感度会突然降低，越像人越令人反感恐惧。

赛博朋克与 X 时代的联系和区别又是什么呢？可以看出，赛博朋克是一种社会思潮，而 X 时代定义的是未来时代，X 时代会出现赛博朋克文学描述的机器和人的深度融合，但是 X 时代的含义远远不止赛博朋克，X 是未来，是未知，是不确定性。另外，赛博朋克文学有着强烈的反乌托邦和悲观主义色彩。他们通常将视角放在未来科技高度发达的大时代下的底层小人物上，描写太平盛世表象下社会的腐朽与人性的堕落，对未来做出悲观的预言。但也是在这阴暗的角落将会诞生怀有希望的英雄。而我所定义的 X 时代是积极向上的，描述的是 X 时代的人开始加速进化（二次进化），更多地摆脱了低等级重复劳动，人工智能和人深度融合，人的大脑被二次开发，人类文明前进速度指数化上升，X 时代的人更多地追求精神世界的快乐，包括享乐主义和幸福感增强，更多地关注自身和宇宙的关系，人生的意义，做更多创造性的、有意义的事情。

六、躺平（Lying flat）与 X 时代：以什么姿势躺平还能获得财富？

我所定义的 X 时代指的是 2020 年后到未来很长一段时间。在这个阶段，由于各国生产力发展水平不同，部分国家可能还处在我定义的 WAX 时代中的 W 或者 A 时代。但是先进文明国家已经提前进入了 X 时代，他们是人类文明的杰出代表。而提起 X 时代，大家不由得想起了最近比较流行的“躺平”和“内卷”。那么 X 时代和躺平、内卷又有什么关系呢？我认为，现在大家看到的内卷是暂时的，是因为全球处在康博周期的萧条期，全球国与国之间、国家内部都在出现不同程度的内卷现象。这种现象可能一直会持续到 2040 年左右，人类可能出现新的革命性技术，带领人类文明加速前进，摆脱全球内卷的困扰，进入新的康波周期。

什么是躺平？躺平是网络流行词，指无论对方做出什么反应，您内心都毫无波澜，对此不会有任何反应或者反抗，表示顺从心理。另外在部分语境中表示为：瘫倒在地，不再鸡血沸腾、渴求成功了。躺平看似是妥协、放弃，但其实是“向下突破天花板”，选择最无所作为的方式反叛裹挟。年轻人选择躺平，就是选择走向边缘，超脱于加班、升职、挣钱、买房的主流路径之外，用自己的方式消解外在环境对个体的规训。为什么会有人躺平？因为只要有人躺赢，就一定会有人躺平。躺平不是不奋斗，而是拒绝为别人的利益奋斗。经济社会的泡沫来自欲望，欲望越大，泡沫也就越大。但是这代受过高等教育的年轻人很聪明，他们知道社会有泡沫，也知道制造这些泡沫的人，希望他们继续奋斗，好让泡沫更持久一些。比如现在的高房价泡沫，或者货币乱发导致的社会贫富差距现象，部分 00 后拒绝击鼓传花，有人选择了比特币等数字货币来避险。据统计，目前比特币造就的富豪里大部分是 90 后和 00 后，他们容易接受新鲜事物，选择比特币也是一种和旧有的泡沫受益者的对抗方式。甚至很多躺平者直接砍掉了欲望，把泡沫捏碎，开始躺平。有人说躺平可耻，如果拒绝被资本控制，拒绝被他人精神奴役，重新拿回自己的时间和生活方式的掌控权，也是可耻的话，那么很多哲学家可能要着急地跳起来了。

十多年前，同样被口诛笔伐的一个群体叫“啃老族”，现在为什么没人提起了？因为大部分人不啃老，根本无法生存，不掏空六个钱包，根本买不了房。当一种现象成了常态，人们就懒得提了。十年前开始有女权主义者反问：为什么男人不主动追求女人了？因为越来越多的男人在两性博弈中，逐渐看清楚了一个现实，那就是吸引异性的最有用的是颜值和财富，其他大部分是徒劳无用的。颜值靠遗传，财富在自己结婚恋爱的年纪想拥有，也基本靠遗传和继承，多么无助和无奈？这个问题的本质还是经济发展过快，物欲横流冲击了很多人的价值观，导致社会价值观普遍单一。年轻人不崇拜科学家，崇拜明星，年轻人追求豪车豪宅，幻想着天天遇到高富帅、白富美，却不肯和门当户对的另一半携手奋斗，年轻人追求感官的刺激，不追求精神的丰富多彩。想象 60—90 年代相亲结婚的时候，很多人可能会选择有趣的灵魂，那时候崇拜科学家、知识分子、公务员、铁饭碗，而不是单一地追求有钱人。其实在任何时代、任何社会，财富都不可能是均匀地平均分布，而是呈现出幂律分布，就是少数人占有多数社会资源，大部分贫穷或者平庸。但是生活不是简单的二元对立，很多人把豪车豪宅锦衣华食的对立面简单粗暴地看成了毫无希望和狗苟蝇营。在看不清未来或者努力比较辛苦的时候，恐慌地把最糟糕的结局设想成自己的必然归宿，然后开始陷入绝望，进入不买房、不恋爱、不结婚、不生育、不消费，只维持基本生存状态的状态，进化成了“躺平族”。

其实日本年轻人已经躺平 30 年了。第二次世界大战之后的日本，在美国的扶持下，闷头搞经济，战后的日本迎来了经济高速发展期。到了 80 年代，日本经济世界第二，一度叫嚣买下美国。男人们开着豪华跑车，打着高尔夫，奔赴各种高消费的场所，女人们的任务也是想法花钱，每天拎着不同款式的奢侈品包包出门，全世界四处玩，喜欢就买。那时候日本人信心爆棚，每天的办公楼、饭馆门口，打车的人都直接拿着钞票叫车，打个车能给 2 万日元小费，拿钱不当钱。标志事件是三菱直接以 2200 亿日元买下了纽约的洛克菲勒大楼，这也在美国掀起了日本威胁论。反正 80 年代就是日本的高光时刻。随着广场协议的签署，日本加息刺破了房价泡沫，日本经济一落千丈，随着泡沫爆掉，经济失速，店铺工厂纷纷倒闭，工人陆续下岗，无数人“一夜爆负”，自杀率陡高。昭和结束，日本就进入了平成时代（1989—2019 年）。“平成养豚”，全社会进入了低欲望社会，混吃等死的平成废物们，也说出了“如果国家需要我做出牺牲才不会灭亡，那就让国家灭亡吧”这样的话。

进入平成时代，日本年轻人选择躺平。躺平的日本年轻人群体有两个特点：（1）没有购买欲望，省钱成风。官方调查显示，日本 20~29 岁的年轻人中，人均储蓄额 184 万日元（约合 11 万元人民币），比其他国家的高很多。但不买房、不买车，只想存钱，有关如何省钱存钱的书籍和电视节目在这部分人群中非常受欢迎。（2）恋爱欲望也在逐渐下降。单身人口比例已经高达 30%。其中，50 岁之前从未结过婚的男性比例为 23%，女性比例为 14%，这个数字还在持续上升中，专家预计到 2035 年将有一半的日本人单身。而且，这个数字还在不断升高。于是，日本连续多年新生儿数量屡创新低，2005 年就开始出现人口负增长。现在的日本，每 34 秒才有一个人出生，但每 23 秒就有一个人死亡，按照这个速度，2053 年日本人口将跌破 1 亿，到 2065 年，日本人口将降至 8808 万。到那时候，超过 40% 的人口都是老年人。

也许有人会批评躺平一族，说躺平是不负责任，对不起父母和社会，认命可以，躺平不行。从经济学来说，躺平现象本质上是追求性价比的行为，因为再怎么努力对生活改善也非常有限或者边际递减，干脆选择放弃继续努力，获得相应的适度回报。努力未必成功，但是放弃一定轻松，前提是自己降低欲望，这就是躺平。其实我们从上述分析发现：躺平没有对不起别人，只是对不起自己。累了可以躺下，但躺下不是永远躺下，而是躺下想清楚，躺下是为了有一天重整旗鼓，发现机会再次出发。毕竟古人云“君子藏器于身，待时而动”，重点不在于“藏着”，而在于“动”，低欲望的生活状态，是年轻人在被消费主义长期毒害后，产生的机体免疫力，现在的各种广告铺天盖地而来，大数据的使用更加精准地刺激着年轻人的神经，互联网金融和网络贷款公司的繁荣，进一步透支了年轻人的未来，催化了他们正确的价值观和消费观，别人有的我也要有，而且我现在就要有，最终很多人被高利贷逼上绝路。可以看出，部分年轻人被社会毒打，或者认清现实后产生了对消费主义的免疫，就像对流感产生的“抗体”一样。我们可以不好高骛远，追求能力之外的东西，放慢自己的生活节奏，不给任何人操纵自己的时间，支配自己的内心欲望，榨取剩余劳动价值的机会。抢回来属于自己的时间可以，但问题是如何更好地利用它，不能简单地拒绝一切无所事事，得过且过，还是应该把精力用来提高自己、自我成长、提升自己维度，让自己摆脱“怎么努力也没用”，由靠体力赚钱到靠智力赚钱，年轻人要适应进入 X 时代后社会的生产生活方式，财富形式和财富获得方式和以前大不相同的变化，这也是作者写这本书的初心之一，希望对迷茫中感觉自己怎么努力都没用，看不到希望的年轻人有所帮助。

躺平这个词有点消极，可以用另外一个词替代“选择自由”，躺平和选择自由的区别在于：在您保持低欲望生活状态的时候，不是躺在床上玩游戏，沉迷于生理刺激，而是要沉淀自己，等待有朝一日能抓住机会，打破躺平的状态，毕竟人怎样都是一辈子。而且要反思自己凭什么觉得自己一辈子注定平庸？王侯将相宁有种乎？击败年轻人的不单单是高房价，而是价值观的毁灭，迫切需要重塑。回想几十年前，房子是国家分配的，但是当时婚姻的决定因素不是房子，而是自行车、手表、缝纫机，是铁饭碗，工作的稳定性，问问现在的年轻人，还愿意找戴着手表、骑着自行车、在钢厂工作的吗？一代人有一代人的机会，您要做的就是，不要让时代的悲哀成为您的悲哀，不要让时代的机会，因为自己的懈怠从自己身边溜走。所以，永远不要否认未来的无数可能性，生活和生命本来就应该是丰富多彩的，每个年代有每代人各自的烦恼。试想如果这样，怎么会有伟大的中国共产党带领中国人打败日本成立新中国？怎么会有邓稼先等一批科学家放弃利益隐姓埋名制造原子弹，让中国人扬眉吐气给了国家安全感？怎么会有袁隆平这样低调踏实的科学家扎根农田发明籼型杂交水稻解决中国人温饱问题？其实世界是多元的，价值观也是多元的，不是大家看到的现在的极致的消费主义、唯富论。

七、内卷（Involution）与 X 时代：面对内卷，如何让自己的财富增长？

内卷化是网络流行词，指同行间竞相付出更多努力以争夺有限资源，从而导致个体“收益努力比”下降的现象。“内卷”的英文是 involution，更广阔的含义是：包（内）卷；卷入；纠缠，动词形式为 involvere，意为包裹缠绕。直观地说，“内卷”就是向内演化。更宽泛点说，任何无实质意义的消耗都可以称为“内卷”。内卷可以看作是努力的“通货膨胀”。也指一种社会或文化模式在某一发展阶段达到一种确定的形式后，便停滞不前或无法转化为另一种高级模式的现象。如果我们把 70 后、80 后、90 后、00 后做个对比会发现：各个年龄阶段都开始内卷。70 后认为，没赶上大学就难有出头之日。80 后认为，房价转折，错过机会就完蛋，竞争激烈。90 后认为，房价上天，六个钱包，996骨干。00后认为，不知道为什么加班、内卷。80后认为70后占着位子，90后认为80后都是舔狗，00后认为70后、80后、90后都没有梦，没有梦的都是咸鱼，改变世界只能靠自己。70后认为他们进行了改革开放，80后认为他们是社会中坚力量。90后认为他们不再讲关系。00后认为他们思想最为开放和前沿。

全社会内卷：学区房焦虑，本质上是社会竞争加剧，新的中产阶级想通过教育把自己的阶级成分保留下来。1980—1990年这代人是享受义务教育的一代人，他们中部分聪明又勤奋的通过高考考进了大城市，毕业后获得了体面的工作和不菲的收入，落户在大城市。他们的后代也顺利地落户在大城市成为新的城市人，但是社会竞争显然在加剧，新生代中产阶级有莫名的焦虑感和恐慌感，担心自己的子女会被淘汰，或者阶级成分下滑很难维持自己目前的生活水准。作为教育的受益者，新生代中产阶级罕见地对自己的子女教育进行大手笔的投入，首先是砸锅卖铁买学区房，北京一套80年代的老房子，11平方米的面积价格可以卖到530万，因为它是学区房。除了高昂的学区房，还有各种课外补习班琳琅满目，从学而思数学到VIP英语，从钢琴到美术课，甚至骑马射箭高尔夫等。孩子上小学竞争越来越大，连小学生都需要一份简历。最终的结果是大家都很疲惫，全社会处在莫名的焦虑之中。最终的结果是有钱的新中产阶级因为子女上得起补习班，将来考上更好大学的概率要比贫穷不参加补习班的孩子高，有更好的出路，而贫寒子弟再也无法像自己的父辈那样，靠自己的勤奋和智慧考进好的大学，从而出人头地。这样社会阶级的流动性正在枯竭，阶级逐渐固化，无形中增加了社会的不稳定性。好在党中央睿智发现问题并及时制止了K12教育课外培训。

其实全世界都一样，大多数国家都有各式各样的学区房。美国学校只有公立学校，是采取“就近入学”的原则。美国法律规定，任何居住在某一学区内的孩子，都享有免费就读于该区公立幼儿园、小学和中学的权利，这就形成了“学区”。首先，美国对学区房的精准定位在高中。在美国，决定一个孩子未来能读哪所大学的，都集中在高中阶段。而且对于强调孩子综合能力的美国价值观而言，一个只会念书考高分而没有社会活动的学生往往不会被好大学录取。在美国，公立中学的国际生比例远远少于私立中学，且学费远低于私立中学，奖学金也更容易申请，因此，公立学区同样受美国家长的青睐。与中国不同，美国的学区划分跟行政区划分没有直接关系。因为学区内的一切事务，都归学区政府管，学区政府独立于行政区政府。在美国，一般都按照城市和邮政编码来划分学区房。有时候，仅是相隔一条街，两方的房价便可相差好多倍。美国学区更受其社区的影响。准确来说，美国学区与其所属社区的关系相辅相成、互相影响、互相作用。在美国，其社区有着明显的社会阶层分化；富人有富人区，穷人有穷人区，而中产阶级也倾向于集中居住，集群而栖。在美国，一个“好社区”更容易孕育出一个“好学区”。某处学校的教育理念以及教育资源也因为学区的房价而产生分化。比如，美国公立学校的教育经费就主要由该社区内的房产税所“供养”。从一定程度上来看，富人社区的小孩可获得更好、更优质的教育资源；并且，美国小孩也更容易接触到同阶层的同龄人，与之为伍，与之为学。美国的学区划分十分细致，甚至会具体到街道和门牌号。每一个家庭地址都会被划分到一个学区，都会有指定的公立学校。一般来说，学生如果想跨区上学，或者就读指定学校以外的学校，会比较困难。就算房子附近有很多所学校，孩子也只能上指定的几所。

表 14–4　2017 年高考人数和清华北大录取人数

	录取人数	比例
清华北大	6598	0.03%
985 高校	15 万人	0.79%
211 高校	46 万人	2.41%
一本	114 万人	5.97%
本科	309 万人	16.2%
高考	920 万人	48.2%
高考适龄人口	1909 万人	100%

注释：适龄人口是 1999 年的出生人口数，假设他们 2017 年参加高考。

“内卷化”一词源于美国人类学家吉尔茨的《农业内卷化——印度尼西亚的生态变化过程》，根据吉尔茨的定义，“内卷化”是指一种社会或文化模式在某一发展阶段达到一种确定的形式后，便停滞不前或无法转化为另一种高级模式的现象。这一概念最早是用来研究爪哇的水稻农业。在殖民地时代和后殖民地时代的爪哇，农业生产长期以来原地不动，未曾发展，只是不断地重复简单再生产，不能提高单位人均产值。最早把内卷这个词引入中文世界的，是海外回国历史学者黄宗智，他在 1985 年出了本书，叫《华北的小农经济与社会变迁》。书里说中国的小农经济因为劳动力过多，土地有限，形成一种过密化增长。农民在人口压力下，不断增加水稻种植过程中的劳动投入，以期待获得更高的产量。然而劳动的超密集投入，并未带来产出的成比例增长，还出现了单位劳动边际报酬递减的状况。其实，中国的内卷自古有之。造成“内卷”的主要缘由在于悠久而深厚的传统：重农抑商。清朝统治时期，为了减轻农民税负。从康熙到雍正摊丁入亩正式废除人头税，提高了农民劳动积极性。最显著的结果是，康乾时期中国人口增长率和数量超过前代：多生可以增加劳动力，边际成本却下降，农民乐于生育。明末土地兼并极其严重，太湖流域90%的土地都在地主阶级手中，皇室在全国更有大量皇庄。到了明朝，人多地少导致出现所谓的“马尔萨斯陷阱的现象”。

那么，内卷与马尔萨斯陷阱现象的关系是什么呢？200多年前，一位名叫马尔萨斯的英国牧师出版了一本小册子《人口原理》。书中描绘了英伦岛国人口膨胀的可怕前景。200年间，英国通过开拓殖民地、推进工业与技术革命以及开展对外贸易，安全绕过了“马尔萨斯陷阱”。马尔萨斯陷阱的现象指的是人口增长是按照几何级数增长的，而生存资源仅仅是按照算术级数增长的，多增加的人口总是要以某种方式被消灭掉，人口不能超出相应的农业发展水平。这个理论就被人称为“马尔萨斯陷阱”。在工业革命之后，大约经过了100多年的时间，西方人口生产上的“两高一低（高出生率、高死亡率、低增长率）”就逐步被“三低（低出生率、低死亡率、低增长率）”趋势所取代。许多经济学家认为高死亡率的各种因素，是人口在生产与农业时代生存资料实现匹配的关键过程。马尔萨斯说战争、饥荒和瘟疫都是促使人口下降到与生存资料生产水平相适应的道路，人口数量要在某种方式和程度上与农业发展成比例的观点是一个内含的逻辑。按照西方的历史经验和学术智慧，在工业革命之前的时代，人口迅速增加是不可能的，必然要受到马尔萨斯陷阱的限制。但欧洲人口增长确实发生在工业革命之前，这主要得益于智利的硝石开采和秘鲁沿海的鸟粪石资源，这促使欧洲在化肥工业成长起来之前，就大幅度地提高了农业的单产水平，这是欧洲突破马尔萨斯陷阱的历史因素。但不论明清，国家税负几乎完全依赖小农经济，工商税微乎其微。国家在宏观上没有改变生产关系的迫切需要，而农民则被税负绑定在土地上。种植棉花本是商品经济发展的结果，朱元璋却把这变成农民的义务，同时给予相对优惠的税收。为此，国家从诸多方面抑制这种生产关系的扩大，海禁是针对市场，斥责“奇淫巧技”是针对技术。

综上可见，“内卷”的根源在于生产关系束缚了生产力。清朝两次大规模人口迁徙的差异，可以进一步证明。清朝统治下有闯关东。东北黑土地是中国最肥沃的土地，地广人稀，现已成为中国大农场、机械化程度最高的地区。清朝农民开垦东北时并没有人多地少的矛盾，却和“内卷”地区一样，固守小农经济，没有半点大农场、机械化的苗头。对于重农抑商，儒家与法家不谋而合，这明显阻碍了中国资本主义的萌芽和发展。

回顾了历史，再看看当下的世界。全球内卷仍在加剧：贸易摩擦，贸易保护。内卷的本质是增量没了，存量竞争。全球目前处在康博周期衰退期，表现出来就是技术进步速度放缓，各国 GDP 增速放缓，贫富差距加大，内部矛盾激化，必然想办法转移国内矛盾，对外表现出来的就是贸易摩擦，甚至 1930 年后的第二次世界大战。因此，贸易摩擦本身就是国家内卷行为。国家政权内卷化指的是，国家机构不是靠提高旧有或新增机构的效益，而是靠复制或扩大旧有的国家与社会的关系，如中国旧有的营利性经济体制来扩大其行政职能。“政权内卷化”与“农业内卷化”的主要相似之处在于：没有实际发展的增长（即效益并未提高）；固定方式（如营利性国家经济）的再生和勉强维持。

八、奶嘴战略（Tittytainment）与 X 时代：拒绝奶嘴，积极争取财富

奶嘴战略（Tittytainment）：1995 年的一天，乔治·布什、撒切尔夫人、比尔·盖茨等 500 余位政商名流齐聚旧金山，想商量一个对策，一劳永逸地解决“二八定律”带来的冲突。当然，这是书面说辞。更直白的说法是这样的：怎样才能保护好到手的权力、财富，不被底层人民暴力抢走。老谋深算的马基雅维利主义者布热津斯基，在这次大会上，提出了一个皆大欢喜的概念——奶嘴战略。这个战略简单粗暴，用一句话概括就是：用垃圾填满闲暇时间，用奶嘴堵住悠悠众口。会上，布热津斯基热情洋溢地推销着他的伟大发明，剔除少儿不宜部分，“奶嘴战略”可以实施的内容有：网络游戏，网络口水战，肥皂剧，明星丑闻，真人秀娱乐节目。这战略过于阴险，上不了台面，与会的大佬们虽心领神会，却并没在公开场合过多提及。基于二八原则，20% 的人占有

80% 的财富和资源，80% 的人将会被“边缘化”。所谓这个“Tittytainment”奶嘴战略指的就是，要在这 80%“边缘人”的嘴中，每人都塞上一个“奶嘴”。这样就可以达到安抚他们的心灵、消除他们的不满、消磨掉他们的精力、让他们安分守己、没有时间学习，甚至都不能独立思考的目的。“奶嘴”战略，不用一把刀枪，不废一粒子弹，就能摧毁一个国家和那里的人们。

“奶嘴战略”的实施通过两点：①发泄性娱乐。如鼓励暴力网络游戏、鼓动口水战等。②满足性游戏。如拍摄大量肥皂剧和偶像剧、大量报道明星丑闻、播放大量真人秀等大众娱乐节目。奶嘴战略关键要吸引 80% 的“边缘人”的注意力，全部吸引到这些毫无实际用处的内容上，他们大把的时间，也被消耗在这些毫无价值、娱乐至死、感官刺激的平台产品之上，也让他们渐渐地适应了这种丧失思考能力、心灵被麻痹、情绪被宣泄的生活状态，这让 80% 的“边缘人”，安于现状，游手好闲，寻欢作乐。

总之，躺平、内卷、奶嘴战略冲击着这一代年轻人，但是作者还是希望大家乐观起来，作者写这本书是要告诉年轻人，人类正在开始二次进化，进入 X 时代，社会的财富观、价值观、财富的表现形式都会和现在大不相同，未来物质会极大丰富，房子、车子都不再是问题。能给他人带来快乐和健康的人，会越来越受到其他人尊敬，获得更多的财富。没人规定成功就是发财，古人云“达则兼济天下，穷则独善其身”，人可以没有物质追求，但绝不可能没有精神归属和高贵的灵魂。比失去财富更可怕的是，失去信念，失去梦想。周星驰在《少林足球》电影中说“做人如果没有梦想，和咸鱼有什么区别？”也许我们生而普通，但是也要活得精彩，至少奋斗过，此生无悔。而且我前章论述过，为社会创造价值的人，迟早会获得奖励，现在年轻人心态有些浮躁，可以放平心态，学会延迟满足。就像投资股票，要学会价值投资，认识到时间的价值和复利的力量。

最后，用鲁迅《热风·随感录四十一》的文章与大家共勉：愿中国青年都摆脱冷气，只是向上走，不必听自暴自弃者流的话。能做事的做事，能发声的发声，有一分热，发一分光，就令萤火一般，也可以在黑暗里发一点光，不必等候炬火。此后如竟没有炬火：我便是唯一的光。倘若有了炬火，出了太阳，我们自然心悦诚服地消失，不但毫无不平，而且还要随喜赞美这炬火或太阳；因为他照了人类，连我都在内。我又愿中国青年都只是向上走，不必理会这冷笑和暗箭。

第四部分：

解密X时代的财富密码：财富靠权益投资

第十五章
X 时代的新背景、新变化、新机遇

在前几章里，我们回顾总结了全球富人发家史，回顾了新中国四个发展阶段，为了更清楚地了解未来十年的财富机会，本章将先预测并解读一下未来十年将大概率出现的新特征、新变化、新机遇。在此基础上，帮助大家剖析未来十年的财富密码。

一、X 时代四大背景

1. 中美摩擦长期化

2019 年五一劳动节，当全体中国人正沉浸在节日的欢乐中的时候，14000 公里之外的美国白宫传出坏消息，愤怒且咆哮的时任美国总统特朗普发起了对中国的贸易战，妄想以此扭转美国的贸易逆差，并在即将到来的 2020 年大选时获得更多美国人的支持得以连任。2019 年五一后的中国股市一路狂跌，上证指数短短 3 个月时间里，从 2019 年 4 月末的 3288 点跌至 8 月初的 2733 点。

中美再也回不到过去。回顾中美关系，多次分分合合，都是为了利益。从第二次世界大战期间美国中国共同抗日，到朝鲜战争双方刀枪相对；再到

1972 年尼克松访华后，中国替美国打了一场代理人战争——对越自卫反击战，再到 1999 年美国轰炸南联盟大使馆一度交恶；再到 2001 年艰难的入世谈判，2001 年的 9・11 事件客观上救了中国一把，美国战略重心被迫转移到“反恐”上来，伊拉克战争牵扯了美国的精力，中国得以休养生息获得战略性喘息机会和发展；2002—2008 年是中国加入 WTO 后外贸飞速发展时期，国内“铁公基”建设如火如荼，2008 年又是中国一次战略性“续命”的机会，美国早已对中国摩拳擦掌，但是 2008 年爆发的美国“次贷危机”让美国不得不先腾出手来搞定内部经济危机；时间到了 2019 年，中国当年的 GDP 总额约 99 万亿元，达到美国的 70%，美国再也坐不住了，中国 GDP 以每年 6% 以上的增速在发展，美国 GDP 增速已经跌至 2% 左右，照此速度，中国用不了多久就会超越美国。这让美国人不得不想起了历史上的日本，1985 年，日本当年的 GDP 总额也达到了美国的 70% 左右，美国人在 1985 年逼迫日本签署了“广场协议”，当时美国财政赤字剧增，对外贸易逆差大幅增长。美国希望通过美元贬值来增加产品的出口竞争力，以改善美国国际收支不平衡状况，所以签订此协议。随后日本经济一落千丈，经历了痛苦的“失去的二十年”。直到 2019 年，当年日本 GDP 总额约 5.08 万亿美元，是美国当年 GDP（21.4 万亿美元）的 24%。2019 年，美国特朗普总统在他任期的最后一年，黔驴技穷的最后一搏，发起了对中国的贸易战，中国再也不是 1949 年新中国成立后一穷二白的国家，也不是 1980 年贫穷潦倒的发展中国家，中美再也回不到过去。未来 10~20 年，全球经济进入“康博周期”的萧条期，表现出的就是大部分国家经济增速放缓，叠加疫情、政治博弈、贸易摩擦等因素，中美摩擦将长期化。

而且，中美还面临着“修昔底德陷阱”，指一个新崛起的大国必然要挑战现存大国，而现存大国也必然会回应这种威胁，这样战争变得不可避免。此说法源自古希腊著名历史学家修昔底德，他认为，当一个崛起的大国与既有的统治霸主竞争时，双方面临的危险多数以战争告终。世界大国的更替大部分都是靠战争的。如果不发动战争，就无法替代另一个国家，这是历史发展的必然。外交部发言人王毅曾经说过：有研究显示，历史上大约有过 15 次新兴大国的崛起，其中有 11 次与既有大国之间发生了对抗和战争。比如，古雅典的迅速崛起震动了伯罗奔尼撒半岛的老牌陆地强权斯巴达，恐惧迫使斯巴达人做出反应。威胁和反威胁催生了竞争，接着是对抗，最终酿成冲突。

长达 30 年的战争最终毁了这两个城邦。德国统一之后，取代了英国成为欧洲最大的经济体。在 1914 年和 1939 年，德国的侵略行为和英国的反应导致了两次世界大战。17 世纪至 18 世纪英国与荷兰断断续续打了 4 仗。

全球贸易投资规模将出现收缩，WTO 已预测 2020 年全球贸易将下滑 13%~32%。商品出口占 GDP 的比例从第二次世界大战结束后的 5% 左右，暴涨至如今的 20% 以上。

“逆全球化”的出现最主要有两大征兆：第一大征兆是超级强国开始衰落，世界呈现多极化趋势，并出现强劲挑战者。第二大征兆是主要国家内部的贫富差距达到极致。1980 年到 2015 年，美国最富有的 1% 人群收入占比从 10.7% 上升到 20.2%，而 50% 低收入群体的收入占比从 19.5% 下降到 12.5%。最富有的 1% 人群占有 37.2% 的社会财富。

2018 年开始的全球大变革：时任美国总统特朗普在 2018 年 3 月 22 日签署对中国产品加征惩罚性关税的备忘录后，中方随即宣布拟对约 30 亿美元的美国进口商品加征关税。拉开了全球贸易战的序幕，开启了逆全球化进程，全球经济减速。2018 年正是中国推进金融去杠杆的关键年份，股市也进入了熊市。

2019 年，美国总统特朗普对贸易战加码。5 月 9 日，中方牵头人刘鹤带着诚意赴美。但下一日，美方表示将对 2000 亿美元中国商品加征的关税从 10% 上调至 25%，言而无信，反复无常！ 5 月 15 日，美国将华为列入管制清单。随后，华为被 WiFi 联盟和 SD 卡协会除名。6 月 1 日，中国开始反制，对美部分进口商品加征关税。

2020 年，全球新冠肺炎疫情暴发。相当于对全球各国开始了一次考试测验，中国这边由于管控有力，疫情很快得以控制好，考试胜出。具体表现在，2020 年出口方面：全球工厂停工，中国出口占全球比重加速至 20%。消费方面：中国是全球最大的消费国，拥有 14 亿的人口，在出口低迷的时间里，靠“内循环”有力地支撑了经济发展。投资方面：2020 年是全球各国赤字能力的大比拼，中国靠基建 + 地产在 2020 年上半年交出了完美的经济数据。下半年开始，出口恢复，经济维持了较高增速，2020 年全年 GDP 增速 2.3%，是大国里唯一保持正增长的经济体。

2. 全球经济衰退期：康波周期

“康波”即康波周期，是 1926 年俄国经济学家康德拉季耶夫，在分析了英、法、美、德以及世界经济的大量统计数据后，发现发达商品经济中存在的一个为期 50~60 年的长周期。在康波周期中，前 15 年是衰退期；接着 20 年是大量再投资期，并在此期间新技术不断采用，经济快速发展，迎来繁荣期；后 10 年是过度建设期，过度建设的结果是 5~10 年的混乱期，从而导致下一次大衰退的出现。目前处于康波周期的萧条期，大约持续 10 年，从 2017—2027 年，之后会有回升期。

表 15-1　人类历史上近代的康波周期

	繁荣	衰退	萧条	回升	创新技术
第一波	1782–1802	1815–1825	1825–1836	1838–1845	蒸汽机
第二波	1845–1866	1866–1873	1873–1883	1883–1892	钢铁铁路
第三波	1892–1913	1920–1929	1929–1937	1937–1948	电气汽车
第四波	1948–1966	1966–1973	1973–1982	1982–1991	计算机
第五波	1991–2005	2005–2015	2015–2025	2025–2045	信息技术

目前处于全球第五康波的衰退到萧条期，表现为突破性科技创新活动相对不活跃、产能过剩、经济增长较为低迷等。主要原因是：全球性的人口老龄化、突破性科技进步放缓、康波周期衰退约束、民粹和逆全球化抬头、世界贸易减速等。

为什么会有大萧条？主要原因有以下三个。

（1）科技创新周期达到了极限，经济增长低迷，货币政策和财政政策也达到了极致，政府手里的牌越来越少。

（2）资产价格的泡沫期导致贫富分化，社会矛盾激化。

（3）民粹主义升温：这种矛盾激化和绝望，在国家内部，往往体现为民粹主义的兴起，对外则体现为国家间的摩擦和斗争的升华，往往会出现战争。第二次世界大战就是上一轮康波末期国际矛盾激化的产物。

3. 国运之争：中国崛起，欧美衰落

2020 年，美国 GDP 为 20.955 万亿美元，欧盟为 15.2 万亿美元，日本为 5.05 万亿美元。也就是说，如今美国 GDP 远远超过了欧盟。再来看人均

GDP，2020年欧洲主要国家的人均GDP均为4万美元左右，比如德国人均4.6万美元，算是高的；英国人均4.04万美元，法国人均3.99万美元，而美国是人均6.34万美元。其实，1980年时，美国、德国、英国、法国的人均GDP都是1万美元左右，几十年过去了，差距也逐渐显现出来。

表15-2 欧洲经济现状（截至2019年）

	2019年GDP（万亿美元）	GDP增速	人均GDP（万美元）	国土面积（万平方公里）	人口（万人）	竞争力及现状
德国	3.96	0.6%	4.7	36	8400	依赖外需，老龄化，出口下滑，经济减速
英国	2.8	1.4%	4.2	24	6700	脱欧，贸易投资下降
法国	2.7	1.3%	4.2	67	6500	高税收，高福利，罢工，效率低
意大利	2.0	0.3%	3.3	30	6000	泥潭，外需主导，机械汽车
瑞士	0.7	1.0%	8.2	4	860	严谨的工业强国，金融中心
荷兰	0.9	1.8%	1.7	4	1700	欧洲贸易枢纽，电子，石油石化，农业强国
西班牙	1.4	2.0%	3.0	50	4700	改革治理过剩产能，经济5连增

数据来源：各国统计局。

全球供需短期错配，产能率先恢复的中国制造加速抢占全球市场。从2020年5月份开始，中国面料及纺织原材料订单数增长超100%；服装行业订单数同比增长200%以上，服装行业在7月份实现3倍增长。自行车行业连续6个月GMV增长超过100%，10月份订单量同比去年增长了220%。9月空调、冰箱、洗衣机、电视出口同比增长15%、72%、20%、17%。2020年的新冠肺炎疫情，导致印度纺织订单转至中国，中国部分工厂营业额暴涨5倍。从2020年5月份开始，中国面料及纺织原材料订单数增长超100%；服装行业订单数同比增长200%以上，值得注意的是，服装行业在7月份实现3倍增长。印度是全球最大的产棉国、全球最大的黄麻生产国、全球第二大丝绸生产国、其纱线产能占全球22%。纺织收入是印度经济的主要支柱之一，纺织行业占印度出口总收入的15%左右。美国农业部报告称，2020、2021年度全球棉花产量调减90万包，消费量环比调增150万包，主要来自中国和印度，进口量环比调增50万包，全部出自中国。

可见中国在加速崛起，而欧美在衰落。那么中国目前哪些技术领先？哪些技术落后呢？

（1）中国相对领先的技术：超级计算机、量子通信、高铁、特高压、基建、光伏（装机占全球33%）、风电（装机占34%）、核电、太空探索、5G（华为第一）、新能源车、无人机、造船、移动支付、UCC（抖音Tik Tok）、军事；

（2）中国急需突破的技术：操作系统、芯片、航空发动机、精密机床（美帝F22战机用的山崎马扎克，SNK新日本工机5轴龙镗铣）、半导体设备（日立光栅刻画机，荷兰ASML光刻机）、创新药（肿瘤药、靶向药、抗化疗药物、干细胞治疗）、特殊材料（东丽，帝人的碳纤维）、燃气轮机、精密零部件（减速器，轴承）；

（3）中国相对稀缺的设备：高端医疗器械（如日本希森美康的血细胞分析仪，CT机）、垃圾焚烧设备、证件制造设备（身份证靠富士施乐）、乐器（雅马哈，施坦威钢琴）。

4. 人口老龄化

据联合国估算，目前全球共有约6亿65岁及以上的老年人，占世界总人口的8%。到2035年，全球将有超过11亿人年龄在65岁以上，占世界总人口的13%。全球老龄化排名：目前，日本是全球人口老龄化最严重的国家，65岁以上人口比例达到了27%，排名世界第一，而意大利23%、德国21%分别位居第二和第三名。

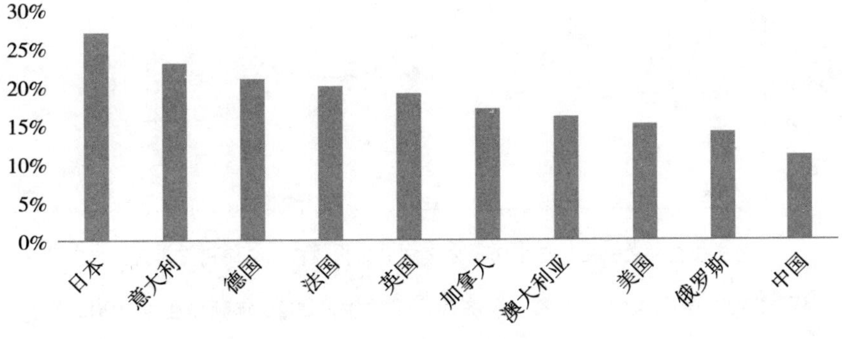

图15-1 全球老龄化排名

数据来源：各国统计局。

日本人口老龄化最严重：日本疯狂“催生”30 年，生一个奖 40 万日元，政府还帮您养，不孕不育免费治。从 1990 年开始的“少子化”对策提出，到现在政府催生已经有 30 年了。可根据 2019 年，日本厚生劳动省《2019 年人口统计》资料显示，日本又一次创造了历史：全年登记新生儿 86.5234 万人，创 1899 年开始登记数据以来的 121 年历史新低。

再看看邻国韩国：韩国 2020 年的出生人口为 27.2 万人，创下历史最低纪录，首次出现死亡人口大于出生人口的情况，这被人口学家称为“死亡交叉”现象。据韩媒统计，韩国低生育率让学生数量不断减少，平均每年有 30 多所学校关门。在 20 年内，韩国一半的大学面临消失的危机。韩国首尔市政府表示，2020 年韩籍居民登记人口为 966 万人，外籍居民登记人口为 24 万人，合计 991 万人。这是首尔市人口时隔 32 年首次跌破千万大关。

最后看看中国的人口老龄化：50 年代中国出生了大概 2 亿人，60 年代大概出生了 2.4 亿人，70 年代出生了 2.2 亿人，80 年代大概出生了 2.2 亿人，90 年代出生了 2.1 亿人。再往下看，我们的 00 后已经降到 2 亿人以下，只有 1.6 亿人；10 后也是 1.6 亿人左右。而 2020 年到 2030 年大概只有 1 亿人出生。再往下推，30 后肯定是 1 亿人以下。2020 年新出生人口 1200 万人，这两年快速下滑只有 1990 年前后的一半了，接近总人口只有一半、生育率较高的三年自然灾害时期了，新出生人口变化犹如过山车。

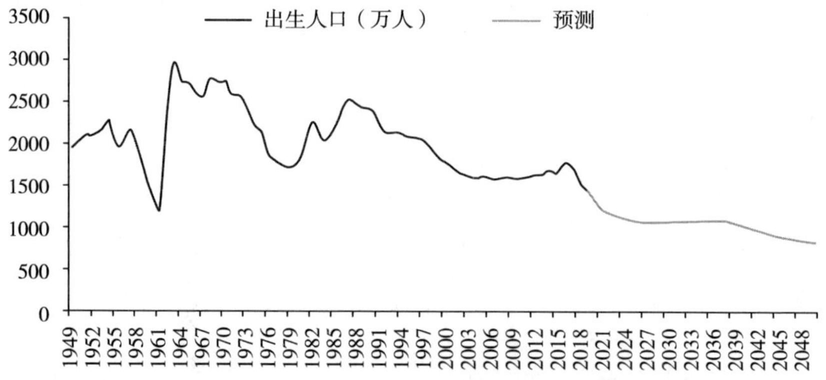

图 15-2　中国人口出生率（经济差，不敢生，2020 年新出生才 1200 万）

二、X 时代四大变化

1. 技术颠覆

所谓颠覆性技术，大约可以定义为超出现有主流认知的技术。颠覆性技术是一个相对概念，相对既有主流技术，实现了跨代甚至跨维度的超越。技术是认知的产物，颠覆性技术是颠覆性认知的产物。从人类既有实践看，谁首先掌握了颠覆性技术，谁往往就能在各类竞争中占据主动。举个例子，相对于冷兵器，热兵器就是一种颠覆性技术。在热兵器面前，冷兵器处于被强力碾压的位置。热兵器迅速统治战场，其颠覆性身份也通过对战场的彻底控制，实现了主流化。机动车对畜力车的颠覆、轮船对帆船的颠覆、无线电对信使的颠覆……也大致类似。总而言之，颠覆性技术对人类社会发展影响巨大，一部人类近现代发展史，就把颠覆性技术的巨大威力极为生动地表现出来。而且可以肯定，这种威力仍将继续存在下去，并不断在关键时刻发挥关键作用。

典型的就是智能手机对传统手机的颠覆，新能源车对燃油车的颠覆，光伏发电对传统火电的颠覆。2020 年的新能源车可以类比 2008 年的智能手机。2008 年开始苹果公司股价 12 年期间涨了 40 倍，市值突破 2 万亿美元。2008 年的立讯精密 12 年期间股价涨了 30 倍，市值突破 4000 亿元。2020 年的特斯拉公司股价底部起来涨了 10 倍，市值一度突破 4000 亿美元。2020 年的宁德时代公司股价底部起来涨了 4 倍，市值突破 5000 亿元人民币。

再看看汽车产业链，2019 年特斯拉公司汽车销量仅 37 万辆，收入 245 亿美元，亏损了 8 亿美元，但是市值突破了 4000 亿美元。2019 年曾经的传统汽车龙头丰田的汽车销量高达1000万辆，收入2800亿美元，净利润200亿美元，但是市值仅仅为 2000 亿美元。可以看出，2019 年丰田的汽车销量是特斯拉的 50 多倍，收入近 100 倍，但是市值仅为特斯拉的一半。说明了市场给予未来新能源车更多的估值溢价，认为新能源车颠覆传统燃油车只是时间的问题。

我们再看看光伏对煤炭的颠覆。未来 10 年泛能源格局的变化之一，就是光伏可能逐渐替代煤炭，曾经的传统能源巨头中国石油市值已经由高点的 1.5 万亿元腰斩，目前仅 7500 亿元市值。另一方面，病树前头万木春，光伏龙头隆基股份的市值已经突破3000亿元，如果再加上硅片龙头通威股份（1700亿元市值）+宁德时代（8500亿元），三巨头的市值是中国石油的2倍。据2021年4月最新福布斯实时富豪榜数据显示，宁德时代董事局主席曾毓群以345亿美元身价，超过了李兆基的321亿美元，也超过了李嘉诚的344亿美元，成为香港新首富。

2. 贫富差距拉大

19世纪末20世纪初意大利经济学家帕累托提出了“二八原理”，又被称为帕累托法则。这一法则指出在任何一组东西中，最重要的只占其中一小部分，约20%，其余80%尽管是多数，却是次要的。其后，这一法则被广泛应用于经济、管理等社会学领域。在社会财富的占有方面，这一法则同样适用。

近日，联合国秘书长古特雷斯指出：当今世界，最富有的26个人控制着全球一半的财富。同时，他也对这种现象表示出了担忧。因为，财富越集中在少数人手中，就越意味着贫富悬殊的拉大。而贫富悬殊的拉大，进而必然会引发越来越多的社会问题。以下是2020年福布斯全球亿万富豪榜单，在这份榜单中，比尔·盖茨、沃伦·巴菲特、杰夫·贝佐斯、迈克尔·布隆伯格等都是榜单上的常客。在中国富豪中，2019年，马云以2701.1亿元身价位列榜首，其次是马化腾、许家印。马云的2700亿元是什么概念呢？意味着一个人一天赚700万元，要100年的时间才能积累这么多的财富。2018年中国拥有1210万亿元社会总资产，社会净财富437万亿元，全球第二。但是中国前1%的家庭掌握了1/3的总资产，贫富差距问题突出。2019年，全球最有钱的2153个富豪财富8.8万亿美元，超过全球最贫困的46亿人（全球总人口的60%）的财富总和。富裕国家的人口增长已从1988年的每年3800万降至2019年的每年500万，并将在2023年停止增长。美国最富有的1%人群收入占比从10.7%上升到20.2%，而50%低收入群体的收入占比从19.5%下降到12.5%。最富有的1%人群占有37.2%的社会财富，美国5%的人掌握着全国60%以上的财富。美国上次贫富差距这么大的时候，还是1929年的大萧条，美国最富有的10%的人群掌握的财富是另外90%的人的总和，最终是1932年希特勒的上台，挑起了第二次世界大战，本质上还是利用经济差，贫富差距大，煽动民意，发动战争转移矛盾。

在近日央行公布报告《2019年中国城镇居民家庭资产负债情况调查》中

显示：总资产最高的前 10% 的城镇家庭平均资产达到了 1511.5 万元，占所有城镇居民家庭资产的近一半；而总资产最低的后 20% 城镇家庭户均资产仅有 41.4 万元，占所有家庭比重的 2.6%。

2020 年全球大放水，疫情后，富人受益比穷人大。危机后，政府要救市，必然降息和增加货币供应量，也就是老百姓说的：货币超发。货币对各类资产的传导作用不同，或者说对各类资产影响不一样。超发货币的投入，首先推动的是资本市场，也就是直接让股价上涨。这就令拥有金融资产较多的人群，受益最多、最快。相反，对于贫困人群，他获得的补助大量用于日常生活，很少再有剩余投入资本市场，所以收益远没有富裕人群多。

看到这里，您可能会想到这个问题：中产阶级，为什么赶不上富裕人群的资产增长速度？我们历次危机后，有闲钱的中产阶级，也逐步变“穷”，美国中产的财富规模已经退回到 21 世纪初的水平。一方面中产阶段对投资仍持有谨慎态度，另一方面，依赖专业投资的程度比富裕人群低。根据中国的股市研究报告：中国股民 50 万以下的账户占 85%；1000 万以上的账户占 0.5%。

在 2014—2015 年的股市牛熊市中：最富裕的前 0.5% 人群赚了 2540 亿元，同时后 85% 的人群损失了 2500 亿元，相当于各自群体初始资产的约 30%，因此两个群体的收益率差异达到 60%。面对同样的行情，富裕人群（1000 万以上账户）和非富裕（50 万以下），有完全不同的盈利和亏损状况。这背后，除了知识面、信息获取度之外，还是对专业机构的依赖度。富裕人群很早就开始通过专业机构打理自己的财富。中低收入人群，更喜欢自己“操盘”。这在中国和海外，是普遍存在的情况。当市场变得越来越专业的时候，后者常成为前者的韭菜。

所以，在历史危机后，政策开始救市，向市场撒钱，有钱人的金融资产，在专业机构打理下，快速增长；低收入人群，一方面没有闲钱，另一方面，即使有闲钱，因为依赖自己的交易，常常比拼不过专业机构，而成为市场的韭菜。这更加剧了贫富分化。所以第一个结论：危机之后，不要再自己炒股，尽可能参与资本市场，把钱交给专业机构打理。

3. 房住不炒

2018 年，中国居民住房资产配置占比为 56.9%，明显高于英国、日本、美国、德国这些典型的发达国家。与国际相比，2018 年中国住房市值为 47 万亿美元，明显大于美国的 26 万亿美元、日本的 10 万亿美元、英、法、德三国合计的 28 万亿美元。从住房市值与 GDP 的比例看，2018 年中国为 356%，高于美国的 126%、日本的 208%、德国的 238%、英国的 320%、法国的 341%。在 1990 年代，日本房地产泡沫破灭前，住房市值与 GDP 比例一度高达 391%。

中国的房地产泡沫，只能慢慢消化。楼市泡沫只有在连续加息之后才会被捅破，就是大家都承受不了高的资金成本了，才会抛售资产，引发下跌。典型的就是 1990 年的日本，加息导致房价直接崩盘式下跌，日本经济整整衰退了 20 年。中国政府的智慧早已看到了这个规律，因此“房住不炒”政策严格执行，另一方面，为了配合经济调结构，科技创新，鼓励做大做强资本市场，这些政策联动将使居民资产配置比例从房产向股票债券等金融资产平衡。自古时势造英雄，比如 1990 年代致富要下海，2000 年致富要做外贸，2010 年靠房地产，2020 年之后就要靠科技和金融了。如果还是抱残守缺，幻想继续靠炒房发财致富，可能会变成最后一个接棒的人。

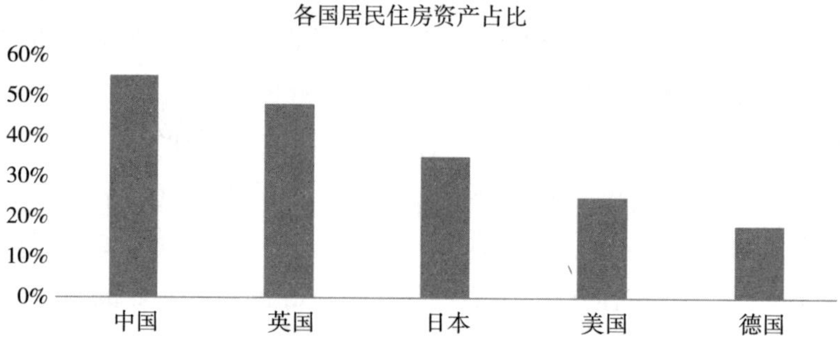

图 15-3　各国居民住房资产占总资产的比重

资料来源：各国统计局。

目前中国家庭资产超过 60% 配置在房产，只有 10% 配置在股市等权益资产里，而美国恰恰相反，美国家庭 60% 资产配置在权益里，房子占比不到 30%。2017 年，英国汇丰银行一项调查发现，中国七成“千禧一代”名下有房，比例居全球首位，而无房者中，91% 今后 5 年内有购房计划。在西方，“千禧一代”又称“Y 世代”，大致相当于中国的“80 后”和“90 后”。英国广播公司 6 日报道，汇丰银行对全球 9 个国家约 9000 名“千禧一代”进行调查。结果显示，中国“千禧一代”有房比例最高，达 70%。其余国家排名如下：墨西哥（46%）、法国（41%）、美国及马来西亚（均为 35%）、加拿大（34%）、英国（31%）、澳大利亚（28%）和阿联酋（26%）。调查还发现，所有无房青年中，有 83% 表示今后 5 年内要买房，其中墨西哥和马来西亚年轻人购房欲望最大，94% 无房者要买房，紧接着是中国无房青年，达 91%。法国无房青年对房产重视度不高，只有 69% 有购房打算。

截至 2019 年，中国的 GDP 约 15.5 万亿美元，大约是美国的 70%。但中国的住房总市值高达 61.9 万亿美元，是美国（住房总市值 33.5 万亿美元）的 2 倍。而中国股票总市值仅为 13 万亿美元，仅仅是美国的 20% 左右。如果把住房和股票总市值加起来会发现，中美两国狭义的总资产“住房 + 股票”总市值差不多，中国是 74.9 万亿美元，美国是 84.4 万亿美元。

表 15–3　中美两国住房和股票市值对比

	中国	美国
2020 年 GDP 总额（万亿美元）	14.7	20.9
住房总市值（万亿美元）	62	35
股票总市值（万亿美元）	13	55
住房 + 股票总市值（万亿美元）	75	90
住房市值 /GDP	422%	167%
股票市值 /GDP	88%	263%
（住房 + 股票）市值 /GDP	510%	430%

资料来源：各国统计局。

2019 年国内最高房价排序：深圳（6.55 万），北京（6.3 万），上海（5.4 万），厦门（4.7 万），三亚（3.6 万），广州（3.6 万），南京（3.1 万），杭州（3.0 万），天津（2.6 万），福州（2.6 万）。

2020 年，随着全球大放水，国内部分城市房价也出现了一定的上涨，主要是深圳和上海，国家随后出台更严厉的政策调控。而这两个城市房价异动又有独特的原因，深圳本来土地面积就少，而且是人口流入较多的城市，最主要的是深圳拆迁较多，大量的拆迁资金继续进入楼市，还有“深房理”炒房团这样的恶劣行为，助长了炒作行为。深圳目前部分小区价格已经是全球最高房价了，比如 30 万一平方米的深圳湾 1 号等。“深房理”的发起人本来是个装修工人，“深房理”是微博的 ID 名，真名李雪峰，今年 42 岁。18 年前，24 岁的李雪峰刚刚大学毕业不久，怀揣着梦想离开家乡，加入“南下大潮”，来到了深圳。他从小职员起步，有一定积累后开始创业，开了设计和餐饮公司。30 岁出头时，月最高收入已经达到 6 万元之多。李雪峰凭借自己炒房的成功，加之能以经济学的原理对自己的成功经验进行专业梳理与输出，迅速在微博崛起为房产大 V，深房理就这样在 2017 年诞生。这些以“买房致富”为名的杀猪盘的套路可以归结为三步：第一步，忽悠房价暴涨、贩卖焦虑，吸引粉丝；第二步，收会员费，介绍中介向购房会员放高利贷；第三步，通过霸王借据和官司诉讼等方式，迫使会员资金链断裂，最后会员所买的房产也被他们纳入囊中。

2020 年下半年的上海房价也出现了上涨，主要还是因为 2020 年上海出的学区房新政：从 2020 年开始，上海义务教育阶段学校招生将全面推行“公民同招”。“公民同招”是指公办、民办学校实行同步招生，也即公办、民办学校同步报名、同步开展录取、同步注册学籍。“公民同招”主要是为了制止少数学校愈演愈烈的违规提前“掐尖”招生行为。

在以前的招生政策中，公办初中和小学只能录取对应施教区内的生源，而民办学校可以跨区招生，以及通过面试、测试、履历审查等五花八门的形式“掐尖”，获得不对称的竞争优势，以名校录取率高的名头，让费用水涨船高，公办学校名师频频被挖，使得公办学校处于不利地位，造成教育的失衡。因此，“公民同招”被认为有助于确保招生入学工作规范有序，促进教育公平。新政之后，很多家长为了保险，只能选择去购买学区房，导致上海学区房供不应求，开始上涨，带动了周围片区上涨。

表 15–4　北上深三地房价及供需因素分析

	上涨特征	逻辑	常住人口（万）	户籍人口（万）	新房库存	二手房库存
深圳	集体大涨	年轻人多房子少	1400	550	3 万	4 万
上海	学区房大涨	积分落户容易 + 学区房新政	2400	1400	6 万	4.3 万
北京	学区房大涨	赶人 + 限竞房大量供应	2000	1400	6.6 万	8 万

注：数据截至 2020 年 10 月。

接下来我们看看美国人的资产配置历史，找找发达国家的经验。

表 15-5　美国富裕家庭可投资资产配置结构

资产组合占比	净资产 100 万 ~ 500 万美元	净资产 500 万 ~ 2500 万美元	净资产 2500 万美元以上
股票 + 债券	24%	30%	24%
共同基金	19%	15%	14%
其他投资	5%	7%	18%
退休基金	22%	14%	11%
专业管理账户	18%	24%	20%
储蓄存款	12%	10%	13%

回顾第二次世界大战以来，美国居民部门的资产配置，有两个最重要的决定因素：一是房地产市场的走势，尤其是实际房地产价格的走势；二是股票市场的走势，几次股票市场上的危机均影响了股票资产的配置比重，也在一定程度上影响了全部金融资产的配置倾向。房地产资产与金融资产的配置情况，呈现出比较明显、一致的负相关性。房地产和股市的相对收益对比，也在很大程度上决定了不同时期对不同资产的配置偏好。从美国富裕家庭总资产配置架构图中可以看出如下规律：

（1）股票、债券投资占比高

美国富裕家庭资产配置最主要特点是股票和债券的占比较高，在可投资资产中接近四分之一。因为美国的资本市场高度发达，监管制度完善。而且，很多美国上市公司都会为员工提供公司的股票和债券。同时，股票相对灵活、收益较高，债券又风险相对较低，二者相搭配，也是一种很好的资产配置。

（2）依赖专业人士管理财富

美国富裕家庭投资资本市场，会依靠专业人士来操作，即主要靠专业管理账户和共同基金。但在这两者的分配方面，资产量不同的富裕家庭，会有不同的选择。专业管理账户的门槛较高，净资产比较低的富裕家庭更多投资于共同基金。同时也可看出，净资产高的富裕家庭更依赖于专业账户来管理资产而不是共同基金。

（3）保险是必要的资产配备

富裕家庭买保险的目的是对资产进行保护。即使有意外发生，可用于消费的财富也不会因意外而出现明显的减少。资产相对较低的富裕家庭，所面临的风险会比资产相对较高的家庭要高，因此，在保险的配置方面，占比也相对较高。

表 15–6 美国富裕家庭可投资资产配置结构

资产组合占比	净资产 100 万 ~500 万美元	净资产 500 万 ~2500 万美元	净资产 2500 万美元以上
股票 + 债券	24%	30%	24%
共同基金	19%	15%	14%
其他投资	5%	7%	18%
退休基金	22%	14%	11%
专业管理账户	18%	24%	20%
储蓄存款	12%	10%	13%

4. 各种动荡：不确定性增加

2020 年的黑天鹅：新冠肺炎疫情 + 油价暴跌 + 美股暴跌。经过十年的长牛，美股的估值以及历史点位都在相对高处。其次，中东局势的变数也可能成为 2020 年的黑天鹅，地缘政治冲突导致油价暴涨可能给全球经济增长及股市带来一定的阶段性冲击。

2020 年的灰犀牛：第一只应该是特朗普的“美国优先”和贸易保护政策，它将重新改写全球的经贸格局，政治右转和经济逆全球化不可避免，全球的政治经济将因此逐渐步入“后西方时代”；第二只灰犀牛是英国脱欧事件。

2020 年甚至阶段性出现了历史上罕见的“负利率、负油价、负电价”。2016 年，“负利率”第一次从经济学理论中走了出来，巴菲特完全懵了：把钱存到银行不仅没有利息，还要倒贴一笔钱作为保管费。2020 年，美国接连 4 次熔断，巴菲特感叹说：“我活了 89 岁，只见过一次美股熔断。”2020 年 4 月 20 日，5 月美国 WTI 原油期货价格暴跌，收于每桶 –37.63 美元。这是期货史上第一次价格出现负数，巴菲特第三次见证了历史。在这次原油价格暴跌之中，中国银行“原油宝”（即个人账户原油业务）产品的投资者资金遭“血洗”，甚至出现“穿仓”——保证金赔光的同时还需要向银行“倒贴”两倍的资金。

2020 年 3 月实施封锁政策以来，法国、德国、比利时等欧洲国家均出现了负电价，其中今年第一季度德国已有 128 小时处于负电价状态。商品的价格为负，意味着消费者不仅可以无偿购买，还能获得补贴。显然在疫情封锁期间，让本来用电量就不多的许多欧洲小国产生了大量的富余电力。商品的供给一旦大于需求，价格就会下跌甚至到负数。其实负电价现象并不罕见，早在 2017 年德国电价低于零的情况就超过了 100 次，这意味着德国用户在那些时段用电不仅不花钱，还可以得补贴。最简单的逻辑，负电价的产生，意味着电力需求下降，而供给越来越多，此时如果储存和运输成本过大的话，就会导致负电价的现象。

历史上每年庚子年都不太平，比如 1840 年庚子年鸦片战争，1900 年庚子年八国联军侵华，1960 年三年灾荒。

2020 年的不确定性举例：美的总裁何享健 2020 年在家中被绑架。何享健，1942 年出生，广东顺德人。1968 年 5 月，集资 5000 元，创办了“北街办塑料生产组”，1980 年成立美的做风扇。何享健先生之子何剑锋先生 1967 年出生，坚决不做家族企业，他的 3 个子女均未在美的旗下公司任职。他是留洋海归（盈峰环境董事长），老婆卢德燕是个女富豪，持有美的控股 5.45% 的股份，曾跻身于胡润女富豪榜。

三、X 时代四大机遇

1.“十四五”规划里找机遇

2020 年 11 月 3 日，新华社审议通过的“十四五”规划提出了六大“新”目标：（1）经济发展取得新成效，在质量效益明显提升的基础上实现经济持续健康发展，增长潜力充分发挥，国内市场更加强大，经济结构更加优化，创新能力显著提升，产业基础高级化、产业链现代化水平明显提高，农业基础更加稳固，城乡区域发展协调性明显增强，现代化经济体系建设取得重大进展；（2）产权制度改革和要素市场化配置改革取得重大进展，公平竞争制度更加健全，更高水平开放型经济新体制基本形成；（3）社会文明程度得到新提高，社会主义核心价值观深入人心。（4）生态文明建设实现新进步，国土空间开发保护格局得到优化；（5）民生福祉达到新水平，实现更加充分更高质量就业，居民收入增长和经济增长基本同步，分配结构明显改善，基本公共服务均等化水平明显提高；（6）国家治理效能得到新提升，社会主义民主法治更加健全，社会公平正义进一步彰显，国家行政体系更加完善。

2. 金融改革

进入 2020 年，金融行业的最大变化是：金融搭台，科技唱戏，股市重要性提升。股市的作用和房地产一样都是蓄水池。而股市本来的三个作用是：融资 + 市场资源配置 + 理财手段。过去人们印象中股市是用来炒作的，是因为中国金融市场发展还不成熟，过去房地产是信用发动机，中国企业融资以信贷融资为主，银行和信托是国家的亲儿子。随着 2018 年开始美国发起对中国的贸易战，股市的重要性提升。2020 年起发动人造牛市的必要性提高，股市可以提高老百姓财产性收入 + 保就业 + 降低企业杠杆 + 帮助产业升级 + 防止 P2P 和房子资产泡沫。

表 15–7　中国财富流向：由房地产到科技，由信托到股市

中国经济的三个阶段	2000—2010 年	2010—2020 年	2020 年—?
促发因素	2001 年加入 WTO	2009 年四万亿	2019 年贸易战
经济引擎	外贸	房地产	科技
所需金融支持	银行	信托	股市
担保物	信用证	抵押	股份

进入 2020 年，中国经济正在剧烈转型，外贸的经济引擎由房地产切换到科技，金融市场将由信托切换到股市。中美贸易摩擦的本质是科技之争，而科技公司大多无抵押无担保，传统的银行和信托无法满足产业升级所需要的金融服务，这就是国家设立科创板 + 创业板注册制的目的。未来，一个健康良好的股市对中华民族的腾飞至关重要。

另一方面，传统品种面临挑战：2020 年开始，全球量化宽松，打破刚兑，银行理财收益率持续下行，权益市场性价比越来越突出。

全球放水，财富被稀释。2020 年末比 2019 年末，美国 M_2 增长 25%，接近 1943 年创下的 26% 的历史峰值。M_2 增量 3.85 万亿美元；基础货币增长 52%，增量 1.78 万亿美元。

美联储总资产规模由疫情前的 4.15 万亿美元大幅扩展至 2020 年 12 月 23 日的 7.40 万亿美元。要知道最困难的金融危机时期，2008 年 8—12 月，美联储的资产仅增加 1.3 万亿美元，增幅 46%。截至 2020 年底，整个欧元体系资产负债表规模达 69790 亿欧元，较 2019 年底增加 23080 亿欧元。

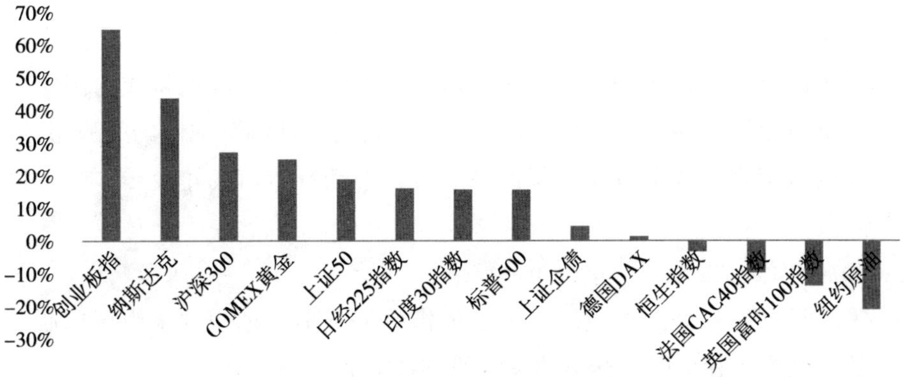

图 15-4　2020 年全球大类资产收益率

资料来源：wind

中国跟随放水：2020 年，M_2 同比增长 10.1%，社会融资规模同比增速 13.3%，均创近年新高。全年新增贷款 19.63 万亿元，也创历史最高。受疫情影响，货币政策、财政政策力度有所加大，贷款、政府债券等同比增速明显回升，推动 M_2 和社融增速走高。这里解释下：M_2（广义货币）= M_1 + 准货币（定期存款 + 居民储蓄存款 + 其他存款），M_1（狭义货币）= M_0（流通中的货币）+ 企业活期存款。

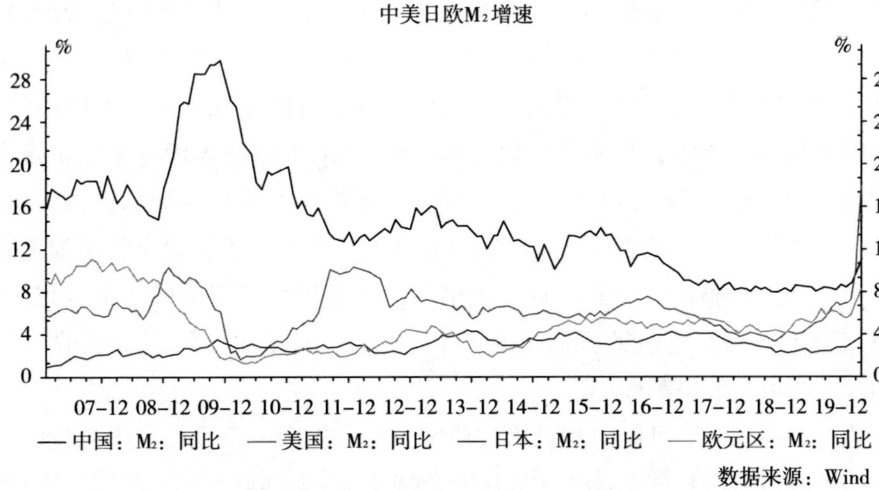

图 15-5　中美日欧货币供应 M_2 增速

党中央从来没像现在一样重视股市。2020 年 2 月 22 日，中共中央政治局就完善金融服务、防范金融风险举行第十三次集体学习。中共中央总书记习近平指出，金融是国家重要的核心竞争力。作为全方位、多层次金融支持服务体系中的重要组成部分，包括股票市场在内的资本市场也将成为国家重要核心竞争力的组成部分。这意味着，应从更高层次理解资本市场的战略方位，以更强的政策合力深化资本市场改革发展，推动资本市场建设步入纲举目张的新阶段。

2019 年以来发布了三重改革利好。

第一重利好：修改指数。过去上证指数编制不合理制约了市场信心，修改后的上证指数和美股一样更能反映股市基本面。

第二重利好：银行资金引流。2019 年中国居民可投资资产规模突破 200 万亿元，储蓄存款占一半，银行理财 22 万亿元。

第三重利好：创业板注册制启动。让市场自由定价，过去好公司很多到国外上市了，差公司很少退市，造假的太多。

中国过去为什么牛短熊长？可能与散户配资、散户操作上易追涨杀跌、上市公司中值得长期持有的优质公司不多等因素有关。而今后可能是慢牛、长牛。主要原因是机构持股比例逐步加大、指数被修改后更加完善、注册制分步推出、外资持续进入 A 股市场、银行资金逐步入市等。

客观上，管理层也希望打造一个慢牛市场，原因是：①管理层将继续严控杠杆，2015 年的杠杆疯狂牛市后的股灾给很多股民带来痛苦，给管理层也带来监管的难度，经过 2015 年股灾之后，管理层非常注重股市杠杆的控制，这种背景下很难有疯狂的牛市出现。②机构持股占比提升。当前 A 股国内机构持股比例不足 20%，外资持股比例不足 5%。未来随着 A 股越来越正规化、机构化、国际化，市场的稳定性也将提升，不像现在散户主导的市场，追涨杀跌，暴涨暴跌，牛短熊长。③注册制和新的证券法实施，股市将更加健康，对上市公司信息披露、分红、退市等诸多方面都提出了明确的要求，相信未来股市会走出我们之前见所未见的慢牛走势，一个稳健、缓慢上涨的 A 股，对国家、股市、股民都好。

另一方面，A 股可能出现长牛的原因包括：①国家重视、中美科技争霸，国家利用股市扶持科技企业。②居民财产持续搬家：200 万亿元的居民理财资金，逐渐进入股市。③股市将伴随着中国大国崛起，走出长牛走势。

3. 科技创新

新中国成立之后，先后经历了农业化（1949—1960年）、重工业化（1960—1980年）、轻工业化（1980—2000年）、城镇化（2000—2010年）。2010年，中国变成了全球制造业中心，中国是制造业大国。2018年开始，美国发起了对中国的贸易战，主要打的是“科技战”，这是中国急缺的卡脖子技术，特别是半导体及半导体设备。未来十年，是国家给政策，让更多科学家发财致富的十年。对于一般人来说，参与科技创新门槛太高、难度太大，但是可以通过专业的投资机构投资科技公司股权，或者已经上市的优质科技公司股票来参与。过去20年，假如您参与投资了苹果、亚马逊、Facebook、特斯拉、宁德时代、隆基股份、立讯精密、腾讯等任何一只股票，并坚定持有，您大概率已经实现财务自由了。

那么科技创新到底包括哪些科技领域呢？对我们国家来说，最主要的方向就是国家提出的“新基建”。2020年3月，中共中央政治局常务委员会召开会议提出，加快5G网络、数据中心等新型基础设施建设进度。新基建主要包括5G基站建设、特高压、城际高速铁路和城市轨道交通、新能源汽车充电桩、大数据中心、人工智能、工业互联网七大领域，涉及诸多产业链，是以新发展为理念，以技术创新为驱动，以信息网络为基础，面向高质量发展需要，提供数字转型、智能升级、融合创新等服务的基础设施体系。

4. 消费升级

聚焦内循环：2020年5月14日的政治局常委会上，首次提出了“两个循环”概念。随后在5月23日两会期间，习近平总书记就强调要“逐步形成以国内大循环为主体，国内、国际双循环相互促进的新发展格局”。内循环就是国内的供给和需求形成循环。内循环不是今天才有的，而是一直存在的。一笔钱，老百姓拿来消费买了国内的产品，国内的厂家拿这钱去国内的上游企业购买原材料，上游企业拿到这个钱后，给工人支付工资，工人拿到这个钱，又去消费，这就是经济的内循环。外循环就是参与国际产业链的供给和需求形成循环。

消费升级：“十三五”以来，消费市场规模不断壮大，消费结构也呈现出线上化、服务占比提升等特点。在构建“双循环”新格局的推进下，“十四五”期间的中国消费市场将成为全球第一大市场，消费升级将呈现出五大趋势：①消费市场规模成长为全球第一；②服务贸易逆差收窄转向国内；

③医疗养老服务消费呈现巨大潜力；④“宅经济”前景广阔；⑤基于物联网和人工智能技术的“智慧生活”等。

“十四五”期间预计中国消费市场将进一步扩大成为全球第一大市场，且消费升级将呈现五大趋势。随着中国消费市场日趋成熟，中美消费市场规模差距不断减小。2019 年社会消费品零售总额规模已经达到了 41.2 万亿元，按照平均汇率 6.9 计算，中国社会消费品的规模达到接近 6 万亿美元的水平。同期美国零售和食品服务销售是 6.2 万亿美元，总体来说差距较小。考虑到中国的经济增长和社会消费品市场的增长潜力，预计中国将在“十四五”期间超越美国成为全球第一大消费市场。

中国消费金字塔：中国最具消费能力的是女人，买得起奢侈品和化妆品。消费能力排第二的是孩子，中国社会现在内卷严重，比如学而思和 VIP KID 等辅导班。其次是宠物，对于大部分养宠物的家庭，他们是把宠物当成家庭成员来对待的，除了高档宠物粮，还有宠物医院、宠物洗澡、按摩等。消费排列最后的是男人，除了社交喝酒，其他消费都很低。

网购火爆：2020 年的疫情，让很多进口化妆品进不来，居家办公让很多人网购的比例提升，出现了李佳琦和薇娅等直播代购网红现象。某头部网红直播日赚 16 亿以上，每笔平均零售价的 20% 抽成，不用交税，商家帮忙交税。火爆背后的技术支持是 4G 红利和视频直播软件的普及。另一方面就是宏观经济背景，出现了“口红效应”。

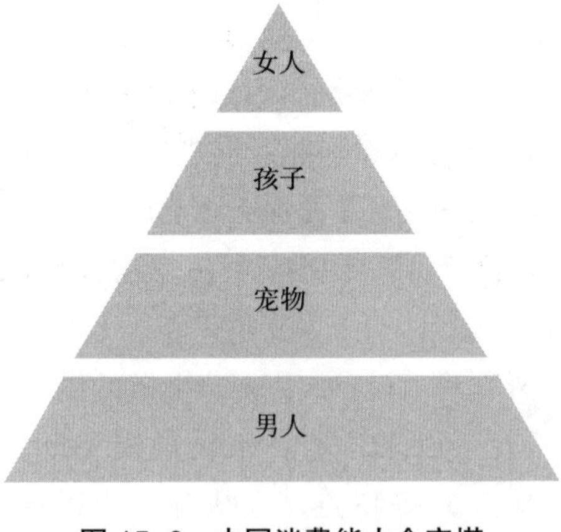

图 15–6　中国消费能力金字塔

第十六章
X时代有三种人会获得财富：技术，快乐，投资

进入X时代，作者认为有三种人会获得财富：第一种是搞科技的人，让国家更强大，让人类更轻松。第二种是从事健康娱乐产业的人，让人生活更开心，更健康。第三种就是坚持做投资的人，靠眼光挣钱。

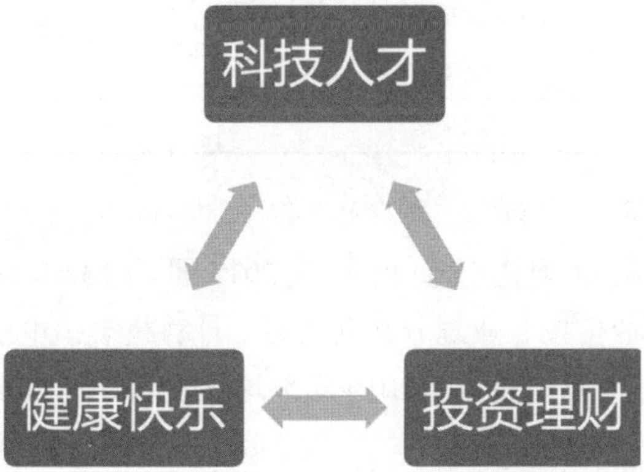

图 16-1　X时代有三种人会获得财富

一、从事高科技的人：让国家更强大，让人类更轻松

1. 经济周期的本质是科技

发达国家除了 15—17 世纪大航海时代是市场（需求端）的扩张，后来的动能转换都是技术（供给端）爆发带来的生产率提升。根据美国《福布斯》杂志统计，1982 年，有两个主要的新财富来源：石油和房地产。在 1982 年的 40 个新财富中，至少有 24 个主要是由于石油或房地产。在 2020 年的 73 个新财富中，4 个来源于房地产行业，只有 2 个来源于石油行业。到 2020 年，新财富的最大来源是科技公司。

表 16–1　2020 年各高校毕业生平均月薪（元）

排名	高校	平均月薪
1	清华大学	17682
2	北京大学	15365
3	上海交大	11199
4	浙江大学	11137
5	人大	9994
6	华中科大	9381
7	北理工	9141
8	华东理工	8985
9	西北工大	8820
10	武汉大学	8611

数据来源：智联招聘。

2020 年，本科生国内读研比例从 2015 届的 13.5% 上升至 2019 届的 15.2%，从大学毕业生按专业划分月薪来看：计算机类、电子信息类、自动化类等本科专业毕业生薪资较高，2019 届平均月收入分别为 6858 元、6145 元、5899 元。

智联招聘发布《2020 秋季大学生就业报告》显示：计算机、会计专业就业范围广，而工学专业就业收入更高，2020 届毕业生第一份工作平均起薪为 5290 元 / 月。具体来看，清华大学以 17682 元 / 月名列榜首，北京大学（15365

元/月）、上海交通大学（11199元/月）、浙江大学（11137元/月）位列其后，毕业生现平均月薪均超过万元。专业上来看，除北京大学以外，其他三所高校均为理工类头部学府。此外，还有华中科技大学、北京理工大学、华东理工大学、大连理工大学等以理工科而知名的学校成为“高薪人才”的摇篮。

表16-2 2020年各大学毕业生按专业划分平均月薪（元）

本科专业名称	平均月收入（元）	高职专业名称	平均月收入（元）
计算机类	6858	铁道运输类	5109
电子信息类	6145	计算机类	4883
自动化类	5899	水上运输类	4763
仪器类	5856	机电设备类	4762
电子商务类	5745	机械设计类	4707
金融学类	5638	化工技术类	4673
交通运输类	5630	电子信息类	4657
管理科学与工程类	5625	市场营销类	4613
数学类	5576	表演艺术类	4584
财政学类	5543	电力技术类	4584

数据来源：《2020年中国大学生就业报告》。

最近30年的科技周期：1995—2002年，美国出现了明显的科技周期，互联网技术日益成熟，并被广泛应用到生产生活的各部门中，造就了美国经济增长最强劲的时期之一，时任美国总统克林顿很幸运地经历了这一切，我们称那一时期为“克林顿繁荣”。2013年12月4G发牌，2013年也是消费电子大年，跑出一大批牛股，也是计算机大牛市元年，还是中国软件股翻几倍的一年。随后围绕4G推广，双创国家战略和证券市场的市场化改革，开始了一轮科技股牛市。

2. 中美对抗的本质：科技领域的较量

从中兴到华为，从大疆到TIKTOK，美国正在到处对中国的科技公司下手，毫无疑问，中美之间的科技对抗已经愈演愈烈。美国从2018年起发起了对中国的贸易制裁，没有针对公司市值最大的几个国企：工商银行、中国石油、中石化，因为它们不是中国在全球的核心竞争力，本质上是垄断国企。也没有针对中国几个互联网巨头：百度、阿里、腾讯、美团，因为本质上它们只是商业模式的创新，而不是硬核科技。真正能决定中美未来势力和竞争力的公司是华为、海康卫视这样的企业，由此可见，中美对抗的本质是科技领域的较量，尤其是下一代科技方向：5G、人工智能、半导体、新能源车等。

表 16–3　全球市值前十大公司（截至 2020 年底）

公司	收入（亿美元）	市值（亿美元）
苹果	2745	22560
微软	1430	16816
亚马逊	3861	16342
谷歌	1825	11855
腾讯	844	7981
Facebook	860	7780
阿里巴巴	1255	7365
特斯拉	315	6689
台积电	548	5619
VISA	218	4262

数据来源：wind。

如果过去我国依靠的是人口红利，通过给国外代工加工玩具、服装等低附加值出口产品，那么现在我国主打的出口产品是手机、5G 通信、高铁等高附加值产品，而且未来“制造 2025”的转型升级过后，我国的工业能力将更加智能化、自动化。以往大家一提到高科技企业，立刻想到了美国那些高科技巨头，尤其是苹果公司，最新市值显示，苹果达到了 2 万亿美元，微软是 1.63 万亿美元，英特尔是 1842.05 亿美元，AMD 则是 984.3 亿美元，苹果不仅是全球市值最高的企业，也超过了其他美国科技巨头的市值总和。

3. 中国的底气：由人口红利到工程师红利

随着劳动年龄人口进入负增长，人口红利终究要消失。在这样的市场环境下，中国必须大力实行发展方式的转变。人才作为软件业的第一资源，创新是第一动力。数据显示，2019 年，全国普通高校 2688 所；在校大学生的数量在2500万以上；2018年大学生毕业人数834万；具有大专以上文化程度的人口为1.19亿人。在人才资源中，软件人才的比重越来越大，2019年软件从业人员达673万人。

此外，结合近年来我国在研发上投入的情况来看，2015年我国科学家工程师数量3421万人，而美国只有2320万人，占比不到我国的70%。在研发人力投入规模上，2015年我国R&D研究人员全时当量161.9万人年，居于全球首位，美国以138万人年位居第二，约为中国的85%。2016年，美国R&D经费以4960亿美元居于世界首位，占全球总额的26%；中国R&D经费为4080亿美元，占全球总额的21%，已达到世界第二位，可见，工程师红利前景光明。鉴于中国的R&D人员全时当量世界第一，R&D经费投入世界第二，专利排名世界第二，中国工程师队伍将继续增长，中国有可能会出现工程师红利。

中国崛起的条件：由制造大国到制造强国，由人工成本红利到工程师红利。从专利来看，2019年中国在《专利合作条约》（PCT）框架下提交了近5.9万件国际专利申请，比美国多出1000余件。从大学生数量来看，2019年全国高校录取820万人，录取率为79.53%，当年毕业834万人，世界第一。从工程师数量来看，科技部披露数据，2014年我国科技人力资源总量达到7512万人，比美国多1000万。其中大学本科及以上学历的科技人力资源总量为3170万人，R&D人员总数为535万人，居世界首位。从工程师性价比来看，2018年中国工程师平均薪酬是美国的1/3。中国每万人中有工程师2名，以色列每万人中有工程师20名，美国每万人中有工程师40名。

工程师红利，是指一个国家处于劳动年龄的工程师人口数量庞大，为发展科技创新型经济创造有利的人才条件，实现经济高速、高质量增长。历史上，日本曾经就靠“工程师红利”实现了经济转型。1970年代初，日本和现在的中国类似，由于人口红利消失，城镇化减缓，外贸不振，日本工业经济持续收缩、投资占GDP比重下滑，经济增速回落。但由于日本重视教育，大量的理工科大学毕业生流入技术领域，源源不断地助推经济转型。1975年，日本经济增速触底回升，此后更一路延续至1990年。

作为全球的基建强国，我国基础教育普及率高达90%，高等教育毕业工程师人数超过欧美总和。在攻关研发数据方面，我国工程师团队人数的不断增加与增强，庞大的工程师基数，让我国成为了全球唯一在人工智能、5G技术、新基建、航空航天等领域与美国并驾齐驱，并且在高铁、激光技术、量子通信等方面弯道超车的国家。

4. 中国经济转型：由制造大国到制造强国

众所周知，中国制造已经席卷全球。在世界500多种主要工业产品中，中国有220多种工业产品的产量位居全球第一，形成了独立完整的现代工业体系，是全世界唯一拥有联合国产业分类中所列全部工业门类的国家。70年时间，中国制造业实现了从小到大的历史性跨越。2018年，全国汽车产量超过2780万辆，占全球的30%，连续十年蝉联全球第一。我国工业增加值从1952年的120亿元增至2018年的30多万亿元，按不变价计算增长约971倍。经过70年发展，我国制造业形成了体系化的产业链和全球化的供应链，建成了一批规模化的产业基地和产业集群，稳居世界第一制造大国地位。大国重器书写中国奇迹——“墨子号”量子科学实验卫星、第三代核电“华龙一号”、C919大飞机、蛟龙号深海载人潜水器，“可上九天揽月，可下五洋捉鳖”。中国制造彰显中国底气——火电、水电、核电、输变电装备进入“百万时代”；时速350公里“复兴号”标准动车组日开行数量超过170对；“蓝鲸1号”超深水双塔半潜式钻井平台助力我国首次海域可燃冰开采成功。

中国制造的发展大致可分为四个阶段：第一阶段是1949年至1977年的自我发展阶段。第二阶段是1978年至2000年的“三来一补”阶段。第三阶段是2001年至2010年的全球化阶段。第四阶段则是从2011年到现在，是制造大国迈向制造强国的阶段。

二、从事健康娱乐产业的人：让人生活更开心，更健康

根据马斯洛需求理论，人在满足生理需求和安全需求后，更多地追求精神层次的需求，比如，“社会需求、尊重需要和自我现象需求”。用《管子·牧民》中提到的话讲就是“仓廪实而知礼节，衣食足而知荣辱”，意思是百姓的粮仓充足，丰衣足食，才能顾及礼仪，重视荣誉和耻辱。人类在孜孜不倦追求物质文明的同时，开始探索精神文明，关注天—地—人的关系，关注内心世界，追求更高等级的快乐——精神文明。

中国被全球其他国家称为“制造业大国、人口大国、国防大国、世界工厂、基建狂魔”，以上称谓都足以证明了中国人民靠自己的勤劳和智慧满足了大部分基础的生理需求和安全需求。恢复高考后的 60—70 后成了改革开放的主力军，满足了大部分中国人民“吃穿住用行”的需求。接受高等教育的 80 后学到了先进的技术和知识，他们要么走进高校当老师培育更多优秀人才，要么进入高科技公司帮助中国解决一个又一个卡脖子技术难题，要么拼搏在 996 一线，哪怕是美团骑手，也在为提高中国速度、中国竞争力做出自己的贡献，世界上没有任何一个其他国家的年轻人，像中国这代人一样能吃苦耐劳，对金钱和富裕的追求这么强烈，无数条小溪汇成了河流，无数个拼搏的中国年轻人共同铸造了中国的核心力和大国地位，我们把这称作“人口红利”和“工程师红利”。

到了 Z 世代的 95—00 后这代人，他们大多人都是含着金钥匙出生的，不用为吃穿和房子发愁，更多地关注自身的健康、快乐和需求，试想下，等到了 2020 年出生的这代小孩大学毕业进入社会后，他们大部分都是独生子女，出生起就继承了父母及爷爷奶奶的至少 2 套房子，如果再结婚组合成家庭，新的家庭将至少有 3 ~ 4 套房子。因此，届时他们的世界观、价值观、择偶观、人生观都会和现在不一样。他们更在意的是工作会不会带给自己提升和快乐，更专注自己的身体和精神健康，择偶的时候可能不会在乎对方是否有房，因为随着人口老龄化和更多的房子继承，年轻人住房刚需问题已经得到解决，他们到时候可能会更多地关注对方的相貌、兴趣爱好、是否拥有有趣的灵魂，是否志趣相投，这和现在很多发达国家的择偶观有些类似。到时候，谁能让中国人吃得健康，玩得开心，活得潇洒，谁将获得社会的尊重和巨额的财富。

从现在的抖音、快手、B 站、宠物产业、整容产业的繁荣可见一斑，这些行业未来形势可能会发生变化，但不变的是人们对美好容貌、美好生活和快乐的追求，这里的娱乐不是简单地指“电影明星出演的粗制滥造的影片，或者千篇一律的综艺节目”，而是更高层次或者更新鲜的精神快乐，可能是盲盒、太空探险旅游、登顶珠峰等。外国很多人喜欢冒险和探险，比如翼装飞行、悬崖跳水、跑酷、潜水、洞穴探险，或是去非洲、叙利亚做公益慈善事业等，除了基因里维京海盗或者屠戮印第安人的牛仔文化外，也有很大部分是这些外国年轻人不为房贷发愁，更多地关注自己内心想法和精神世界快乐，想更多地去“认识世界”。因此，作者在这里大胆地预测：未来 10~20 年，从事健康和娱乐产业的人将会更多地获得社会财富。2019 年中国涨得最好的几个板块就出现在“吃喝玩赌抽”这几个行业，因为这几个行业都具有依赖性和成瘾性。

以吃为例，吃指的是饮食和吃药。截至 2020 年底，中国的酱油龙头公司海天味业市值突破 5000 亿元，从 2014 年至今股价涨了 10 倍，市值超过中国石化，可以说酱油比石油还贵。截至 2020 年底，中国医药龙头公司恒瑞医药市值突破 5000 亿元，但是我们对比全球医药巨头公司发现：美国强生公司市值突破 2.5 万亿元，是恒瑞的 5 倍以上。2020 年强生公司收入 5389 亿元，净利润 960 亿元，对应当年股票市盈率 25 倍。而中国的恒瑞医药 2002 年收入 277 亿元，净利润 63 亿元，对应当年股票市盈率 90 倍。可见市场对于中国医药市场寄予了厚望，认为市场空间非常大。由于中国人口占到全球的 20%，随着人口老龄化，医药行业可能会诞生 5~10 倍增长空间的公司。

以喝为例，截至 2020 年底，全球最大的食品饮料公司可口可乐市值才 1.3 万亿元，当年收入 2133 亿元，净利润 500 亿元，对应当年股票市盈率 30 倍。而中国白酒公司龙头贵州茅台市值达到 2.7 万亿元，是可口可乐的 2 倍，但是贵州茅台 2020 年收入仅 979 亿元，净利润 467 亿元，对应当年股票市盈率 55 倍。

以玩为例 2020 年快手在港股上市，市值突破 1 万亿元，但是 2020 年快手的收入才 587 亿元，同比增长 50%，当年亏损 1166 亿元，环比亏损大幅增加，2019 年亏损 196 亿元。市场给快手这么高的估值，就是看到中国年轻人越来越多，中国人有越来越多的娱乐需求，未来快手盈利是迟早的事情，而且一旦盈利，净利润可能呈现指数式爆发，公司股票估值水平会快速下降。除了快手，另一个视频直播平台抖音马上上市，预估市值可能突破 2 万亿元。美股上市的 B 站（哔哩哔哩）市值达到 3000 亿元，2020 年收入 119 亿元，当年亏损 30 亿元。玩也包括狭义的玩，比喻四川人比较喜欢的按摩、采耳等，据大众点评统计：2020 年全国按摩店数量排列前三的城市是：上海、北京、成都。而同样有趣的是：各城市书店数量排列前三的城市，第一就是成都，书香是成都人的生活方式。除了书店数量遥遥领先，其实早在 2017 年，成都便已凭借各式独特的书店，获封“中国书店之都”。爱阅读，已经成为成都人身上的一个文化标签了。全国书店数量排列第二和第三的是南京和沈阳。大家印象中的一线大城市北京和上海分别排列全国第 15 和 14 名。

未来随着人工智能和机器人普及化，越来越多繁琐的工作将被机器和电脑所替代，人类有更多的时间去娱乐，因此，在玩的方向上估计会诞生层出不穷的公司来满足人们精神层面的需求。而财富的密码，也蕴含其中。如果抖音上市，市值至少在2万亿元，可见光在玩和娱乐方面，就已经诞生了很大的公司，并创造了巨额财富，三家公司至少诞生了几千位亿万富翁。

以赌为例，这里说的赌不是赌博，而指的是人类的博彩行为，就像体育彩票，本身是为好奇心埋单，是属于泛娱乐范畴。2020年，POP MART（盲盒）登陆港股，市值一度突破1000亿元，2020年公司的收入仅25亿元，同比增长49.3%，净利润5.2亿元，对应当年的股票市盈率为183倍。相信有孩子的朋友大多给孩子买过，盲盒，是指消费者不能提前得知具体产品款式的玩具盒子，具有随机属性。只有打开才会知道自己抽到了什么。不确定的刺激会加强重复决策，因此一时间盲盒成了让人上瘾的存在。就这点来看，这和买彩票颇为相像，都有赌运气的成分。盲盒概念的起源大约来自日本的福袋，至少可以追溯到20世纪80年代，甚至国内也早有各种形式的扭蛋、盲盒等产品，但盲盒还是在2019年才真正火爆成一种普遍的经济现象。盲盒并不是什么新鲜产物，有人考古到了明治末期的日本，当时的日本百货公司会销售福袋，福袋里通常会装着款式不一但价值一定高于福袋定价的商品，最初的福袋是作为处理尾货的方式，但随着福袋销售活动在特定的节日固定下来，有相当数量的消费者会专门前往购买福袋。

女人的“赌博”，女人的“赌博”行为更多地体现在她们对化妆品和奢侈品孜孜不倦地追求和购买。有的人即使并不缺包和口红，但是还是会省吃俭用几个月去买一个名牌包。这种行为背后是“悦己”的心理，还有一定的成分就是“赌博”自己会喜欢这个包或者口红，自己会经常用，但实际情况是购买后背了几次或者用了几次后就丢在柜子里或者化妆台上，奢侈品公司也是利用女性消费者这种“赌博”心理，铺天盖地的广告和明星代言，让消费者恍然产生一种错觉，自己买了这款包和口红后，也会和明星一样好看或者时尚。据贝恩与天猫发布的报告显示，2020年中国国内的奢侈品销售额大涨48%至3460亿元人民币，其中皮具制品和珠宝品类的销售额以70%以上的增幅领跑全球，成衣也提高了40%以上，高端手表消费增长了20%。该报告还发现，中国可投资资产1000万元人民币以上的158万个富裕家庭去年的平均支出为175万元人民币。预计到2025年，中国或成为全球最大的奢侈品市场。中国的千禧一代（生于1980年至1995年）是天猫奢侈品的消费主力军，Z 世代消费者（生于 1995 年后）正在成为新崛起的消费人群，推动了市场增长，并对推进品牌数字化进程产生了巨大影响。

男人的赌博，这里说的男人的赌博指的是不懂投资瞎投，男人天生比女人喜欢冒险，尤其在投资和投机行为上，比如炒股，或者斗地主、德州扑克等，大部分玩家都是男性。据统计：①男性股民占比超七成。2020 年中国股民仍以男性为主，男性股民占比接近 75%，是女性股民的 3 倍左右。②“银发族”股民占比近 13%：中国股民主要集中在 25 岁至 44 岁之间，这一年龄段股民占比超过七成。45 岁以上“银发族”股民仍在坚守，占比 13%，年轻一代股民方面，95 后股民已经进入股市。③高中及以下学历股民占比超 3 成：中国股民中，大学学历股民占比超过 40%。高中及以下学历者占比超 3 成，受教育程度并不影响中国股民的投资热情。④沿海发达省份股民规模庞大：中国股民主要来源于沿海发达地区，广东、上海、浙江、江苏、福建、山东等地股民占比超过 50%。⑤一、二线城市股民扎堆：分城市来看，A 股股民主要扎堆在一、二线城市，这两者合计占比超过 60%。

以抽为例，国际烟草巨头公司有：菲利浦·莫里斯（菲莫国际）、英美烟草、日本烟草和帝国品牌这四大跨国烟草公司。尽管这些年烟草市场的烟草制品发展有所改变，但是传统的卷烟依旧是压槽市场的主导产品，全球烟草制品的销售总额在 7700 亿美元左右，传统卷烟的销售额就占了 7000 亿美元，全年卷烟销量 5.5 万亿支。这四大烟草巨头垄断了全球除中国以外近 70% 左右的卷烟市场。

2020 年烟草行业实现工商税利总额 12803 亿元，同比增长 6.2%。2019 年，我国电子烟市场规模达 78.6 亿元，2021 年有望超过 90 亿元。可以看出，烟草是一个非常盈利且庞大的行业。中国烟草销量排名前五的省份是：广东、浙江、江苏、河南、四川。基本上和人口数量排名一致，例外的是山东 1 亿人，河北省 7592 万人，但是烟草销量低。

2018 年中国香烟销量前 30 名总计销量约 92 亿条。2019 年，香烟从销售收入来看，中华、利群、黄鹤楼、云烟和芙蓉王位列前五名。中华香烟系列位列第一当仁不让，利群香烟系列生产的一、二类烟合计销量达到 300 万箱；黄鹤楼香烟一、二类烟销量合计达到 200 万箱；芙蓉王香烟合计销售接近 200 万箱；云烟的销量以 300 万箱的成绩成为销量规模第一大品牌。排名前十的烟草品牌市场占有率达 52%。

除了香烟，还有电子烟。电子烟十大品牌排行榜中优秀的电子烟品牌有：欧凡尔和悦刻、斯莫克、易佳特、沙芬、华礼门、Boulder、易星、JOYETECH、特唯普等。电子烟分类：①按出烟原理分类：加热不燃烧电子烟。主要原理为低温加热“烟弹”，通过加热新型烟草释放烟雾，简称 Hnb。主要特点是烟杆中需要插放一只类似卷烟的新型烟草。烟油雾化型电子烟。通过电加热使烟油雾化，以生成烟雾。②按烟油类别分类：大麻二酚（CBD）电子烟、尼古丁电子烟、无尼古丁电子烟。③按储油导油系统分类：电阻丝雾化电子烟，多孔陶瓷雾化电子烟。

提起电子烟，不得不提起悦刻的创始人汪莹。2002 年 7 月，汪莹从西安交通大学管理学院经贸专业本科毕业并获金融学士学位后，进入当时很受毕业生欢迎的快消巨头宝洁公司工作，后跳槽至贝恩咨询工作。曾任职宝洁、贝恩咨询、优步、滴滴，担任 Uber 中国区负责人。2018 年，汪莹创办深圳雾芯科技有限公司（RELX）并担任 CEO。2018 年 6 月 25 日，RELX 悦刻宣布完成首轮 3800 万元人民币融资，本轮融资由源码资本领投、IDG 跟投。短短的三年时间，由于选对了赛道，2021 年，雾芯科技在美国上市，2020 年当年公司收入 38 亿元，亏损 13 亿元，市值一度冲到 3400 亿元以上，汪莹也因此登上中国女性福布斯榜单。

三、坚持做投资的人：投资是每个人最后一份职业

现代人的收入分两部分，一部分是“睡前收入”，指的是平时的工资，另一部分是“睡后收入”，指的是平时的投资收益。根据美国的数据，当一个国家 GDP 增速放缓之后，企业的薪酬增长速度与也会放缓。美国联邦储备委员会和布鲁金斯学会的两份最新报告显示，近几十年来美国工人的实际工资增长几乎停滞，美国民众收入差距继续拉大，两极分化趋势愈加明显。美国联邦储备委员会日前发布的 2016 年《消费者财务状况调查报告》显示，得益于经济复苏，2013 年至 2016 年间，美国家庭收入与家庭财富中位数分别增长 10% 和 16%，但是社会不平等和贫富差距进一步加剧，非洲裔、拉美裔家庭与白人家庭之间的资产差距进一步拉大，其中 5 个非洲裔家庭中就有 1 个家庭资产是零或者负值。无独有偶，布鲁金斯学会近日发布的一份报告也显示，

近几十年来美国工人的实际工资增长几乎停滞。1973 年至 2016 年，剔除通胀因素，美国工人实际收入年均增长 0.2 个百分点。报告还称，美国家庭的收入差距进一步拉大，收入最高群体中前 20% 的家庭财富增长了 27.41%，收入最低群体中后 20% 家庭的实际收入非但没有上升，反而下降了。

自 1982 年以来，《福布斯》杂志每年都会公布一份美国最富有的人的名单。如果我们将 1982 年的 100 位最富有的人与 2020 年的 100 位最富有的人进行比较，我们会发现一些很大的不同。1982 年，最常见的财富来源是继承。在 100 位最富有的人中，有 60 位是从祖辈那里继承的。仅杜邦公司的继承人就有 10 人。到 2020 年，继承的数量已经减少了一半，在 100 个最富有的人中只占 27 个。继承比例下降的原因不是因为继承巨额财富的人少了，而是因为更多的人在创造财富。人们是如何创造这些新财富的呢？大约有 3/4 是通过创业，1/4 是通过投资。

因此，对于大部分人来说，靠工资薪酬获得财富增值会是比较缓慢的过程，当然不排除个别工作优秀的天才获得公司奖励，财富快速增长。未来想要实现自己的财富快速增长，必须依靠敏锐的眼光和聪明的头脑进行科学的投资理财，或者依靠专业的理财团队帮您理财。

第十七章 X 时代的股市密码：权益投资让财富增长

一、X 时代的股市进入黄金投资时期：天时地利人和

提起股市，大部分人可能过去体验不好。因为过去 20 年是中国的房地产时代，收益率最好的产品是地产相关的债券和信托等产品。而且过去 20 年，中国股市还不成熟，散户为主，制度也不健全，上市公司里大多数是具备时代特征的周期股、地产股，特别是权重股，大多是两桶油、地产、银行，而这些股票大部分时间不涨，因此，看起来指数多年在 3000 点左右徘徊。过去十年，是美国股市的十年牛市，房子的十年熊市，未来十年，是中国股市的十年牛市，是中国房子的十年熊市。因此，未来十年如果不投资股票，就相当于十年前没有买房。

进入 X 时代，随着中国房地产时代的结束，中美贸易战推进，中国股市进入黄金投资期。

1. 天时：中美对抗，中国需要发展股市，解决企业融资

贸易战让中国重视股市。2018 年 3 月 23 日，美国总统特朗普酝酿已久的

对华“贸易战”正式打响，针对中国知识产权侵权，中国出口至美国的总值600亿美元的商品加征关税，并且将在60天内制定新的投资限制条款，用于限制中国投资购买美国公司技术，首当其冲受到影响的行业有航空航天、新一代信息及通信技术、工业机器人、新能源汽车等行业。截至2019年底，中国对美国的出口产品主要是机械设备仪器（根据分类主要是家电、电子等类别，占出口总量48%）以及杂项制品（12%）、纺织品（10%）、金属制品（7%）等。美国对中国出口的产品则主要集中在机械设备仪器（30%）、运输设备（20%）、化工产品（10%）、塑料及橡胶制品（5%）等。

其实美国打着贸易战的旗子制裁其他国家屡见不鲜。回溯到20世纪80年代，美国政府打着危害国家安全的名义，禁止日本富士通收购Fairchild计算机公司，即使这家公司当时的实际控制人属于法国人，六名日立高管被FBI以涉嫌窃取IBM技术的指控被捕，到了1987年，美国认为东芝非法向苏联销售高技术国防产品，称潜在损失可达300亿美元。东芝、日立、富士通，日本的高科技企业也几乎一网打尽。而本次中美贸易战，表面是因中美之间长期贸易逆差而起，但是细细回顾特朗普计划对中国商品加征关税的清单，实际上瞄准的是《中国制造2025》中十大重点领域，是美国针对中国一系列高科技行业的阻击战，根本目的在于阻止中国产业升级和技术进步，继续维持美国高技术产业在全球的领导地位。

房地产周期结束，由大力发展“间接融资”到“直接融资”。由此可见，美国针对的主要是中国的新兴技术产业，因此，某种程度上是美国逼着中国走发展科技创新自主可控的道路。而传统的金融企业，比如银行、信托显然无法满足高新技术企业的融资需求。因为，传统金融机构贷款大多需要土地和房屋设备作为抵押担保，而现在的很多高新技术企业只有人员和专利，很少有固定资产抵押物，而且很多高科技企业初期都是亏损的，需要烧钱支持研发，这种情况只能让他们通过多层次资本市场体系实现，比如VC、PE等高科技股权基金扶持企业活下去，国家陆续发行了多期版单体产业基金。另外，针对部分已经做大做强的科技企业，鼓励他们去创业板或者科创板上市。

2. 地利：政策鼓励，资管新规后，国家鼓励银行资金进入股市

回顾A股历史，大牛市背后都伴随着政策利好。从2019年开始，政府陆续出台了多项制度性重大利好，而且是面向未来10年甚至100年的。国家连

续出台了三道利好：第一个是出台了新的《证券法》，让市场更规范、更健康。第二个是修改了上证指数编制方法。过去上证指数编制不合理制约了市场信心，修改后的上证指数和美股一样更能反映股市基本面。第三个是启动了创业板注册制，让市场自由定价，过去因为 IPO 审批制比较严格，导致诸如腾讯、百度、京东等优质好公司很多到国外上市了，差公司很少退市，造假的太多，也是牛短熊长的原因之一。

2018 年 11 月，国家主席习近平首次提出科创板并开始试行注册制。2019 年习近平指出，金融是国家重要的核心竞争力。作为全方位、多层次金融支持服务体系中的重要组成部分，包括股票市场在内的资本市场也将成为国家重要核心竞争力的组成部分。2019 年 7 月，科创板正式启动。2020 年 2 月，国家发布了再融资新规，进一步深化了金融供给侧改革。2020 年 3 月，新的《证券法》正式通过，这是具有里程碑意义的标志性事件，为未来 A 股走出长牛、慢牛走势打下了扎实的基础。2020 年 7 月，证监会原主席肖钢在会上表示，党中央从来没有像现在这样重视资本市场。回顾过去两年发布的以上种种政策，我们可以看出党中央以无比坚定的勇气和智慧在大力推进中国股市做大做强，这是根本性的制度利好。

表 17-1　最近 20 年重要的资本市场制度及市场表现

时间	政策	市场表现
2004 年 1 月	《关于推进资本市场改革开放和稳定发展的若干意见》国九条	股权分置改革推动 2005—2007 年牛市
2014 年 5 月	《关于进一步促进资本市场健康发展的若干意见》新国九条	2015 年大牛市
2020 年 10 月	《关于进一步提高上市公司质量的意见》	2020 年开始慢牛、长牛

3. 人和：财产搬家，外资和居民理财的钱进入股市

2019 年中国居民可投资资产规模突破 200 万亿元，储蓄存款占一半，银行理财 22 万亿元。在“资管新规”“房住不炒”“大力发展股市扶持科技创新”的时代大背景下，会有越来越多的银行资金进入股市。

2018 年 4 月 27 日，《关于规范金融机构资产管理业务的指导意见》发布，即“资管新规”发布后，银行理财打破刚性兑付、实现净值化转型，已成为金融机构资产管理业务的重要改革方向。《办法》发布当月，银保监会批准中

国银行、中国建设银行设立理财子公司的申请，拉开了理财子公司批准设立的序幕。2019 年 6 月 3 日，我国第一家理财子公司——建信理财有限责任公司在深圳开业。

根据资管新规规定，银行理财子公司的保本产品终将被全面清退，净值化转型将成为必然的趋势，而探索权益类将是净值化转型的重点。从目前的整体情况来看，理财子公司和母行资管部产品均以固收类为主，但是理财子公司权益类产品占比相对较高。理财子公司在探索“固收 +”的过程中，加大了对权益类配置的探索。根据光大证券研报数据：截至 2020 年底，银行理财子公司成立以来所发行产品中，固定收益类、混合类及权益类占比分别为 78.5%、18.5% 及 3.0%；同期内的母行资管部产品中，占比分别为 75.3%、24.3% 及 0.4%。

4. A 股将走出“慢牛”和“长牛”走势

最近 20 年的 A 股可谓“牛短熊长”，出现这样的走势原因包括散户占比太高、股市制度不完善、杠杆资金炒作、上市公司多以周期性股票为主等。这种现象是管理层不愿意看到的，因为每次暴力上涨的牛市最后都跟随着大跌，无论是 2007 年还是 2015 年，管理层更希望看到一个平稳健康发展的市场，来更好地为实体经济服务，这也是股市的“不忘初心”。成立股市的初心或者最初的功能有三个：

第一个目的是满足企业直接融资需求，上市公司可以通过 IPO 或者再融资手段满足企业发展的资金需求，比间接去银行贷款或者发债综合成本更低。

第二个目的就是起到“价值发现，优化资源配置”的作用，股市是公开市场交易，不同投资者可以通过分析比较，通过集合竞价或者报价来对企业进行定价，随着时间拉长，优质的好公司股价也水涨船高，而业绩差、景气度下降的公司股价下跌。这样时间长了的好处是：实体经济创业者看到了二级市场对优质行业和个股的财富奖励效应，会有更多的勇气参与事业创业，而 VC 和 PE 创投机构也更愿意给这些优质行业的公司提供融资，这样能间接促进实体经济发展。比如这两年科技股涨得好，国家想大力发展半导体芯片，A 股的半导体设备或者芯片设计公司股价大涨，会有更多的半导体 VC 和 PE 基金成立，也会吸引更多的人进入半导体领域创业。

第三是满足老百姓的理财需求，老百姓的传统理财方式就是银行存款，固定收益产品或者买房子。随着房地产辉煌的20年周期结束，资管新规发布打破刚兑，信托收益率也逐渐下行，在这种背景下，大量的货币资金需要寻找新的投资去处，股市能更好地满足老百姓不同风险偏好的投资需求，起到蓄水池的作用。某种程度上也能防止老百姓投资单一，盲目地去炒房。

进入X时代，我们预测：A股可能会走出美股一样的慢牛长牛走势。过去10年，是美国股市走得好，而中国房子涨得好。未来10年甚至更长时间，A股的走势可能要跑赢美股。

A股大概率出现长牛的原因有如下几点：

第一，中国大国崛起，股市反映经济和大国地位。股市是一个国家经济情况的晴雨表。反映了一个国家资本运作流动性和对未来经济走势的期望程度。股市和经济的关系是：它以宏观经济总量为最主要的依托，以公司利润的长期平均增长率为中轴线，并以一定的乖离率围绕经济总量和公司平均利润增长率运行。其间的阶段性涨跌则由3个因素决定：一是指数在GDP通道中所处的位置；二是市场的估值处于高位还是低位；三是与流动性以及社会资本平均收益率密切相关的利率政策。2020年，中国的GDP总额突破100万亿元，同比增速2.3%，是大国里唯一取得正增长的经济体，IMF预测2021年中国GDP增速将高达8.4%。如果看股市的证券化率（股票总市值占GDP的比例）的话，2020年中国股市年底总市值约80万亿元，当年证券化率仅80%，而同期美国证券化率约130%。在前几章中我们证明了中国大国崛起已经是历史的必然，未来10年中国的GDP总额可能达到200万亿元，假设到时候中国的股市证券化率达到100%，中国股市总市值将增加至200万亿元，和目前的80万亿元相比增长了150%。因此，从这个角度讲，未来很长时间，中国股市可能会走出长牛的走势，正如美国过去20年一样。

第二，经济进入低增长区间，虚拟的金融繁荣反哺经济。著名经济学家周金涛先生在他的著作《康波周期》中提到，对国际经济史的研究表明：虚拟经济首次大繁荣，均是在工业化中后期，一国经济真正崛起的过程中出现的。而且虚拟经济大繁荣的产生有三个重要前提：①经济出现新亮点；②乐观主义蔓延；③财富效应显现。虚拟经济领域的大繁荣本质上是一国经济崛起的体现。也就是说，只有实体经济的发展进入了一个相当高的高度之后，整体的综合国力明显增强，同时经济虚拟化也已经逐步展开，财富效应使得虚拟经济对实体经济的反作用更加明显的情况下，才能出现虚拟经济的大繁荣。回顾美国的1920年代和日本的1980年代，无不是其整体经济实力有了质的飞跃之后才发生的。以美国为例，正是19世纪中后期重化工业时期的经济高速增长，为其后期的股市大繁荣埋下了伏笔。

第三，A股估值可能进入长期扩展期。股市估值中枢影响因素为基本面、利率、居民资产配置偏好，1975—1980年资产证券化率均值为41.8%；进入1980后，资产证券化率中枢大幅上移至101.4%。由此可见，无论从绝对估值还是相对估值角度来看，1980年以来美股估值中枢均处在不断上升的趋势当中。美国标普500指数的市盈率（PE）中枢从1980年前的15倍升至之后的18.6倍正源于此。A股估值中枢可能正在上移，动力有三个：一是我国经济步入高质量发展阶段，产业升级有望推动A股ROE上行；二是我国经济增速放缓，轻资产的第三产业占比提高，利率中枢正下行；三是产业结构、人口结构演变推动我国居民资产配置转向权益。

上证指数从2000年开始的过去20年的PE波动范围是9倍（2013年）~51倍（2007年），截至2021年5月27日，PE约14.5倍。对比研究美国经验，美国的标普500指数由2019年的14倍扩张至2021年5月27日的32倍。随着中国经济未来问鼎全球第一大经济体，中国股市进入了城市化、机构化、正规化发展轨道，对标美股，上证指数的PE估值有望由14倍左右扩张至30倍左右，这还不算上市公司业绩增长，光提升估值来看就空间巨大。

第四，居民财产持续搬家。2015年的牛市背景是国家放水+并购+居民加杠杆，因此，牛市的根基不稳定，炒高了后开始调整，而2019年开始的这次慢牛长牛的背景是银行理财资金搬家，居民财产从房子和固收进入股市，这是一个缓慢且持续的过程，因此决定了这轮市场行情将走得很长远。随着我国金融市场的不断发展，资本市场进一步完善，多样化的金融产品不断涌现，居民财富配置向低/中等风险固定收益工具和高风险股票市场倾斜成为一种发展趋势。城乡居民储蓄存款余额增速整体上不断下滑，根据最新的统计数据，城乡居民储蓄存款余额同比增速仅3.7%，简单的无风险银行存款已经不能满足人们对高收益的追求。2005年至2016年，我国居民工资理财规模增长近10倍，越发倾向于主动理财，居民通过股票、债券、保险、理财产品等获得的金融产品财产性收入在可支配收入中的占比也在不断提高。但是，和国际发达经济体相比，我国家庭金融资产配置占比仅为12.4%，美国家庭金融资产占总资产的配置比例高达68.8%，与我国邻近的日本也同样高达61.1%。

瑞士、加拿大、新加坡和英国都在 50% 以上，我国家庭金融资产配置占比依然远远落后，说明我国未来在金融资产配置上存在较大的提升空间。居民配置金融资产已是大势所趋，但是在纷繁复杂的金融资产中，投资倾向必然也会有所分化。根据《我国居民理财方式和资产结构的演变分析》，自 2004—2011 年，中国家庭存款在金融资产中的占比达 50% 以上，股票类资产在金融资产占比中仅次于存款，凸显了我国居民投资的两个极端——偏重无风险投资和高风险投资。《2018 中国城市家庭财富健康报告》显示，较高风险与很高风险的占比达到 17.3%。此外，2011 年中国家庭户均总资产为 97.0 万元，2017 年为 150.3 万元，年均复合增长率达 7.6%，以此预计 2018 年全国城市家庭的总资产规模将达到 428.5 万亿元。

而 A 股大概率出现慢牛的原因有如下几点：

（1）管理层将继续严控杠杆

2015 年的牛市一地鸡毛，很多散户亏了钱，国家队为了股市维稳也付出了巨大的代价。2015 年的股市背景是 2014 年 10 月开始的货币宽松政策，叠加国家发布了“万众创业，万众创新”的政策，很多上市公司开始了并购重组的游戏，互联网 + 成为各个公司主要目的，很多小公司无心主业，一心只想炒作自家股票，也叫市值管理。更重要的是在这个过程中，被诱惑的散户靠配资，借贷融到了很多钱进入股市，随着 2015 年 6 月泡沫破裂股市开始下跌，很多个股无量连续跌停，散户损失惨重。国家队在 7 月进场维稳后，8 月马上接着二次股灾，大盘从高点的 5178 点一口气跌到了 2016 年年初的 2638 点才企稳。

从 2015 年以后，监管层吸取了经验教训，从 2017 年开始严格执行金融去杠杆政策，严控股市杠杆率，包括质押率、两融、配资等。实践证明，暴力上涨的牛市最后都是一地鸡毛，股民和国家买单，也不利于中国股市的长期稳定发展。因此，我们预测未来很长一段时间内，国家将继续严控股市杠杆，保障股市稳健发展，持续为企业融资服务。

（2）预计未来机构持股占比仍有提升空间

A 股目前以散户为主，机构占比较小。散户的交易行为以追涨杀跌为主，无形中增加了股市的波动性和不稳定性。而美国等成熟市场中，机构投资人占比较高，机构一般看好了才买入，买入就长期持有，因此，股市的波动率相对较小，不会出现中国那样牛短熊长，牛市来了就暴力短暂的局面。

当前A股国内机构持股比例不足20%，外资持股比例不足5%。据中国证券投资基金业协会（简称中基协）数据，截至2021年1月15日，境内专业机构（公募基金、社保基金、企业年金、保险机构、券商自营等）持有A股流通市值合计12.62万亿元，较2019年末增加4.42万亿元，持有A股流通市值占比18.44%，较2019年末上升2.02个百分点，也处于近年来最高水平。境内专业机构持股意愿明显上升，显示出对A股长期投资价值的认可。

截至2021年1月底，公募基金规模达20.59万亿元，其中股票基金规模为2.07万亿元，混合基金规模为4.86万亿元，股票基金和混合基金规模合计6.93万亿元，较2019年底增长117.42%，较去年同期增长104.19%。整体看，国内机构投资者基本贯彻“价值投资”的理念，追求业绩增长和确定性；操作上持有周期更长，整体仓位也更为稳定。同时，受监管要求和风险收益偏好的影响，机构投资者与个人投资者在风格上存在显著差异；机构资金在中长期内的占比提升将影响市场审美偏好和行情特征。机构持股比例的提升，将使A股整体行情更加平稳，“慢牛”“长牛”格局逐步显现；另外，A股行情也更加结构化，优质赛道和公司能够长期跑赢。

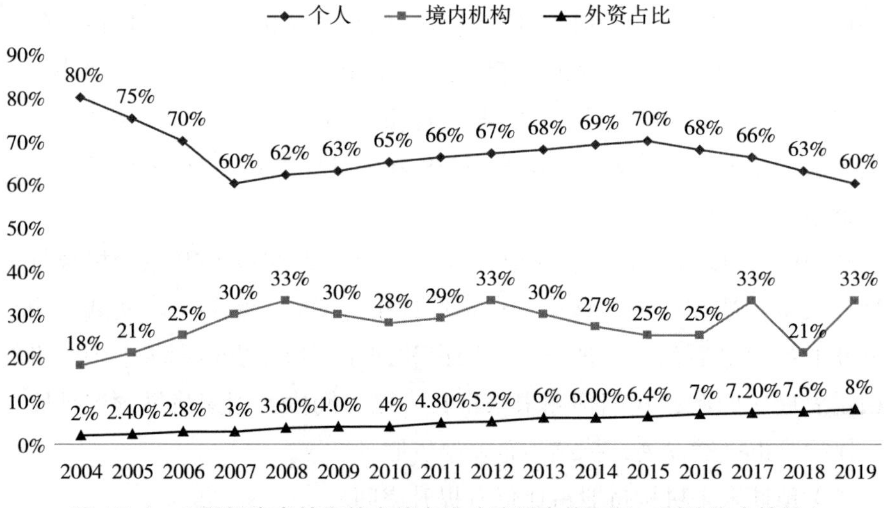

图17–1 A股投资者持有的市值占比（流通市值口径，剔除法人持股）

（3）只要货币不收紧，A股就有机会

回顾A股历史，我们发现，股市主要受三方面因素影响：经济基本面、货币流动性、政策风险偏好等。回顾A股出现牛市的规律，只要是大牛市，一般都伴随着货币大放水，除了2007年是因为经济基本面太强，经济过热。比如1990—1995年，经济过热，1992年和1993年疯狂投放货币，出现了海南房地产泡沫。

A股最近30年股市大跌的规律，大多都是因为货币收紧。比如1995—2000年，亚洲金融危机，货币供应速度放缓，股市走出了连续熊市，出现了通缩。再比如2011—2013年的熊市因为经济过热，叠加通胀，国家收紧货币。还有2016—2018年的熊市，金融去杠杆导致货币偏紧。

对普通投资者来说，股市分析和预判太难，但只要记住一点：只要货币不收紧，市场就有机会，就不是熊市，至少市场存在结构性机会，就可以投资买基金，但是不建议大家自己炒股。

再比如说典型的1999年释放货币，出现了519行情牛市，上证指数一年多时间翻倍。当时国企改革需要借助于股市的融资功能解决资金问题。1999年是国企改革最关键的一年，国企改革必须有大量的资金作后盾。需要一个活跃向上的股市，通过股票发行融资解决国有企业资金需求。519行情启动后大型国企纷纷发行新股。从资金面来看，1999年证券公司开始第一轮大规模的增资扩股和封闭式证券投资基金的迅速发展，使得机构投资者的资金实力得到极大的增强；另一方面，央行连续7次降息，资金市场供应相对宽松。从政策面的强力支持来看，证监会拟定了要进一步搞好证券市场的规范整顿，抓紧整治市场违法、违规的问题；要解决证券公司合法融资渠道问题；扩大证券投资基金的试点；此外，还出台了搞活B股市场的政策、允许B股和H股开展回购股票的试点6项活跃股市的政策等。从技术分析的角度来看，深沪股市经过两年的调整，平均市盈率已经下降到30倍以下，具备投资价值基础。

二、坚定看好中国股市：未来将走出长牛，慢牛走势

1. 中国股市四个阶段领涨的板块：未来科技、消费、医疗

1990—2001年：中国开始改革开放，A股领涨的涨幅靠前的是地产、工程机械、电力、公共事业。

2002—2009 年：中国加入 WTO，出口激增，大搞基建，A 股领涨的板块是机械、家电、黄金。

2010—2016 年：四万亿结束，开始万众创新，涨幅靠前的是 TMT。

2016—至今：开始供给侧改革，金融去杠杆，涨幅靠前的是医药，半导体、消费。

整体来看，2010 年至今（剔除 2015 年的互联网 + 泡沫），A 股过去十年涨幅靠前的是：医疗（通策医疗 52 倍，爱尔眼科 43 倍）、消费（贵州茅台 10 倍，中国国旅 8 倍，格力电器 7 倍，伊利股份 6 倍）、电子（兆易创新 10 倍，海康威视 7 倍）。

展望未来：人口老龄化 + 科技创新，结合日本历史，消费 + 医药 + 科技可能长期有大机会。

表 17–2　2000—2020 年 A 股涨幅（%）靠前的部分股票

排名	证券代码	证券简称	涨幅榜（2001.1–2021.7）单位：倍	总市值（亿元）	行业
1	600519.SH	贵州茅台	413	24735	食品
2	600436.SH	片仔癀	200	2955	保健品
3	600809.SH	山西汾酒	175	4489	食品
4	600309.SH	万华化学	150	3824	化工
5	600276.SH	恒瑞医药	133	4029	医药
6	000651.SZ	格力电器	115	3005	家电
7	002049.SZ	紫光国微	108	1047	科技
8	600570.SH	恒生电子	107	918	科技
9	000568.SZ	泸州老窖	93	3262	食品
10	002271.SZ	东方雨虹	85	1289	建材

数据来源：wind。

2. 中国股市的三大变化：别再炒股，建议把钱交给专业管理人

股市诞生的初衷有两个：一是起到优化资源配置的作用，让市场来决定哪些是优质公司，通过股价和市值来给优质公司奖励，从而让更多的实业和一级市场公司看到希望，加大优势行业投入。比如最近几年的高科技行业：

半导体、人工智能、生物制药等，如果没有以上行业上市公司股价的火爆，实业创业的信心会不足，以上领域一级市场投资也不会活跃。

股市的另一个初衷是：满足企业融资功能。我们知道企业融资有两种，一种是间接融资，包括银行借款，信托等。另一种是直接融资，包括股市发行股份或者债券。随着中美贸易战的推进，科技领域的摩擦和斗争愈演愈烈，党中央把股市的重要性提到了一个新的高度，本质上是通过股市满足高新技术等企业融资的需求，更好地服务实体经济和科技创新转型升级。在这个过程中，股市出现了三大变化。

变化一：T+0 交易，散户投资难度或将加大

如果实行 T+0，短期来看，A 股波动会加剧，因为市场活跃度会提升，资金的利用效率会提升，但同时也会使得市场波动率明显上升。比如说一只股票当天上涨后，投资者卖出，然后小幅回调后又大举买入，会继续推高股价。同样的，当天股票下跌，有投资者买入，买入后继续下跌，因为当天可以卖出，会使得很多投资者当天就选择止损卖出，从而加大抛压，从而形成助涨助跌。

但从长远来看，T+0 的交易制度可以使市场更加公平自由，市场的多空博弈也会更加激烈，可以提升市场价值发现的效率。如果要实行 T+0，就必须取消涨跌停板，否则就不是完整的 T+0，那么可能现在很多闪崩跌停的股票，到时候就是闪崩 50%，甚至闪崩 80% 以上，不慎买到闪崩股的股民会损失惨重，和美股与港股等股市情况一样。

变化二：注册制，未来每年可能 1000 家新股上市

A 股一旦实行全面注册制，A 股每年新上市的公司数量可能由 2020 年的 399 只增加至 1000 只，本来对散户来说，从现有的 4000 多只股票中找出上涨的股票已经很难，假如以后通过注册制每年新增更多的公司，不光散户，连专业投资人都研究不过来，选择股票的难度大幅增加。因此，对个人投资者来说，将变得越来越困难，之前那种听消息炒股的思路，基本就没什么用了。市场会逐渐呈现指数化特征，机构会越来越抱团，赚了指数不赚钱的现象会越来越明显。所以普通投资者不要再自己做股票了，投资胜算在大大降低，即便您非要做，也不应该超过总资产的 20%，换句话说，您的八成资金，都应该通过基金，以资产配置的方式，放在市场里面。投资的机构化时代已经开启，早来的吃肉，晚来的不是喝汤，而是被人家吃肉。

参考美国的经验，1945 年，美股超过 93% 的部分直接为美国散户持有，而如今美国三大证券交易所个体散户日均成交量仅占总体成交量的 11%，其中超过一万股的大单中 90% 都是在机构与机构投资者之间进行的。而在中国正好相反，A 股的成交量近 90% 由散户贡献，机构投资者只占了 10% 左右。美国 3 亿人，散户有 9000 万左右，占人口总数的比重 30%，中国 14 亿人，A 股散户 1.67 亿，占人口中数的比重 12%。和当下的中国一样，在 1929 年美国大萧条之前，美国家庭同样将股市看作是能够一夜暴富的地儿。并且精英阶层还给大众编织了一个通过股市致富的梦想，而在其中却通过内线交易、前端交易、金字塔骗局、庞氏骗局等操控着整个游戏场。目前，美国股市主要有道琼斯工业股票指数、纳斯达克指数和标准普尔 500 指数，这三大股指代表着美国股市的兴衰。道琼斯指数所包含的公司是各行各业的龙头老大，纳斯达克指数只有 20 多年，其大多是科技行业的新兴公司。

总之，一旦中国开始 IPO 新股发行注册制，将消灭大半散户，届时大量的散户将只能通过专业投资人（公募、私募或者资管等）进行投资。

变化三：涨跌幅全放开，可能由 10% 到 20% 再到全放开

2020 年是中国资本市场成立 30 周年，创业板注册制改革如期而至，改革后股票涨跌幅限制由 10% 放宽至 20%。刚刚过去的一个月，创业板“虹吸效应”给市场带来剧烈冲击的同时，也引发了许多思考。创业板股票竞价交易实行价格涨跌幅限制，无论存量上市公司或者新股，涨跌幅均从 10% 放宽至 20%，并同步放宽相关基金涨跌幅至 20%。

回顾中国股市的监管制度，也曾经多次改革，最早的 A 股是实行 T+0 交易和无涨跌幅限制的。1990 年 11 月 26 日，上交所正式成立，12 月 19 日上午，上交所正式开市；初期由于可交易品种不多，又有涨跌停限制，即出现了有行无市的无量空涨局面。1990 年 5 月 21 日，上海股票交易价格全面放开，没有涨跌限制，实行 T+0 交易制度，这是被称为中国股市真正诞生的一天。结果，股票价格一飞冲天，1990 年 21 日至 23 日，3 天内上证指数暴涨 570%，上证指数从 600 多点上涨到 1400 多点。之后为什么又要限制涨跌幅和实行 T+1 制度呢？原因是波动太大了，上证指数于 1992—1994 年经历过大幅的暴涨暴跌；这段时间是 A 股市场股指震荡波幅最剧烈的时期，既是惊心动魄，又是异常惨烈；有人一夜暴富，有人倾家荡产。为了抑制过度投机，1995 年，A 股改回了 T+1 交易制度；从 1996 年 12 月 16 日起，实行价格涨跌幅限制，并一直沿用至今。历史可鉴，A股曾经也是照搬成熟市场交易制度的，可是当时实在太嫩了，处于野蛮生长期，必须要有限制才行。

全球成熟的股市比如美股是没有涨跌幅限制，而且执行T+0交易的。中国的A股和台湾地区股票是有涨跌幅限制的，但是中国香港股市没有涨跌幅限制。韩国证券交易所的涨跌幅限制率是15%，越南股市日涨跌幅限制是5%。全世界成熟股票市场应该包括日本。涨跌幅限制一般是20%~30%，依照股价范围而定。日本股市有四大交易所：日本交易所集团、名古屋证券交易所、福冈证券交易所、札榥证券交易所。日本实施的制度可能是世界上最保护散户的制度了。一是按照股票的不同价位划分涨跌停的价格。比如股价在100日元以内，涨跌停限幅是30日元；100到200日元，涨跌停限幅是50日元；201到500日元，涨跌停限幅是80日元；500到1000日元，涨跌停板限幅是100日元，等等，而在开盘时不可直接封涨跌停，会采取例如每涨5%进行5分钟熔断这样的方式。二是T+D设置的也比较好，规定一笔资金当天可以买卖一次。既保证了必要的流动性，也防止机构的高频交易。只要不是充分自由，限制总能使市场的一方形成一定的优势。

将来迟早有一天，A股会全面放开股票涨跌幅限制，到时候市场的博弈和残酷程度可能让大部分散户望而却步，最终只能选择专业投资人去管理资产。

3. 中国股市的未来趋势：国际化、机构化、正规化

中国股市诞生30年来，经历了风风雨雨，从2018年金融去杠杆开始，中国股市正出现三个明显的趋势。

趋势一：国际化

A股的国际化主要体现在三个方面。

（1）制度国际化。表现在注册制的逐步推进，股票涨跌幅由10%逐步放开至20%，T+0试点也提上日程。2020年，随着监管通道进一步打开，更多具有先进管理和投资经验的国际大型投资公司将逐渐以外资独资公募基金的身份进入中国市场。伴随着A股国际化与机构化的趋势，A股市场整体的投资风格也发生了较大的变化。

这背后是近几年来我国资本市场持续双向开放，我国资本市场的国际化程度不断提高。2019年以来，A股纳入国际主要指数的步伐明显加快、纳入

因子不断提高，沪伦通、中日 ETF 互通相继启动。特别是 2019 年 6 月证监会宣布的资本市场扩大开放 9 条新措施陆续落地实施，对外资的吸引力进一步增强。其中多项已经落地实施，包括外资机构“一参一控”、股东资质要求、基金托管资格和全面推开 H 股“全流通”、增加期货特定品种等。

（2）参与者国际化。数据显示，2019 年初至 2020 年 11 月底，外资在 A 股市场交易占比 6.53%，较 2018 年增加 3.04 个百分点。期间外资持续净买入 A 股，其中沪深股通净买入 A 股达 5034 亿元。截至 2020 年 11 月底，外资持有 A 股流通市值近 3 万亿元，占 A 股流通市值的 4.63%，分别较 2018 年年底增加 1.84 万亿元和 1.48 个百分点。近年来，A 股国际化的水平不断提高，特别是“沪港通”“深港通”开通以后，以香港资金进入 A 股为招牌的“北上资金”的动向，成为 A 股行情的一个重要风向标。与此同时，国内基金行业对外开放的步伐也不断加快。QFII 和外资占比在提升。2003 年以来，海外机构、国内机构投资者以及公司投资在 A 股自由流通股的占比不断攀升，个人投资者的占比逐渐下降。与此同时，A 股整体的换手率以及估值也在同步下降，A 股市场的大小盘风格也在不断发生变化。2016 年之前，大盘走势整体强于小盘，仅在部分时段小盘表现超越大盘，而 2016 年至今，市场呈现出大盘跑赢小盘的趋势。外资进入市场后为当地市场带来的类似风格变化，也发生在台湾地区的股票市场以及韩国股票市场。

（3）全球影响力提升。德勤研究显示，2020 年上交所 IPO 数量位居全球第一，融资额位居全球第三；全球前十大新股融资榜中，半数来自上交所和港交所，其中更有 4 只位居前四位。2019 年 6 月份，A 股以 5% 纳入因子首次纳入富时罗素指数；2019 年 9 月份，A 股纳入因子由 5% 升至 15%；2020 年 3 月份调整实施完毕后，A 股纳入因子将由 15% 升至 25%。A 股在全球资本市场的影响力在显著提升。富时罗素在进一步提升 A 股权重势必会伴随着 A 股价值的新一轮重估。金融市场定价日趋合理将使价值投资的权重不断抬升，短期投机行为将得到有效遏制，资本市场运行将更为平稳。同时，富时罗素再次提升 A 股权重是中国对外开放过程中既定的一步，未来国内资本市场与国际市场的联动将日益增强，境外机构资金将不断流入。

最新数据显示，全球股票总市值首次突破 100 万亿美元大关。市场预期新冠疫苗将推动经济复苏，各国大规模货币宽松措施和财政刺激政策也推动了股价上涨。从不同国家和地区来看，对总市值增长起到拉动作用的是中美两国。其中美股总市值达到 42 万亿美元，A 股总市值突破 9 万亿美元。日本股市约 7 万亿美元，与中国的差距被拉开。

趋势二：机构化

（1）机构占比提升

近年来，随着资本市场深改推进，A 股投资者结构发生明显改变，机构投资者持股占比以及在 A 股中的话语权逐步提升，A 股逐步进入“机构化”时代。这两年公募基金、阳光私募、券商资管发展比较迅速，投资者购买基金的比例在快速提升，这是很好的趋势性变化。

截至 2020 年 6 月，A 股个人投资者（散户）共计 1.67 亿，持有市值 13 万亿元，占 A 股总市值的近 30%。以散户为主的市场，通常呈现出股价波动大、换手率高等特点，这是因为个人投资者由于投资能力、信息不对称等多种局限，只能选择“追涨杀跌”的投资模式。曾经有人设想，将个人投资者变为基金持有者，就能完成“去散户化”。但事实证明，面对市场波动，基金持有人的心态同样“不稳当”，在某些时段，机构为迎合投资人，甚至出现“机构散户化”的操作。

中基协数据显示，截至 2021 年 1 月底，公募基金规模达 20.59 万亿元，其中股票基金规模为 2.07 万亿元，混合基金规模为 4.86 万亿元，股票基金和混合基金规模合计 6.93 万亿元，较 2019 年年底增长 117.42%，较去年同期增长 104.19%。截至 2021 年 1 月 15 日，境内专业机构（公募基金、社保基金、企业年金、保险机构、券商自营等）持有 A 股流通市值合计 12.62 万亿元，较 2019 年末增加 4.42 万亿元，持有 A 股流通市值占比 18.44%，较 2019 年末上升 2.02 个百分点，也处于近年来最高水平。其中公募基金持股市值为 5.27 万亿元，公募基金持股市值在 A 股流通市值占比为 8.22%，环比提升 0.27 个百分点，创下近十年来新高。公募基金持股市值占 A 股流通市值比例，通常可以反映公募基金在 A 股市场的定价权和话语权。在 2007 年三季度的牛市高点，这一指标一度创下 27.93% 的最高纪录；之后一路下行，并在 2017 年年底达到最低点 3.87%；2015 年年中的牛市高点至 2018 年年底熊市底部，公募基金持股市值占比一直稳定在 4.15% 左右。

境内专业机构持股意愿明显上升，显示出对 A 股长期投资价值的认可。对比美股来看：美股的国内机构持股，虽然在 2008 年金融危机后有所下滑，但至 2020 年末占比依然高达 40%。整体看，国内机构投资者基本贯彻“价值投资”的理念，追求业绩增长和确定性；操作上持有周期更长，整体仓位也更为稳定。同时，受监管要求和风险收益偏好的影响，机构投资者与个人投资者在风格上存在显著差异；机构资金在中长期内的占比提升将影响市场审美偏好和行情特征。机构持股比例的提升，将使A股整体行情更加平稳，“慢牛”“长牛”格局逐步显现；另外，A股行情也更加结构化，优质赛道和公司能够长期跑赢。

（2）公募基金热销

Wind数据显示，截至2020年年底，国内基金公司数量达到153家，已发公募产品的基金公司为143家；共管理产品数量7362只，管理规模超过18.59万亿元，较2019年底增加3.9万亿元，创历史新高，增幅为26.5%。货币基金管理规模7.26万亿元，变化不大。非货币基金管理规模11.3万亿元，较2019年底增加4.08万亿元，增幅为56.2%；管理份额超过16.63万亿份，较2019年底增加2.91万亿份，增幅为21.21%。其中，规模增幅最大的是混合型基金。

混合型基金占全部基金的比例由2019年年底的14.2%提高到2020年年底的23.02%。股票型基金的规模占比由7.75%上升到8.97%。混合型基金大部分是以投资股票为主，可见股票市场的火爆程度。而货币基金的占比明显下滑，由50.54%下降到39.02%，可能与货币基金收益率持续偏低，权益市场收益较好有关。

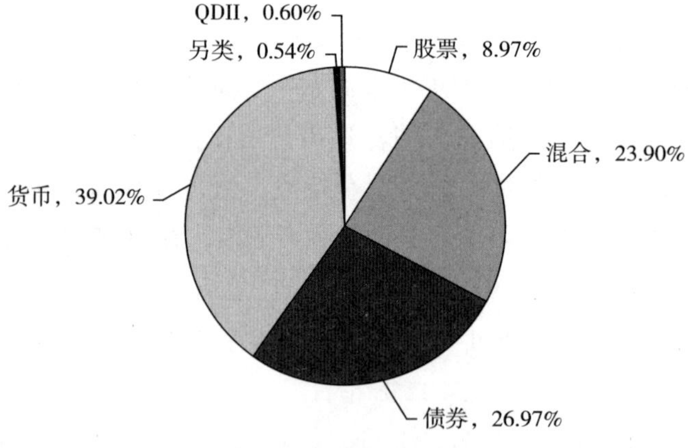

图17–2　2020年中国各类型基金占比

资料来源：wind。

2020 年共发行基金 1359 只，合计发行份额 3.05 万亿份，较 2019 年新发数量增长 30.05%，新发规模增长 106.08%。单只基金平均发行规模为 22.48 亿份，远高于去年同期的 14.22 亿份。新发基金主要为权益类（含股票型及混合型），858 只权益类基金合计发行超过 1.91 万亿份，平均发行份额 22.26 亿份。而 2019 年权益类基金发行数量为 492 只，合计发行 0.52 万亿份，平均发行份额 10.51 亿份。

趋势三：正规化

（1）主题炒作越来越少

A 股因为以散户为主，而且还有不少游资，因此，过去的 A 股特别喜欢主题炒作，尤其是市场低迷的时候。从 A 股诞生之初炒认购证，到后来炒作每年两会，炒作国家政策，炒作壳公司重组，炒作摘帽。拿最近的来说，中美贸易摩擦开始炒作稀土，炒作人造肉，炒作边缘计算，数字孪生等，一个个新概念层出不穷。但是大部分散户发现根据这个规律去炒股，很难挣钱。因为总有人比您有消息优势，资金优势，还跑得快。

随着 2019 年以后市场越来越正常化、正规化，以贵州茅台为首的核心资产走出了稳健的牛市走势，而且监管层对毫无基本面的瞎炒容忍度越来越低，经常特停让公司自查。随着散户占比下降，机构投资人占比上升，可以预见的未来，A 股主题炒作会逐渐减少，但可能是个缓慢的过程。

（2）操纵股价越来越少

由于历史原因，包括市场参与者结构，投资人认知水平参差不齐，A 股独特的 T+1 和涨停板交易制度，导致 A 股存在一些所谓的“庄家”，利用资金优势或者信息优势来操纵股价，干扰市场正常秩序，但是国家对此监管从严，未来这种事情会越来越少，像成熟市场的美国，操纵股价的案例几乎绝迹了。

（3）价值投资深入人心

价值投资的鼻祖是格雷厄姆。格老首先提出“安全边际”的原创理念，用低于内在价值的价格购买公司股票。在格雷厄姆之后，价值投资在美国其实分为了三大“宗派”。

流派一：完全追寻格雷厄姆的施洛斯。施洛斯在“安全”的基础上，寻找股价跌破净资产的老大难公司，是典型的“捡烟蒂”风格。施洛斯的投资耐心比绝大部分人都好，在其 40 多年的职业投资生涯中，实现了年复合收益率 16%，同期标普 500 指数收益为 10%，跑赢了大部分市场参与者。

流派二：70% 格雷厄姆（价值）+30% 费雪（成长）的巴菲特。巴菲特自创了“价值成长型投资”，他选的股票大部分都是低估值和稳增长的消费类蓝筹。相比于施洛斯的原教旨价值投资，他并不追求破净标准，相对低估就可以了，增加了公司成长性要求；相比纯粹的成长投资，巴菲特更看重确定性增长。他的年化复合收益率是 21%。

流派三：30% 格雷厄姆（价值）+70% 费雪（成长）。彼得·林奇不是格雷厄姆的亲传弟子，只是编外粉丝，他对估值没看得如此重，对公司成长的要求特别高。

表 17-3　价值投资三个流派

	格雷厄姆三弟子	投资风格
流派一	施洛斯	完全追寻格雷厄姆
流派二	巴菲特	70% 格雷厄姆（价值）+30% 费雪（成长）的巴菲特
流派三	彼得·林奇	30% 格雷厄姆（价值）+70% 费雪（成长）

从 1960 年至今，美国标普 500 指数的年均利润增速为 6.9%。与 GDP 名义增速大致差不多，美股一直是经济的风向标，股市跟着经济发展长牛，所以居民长期投资美股可以获得长期持续的收益。巴菲特遇到了一个好的时代，成为投资大师。

回到国内的价值投资，其实很多散户朋友对价值投资理解有误，对 2018 年以来的市场“抱团核心资产”行为理解也略有偏差，认为这是机构之间勾结，互相抱团行为。其实这背后的逻辑是中国进入了低增长阶段，随着城市化率高峰过去，GDP 增速放缓，各个行业的增速和需求也随之放缓，各个行业很难有小公司靠低价格来逆袭，相反，随着竞价加剧，大量小企业被迫退出市场，掌握核心技术的优质龙头公司市场占有率提升，在这个阶段，优质龙头公司，也就是所谓的核心资产的盈利能力反而是在提升的。

宏观层面，2017 年的供给侧改革，2018 年的金融去杠杆，都是为了配合产业调整机构，产业升级。因此，可以展望的是：未来很长一段时间，市场的选美规则都会向优质龙头公司倾斜，本质上买的是这些公司的盈利质量，盈利稳定性。随着 A 股纳入 MSCI，外资进入 A 股的渠道陆续打开，资金规模日益壮大，QFII 在 A 股市场的话语权日益增加，其价值投资风格将成为影响 A 股市场风格的重要因子之一。此外，QFII 投资方向的变化较 A 股其他投资者更能体现中国经济转型历程。尤其是 2008 年国际金融危机之前，我国经济长期保持高速增长，其背后是大规模基建投资。按持仓市值计算，2003 年至2008年，QFII持仓市值排名前三位的板块在银行、材料、运输等之间轮换。2013 年后，消费升级和制造升级驱动力增加，食品消费成为 QFII 资金最青睐的板块之一。

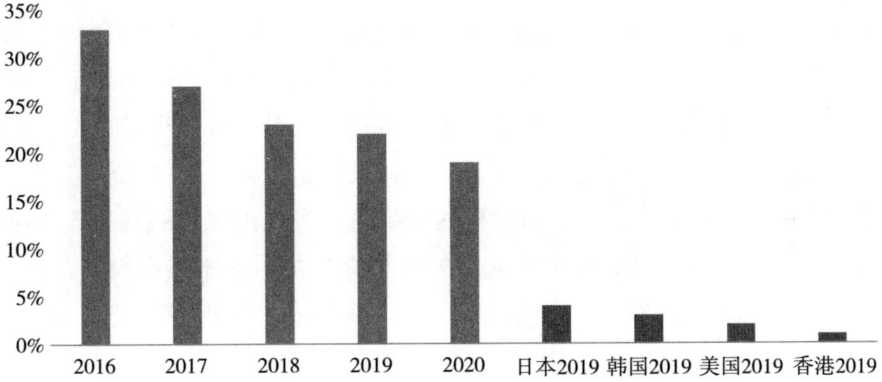

图 17–3　A 股市值后 50% 的股票成交占比持续下滑

数据来源：wind。

过去 5 年，A 股市值后 50% 的股票成交额占比，已经从 2016 年时的 33% 降至 2020 年的 19%。未来很多行业进入存量时代，而存量经济三大特征：第一个叫此消彼长，就是您这儿起来了那儿就少了；第二个叫优胜劣汰，就是强者胜出，落后的就被淘汰掉了；第三个叫强者恒强，越强的企业、越强的城市，它可能会不断地强化。

三、A 股正确的投资姿势：分散配置，定投思维，长期持有

1. 为什么您的基金不赚钱?

过去的几年是权益类公募基金发展的大年，大多数权益类基金取得了远超同期上证综指的优异业绩，规模也取得了长足的进步。A 股的年化收益率是所有大类投资品种中最高的，但其波动率也远高于其他投资品种。30 年来，

上证综指年度最大涨幅是 1992 年的 166%，最大跌幅是 2008 年的 65%，大多数年份，A 股的收益率水平，都远远偏离年化收益率。

然而，无论是基金业协会的统计，还是基金公司针对自家产品的数据分析都发现：市场仍然存在“基金赚钱、基民不赚钱”的现象。巨大波动中，踏错一波节奏的操作，就可能让本来赚钱的投资变成巨大亏损。为什么基民却不赚钱？原因可能有如下几个。

（1）盲目追涨杀跌

投资者申购基金的热情与市场行情高度相关。当市场处于牛市时，投资者申购热情高涨，爆款基金频现，多日募集规模超百亿；当市场处于熊市时，投资者申购热情低迷，新发基金基本无人搭理，一个月募集规模也不足十亿。很多人买了基金，但是还是像炒股票一样在投资基金，大盘一涨就追加申购，大盘一跌就赎回基金，这样频繁操作的结果是：表现再优异的基金也难挣钱，最后折腾了个寂寞。基金经理变成您的豪华交易员，您不是在投资基金，您是在炒基金。既然选择了专业管理人，付了管理费，就把择时交给专业管理人，做到用人不疑，疑人不用。

（2）持有周期较短

据统计，有 16% 比例的投资者持有单只基金平均时间少于 6 个月，仅有 52% 的投资者能坚持持有单只基金在 1 年以上。而事实上，不同持有期内，基金指数获得了稳定的正收益，且随着持有期的延长，获得正收益的值和概率也都是在逐步提升的，远高于股票指数。当持有周期超过 8 年，几乎百分之百可以获得较高的正收益。

（3）喜欢低吸高抛

部分投资者以投机的心态买卖基金，往往并没有赚到钱。有超过三分之一的个人投资者会选择在大盘下跌的抄底买入基金。由于投资者的持有周期偏短，当出现短期盈利时便会选择赎回。

（4）喜欢追逐热点

部分投资者喜欢追逐市场热点，依据市场热点买基金。事实上市场的热点总是快速转换的，当某个主题或行业成为热点的时候，相关股票价格已经处于高位，这时候投资者再买入无疑会出现回撤。

2020 年，炒股不如买基金深入人心，吸引了不少新基民入场，基金经理被捧成了网红。比如易方达基金张坤的蓝筹精选，重仓贵州茅台、五粮液、泸州老窖等白酒股，在白酒股持续上涨的行情中 2020 年净值飙涨 120%。2020 年年末达到 677.01 亿元，成为市场上规模最大的权益类基金。张坤管理的其他基金也被投资者热追，张坤成为公募基金历史上首位在管主动权益类规模超千亿的基金经理。但是支付宝数据显示，在张坤的基金上挣了钱的基民有多少？不到 20%！其中超 80% 的持有人亏损，亏 5% 以上的持有人占了 65%。而挣了 5% 以上的持有人，占比不到 10%！数据对比悬殊得可怕。为什么半数以上的基民挣不到钱？支付宝的数据显示，有以下几种原因：排名第一的是放弃定投；而第二的原因是追涨杀跌；第三是持有时间短；第四是频繁买卖。

再来看看景顺长城刘彦春的新兴成长混合，其中有超过一半的持有人是亏损的。然而，景顺长城新兴成长混合的近一年收益仍高达 80%，说明大部分基民都是在近期高点买入的。

随着卡脖子事件持续发酵，芯片国产替代的呼声在 2019 年很快传导至资本市场。重仓半导体的蔡嵩松成为基金经理中最大的赢家，在管理基金的第一年把诺安成长的基金净值从 0.72 元干到了 1.8 元，交出了将近 150% 的回报率。然而最近一年诺安成长的收益率仅有不到 10%，2019 年时诺安成长名不见经传，大部分的基民都是在 2020 年后入坑。其中 2020 年三季度申购人数最多，申购总数高达 224 亿份，这些基民的建仓成本大多在 1.7 ~ 2.1 元 / 份，按照目前的净值计算，少的亏了几个点，多的能亏掉 20%。

（5）喜欢择时，总幻想在最低点买，最高点卖

作者见过太多的客户，总幻想在最低点买，最高点卖。这是人之常情可以理解，但是往往股市中择时太难，这是因为：

①择时的效果非常差，因为大盘和个股不同步，很多优质个股一直涨，不要因为蝇头小利错失大机会。

②专业选手都很少择时，因为市场永远有结构性机会，哪怕大盘下跌的 2~3 月，周期股大涨，专业投资人更多靠选择板块轮动，或者股指期货对冲等手段对冲大盘风险。

③任何想低点进，高点卖，都是不理智的贪婪行为，因为高点，低点不是猜测出来的，有这本事，早炒股发财了。

④相比择时，更好的方法是采用定投策略，摊低成本，这样简单而且有效。

⑤反问下自己，2007 年 6124 点跑了吗？2015 年 5000 点跑了吗？2019 年初 2000 多点买了没？2021 年 3 月 8 日最低点买了没？如果过去多次都没做到，偶尔运气好猜对了又拿住了吗？如果过去都没做好择时，自己又不学习，又不专业，凭啥下次择时就能做好？

2. 幸存者偏差，敬畏市场

幸存者偏差。不要把小概率赌博当成能力，不要因为偶尔小胜或者猜对而自负，市场长期很公平，它像一位心静如水的智者，冷静地考量每位贪婪或者恐惧的投资人。作者看到身边太多的例子，因为偶尔投机成功就自信心爆棚，认为自己的聪明战胜了市场，然后下一笔投资倾其所有下重手，因为不知道自己赚的是自己能力边界的钱，还是赚的市场投机的钱，或者是趋势的钱，当市场风格突变的时候，这些人会变得极其不适应，最终大幅亏损收场。2015 年的泡沫牛市，背景是 2014 年底开始流动性宽松，同时国家鼓励“万众创新，万众创业”，很多上市公司开始并购重组，热衷搞“互联网 +”概念，那个时候阿猫阿狗都能涨，各种股票随便涨，人人都是股神。“不要给我讲什么价值投资，老夫玩股一把梭”也是那个时候最流行的话语，充分说明了投机行为导致的幸存者偏差。很多人玩疯了之后杀红了眼，认为是自己聪明，战胜了市场，但是大家冷静下来想一想，2015 年牛市结束的时候，身边有几个人全身而退挣钱了呢？再比如说大家经常听到有人搞期货一夜暴富，但是这种人太少，或者很难稳定持续地挣钱，如果让“幸存者偏差”误导了自己，冲进了自己不熟悉、不擅长的领域，无异于堂·吉诃德拿着长枪冲向风车。2020 年开始，数字货币又非常火爆，相信很多人又想杀进去捞一把，但是市场往往就是这样，当所有人都看到机会，看到泡沫的时候，就是危险来临的时候，身边偶尔有几个人炒币发财，就把这些幸运儿的偶尔成功或者投机行为看作有如神助，等自己冲进去的时候，往往就是风险最大的时候。一个人最终能挣多少钱，往往是自己认知的结果，人很多时候只能挣自己能力边界的钱，否则即使短期因为投机或者中了彩票暴富，也会因为自己的冲动投资或者不理性失去财富。这就是经常劝大家把钱交给专业投资人的原因，因为社会分工越来越细致，专业的人做专业的事情。

敬畏市场、想起《三国演义》的主题曲“滚滚长江东逝水，浪花淘尽英雄”。中国股市 30 多年历史，起起伏伏，曾经诞生了多少股神，而其中大多数都灰飞烟灭，消失在人们的视线中。因为市场是多变的，中国发展太快，市场由不成熟到成熟的过程在进化，大家当时捧上神坛的明星基金经理也很可能如昙花一现。这背后的规律告诉我们：市场没有常胜将军，要敬畏市场，只能尽量选择那些从业年限长的，业绩稳定，胜率高的基金经理。《对冲基金风云录 2》中写道，当投资者开始想着如何享受生活的时候，往往就离开崩盘越来越远。但这又是极度反人性的。我们人性中本身，对于成功的追求就不仅仅是需要满足物质上的丰富，更是希望通过成功获得他人的认可。所以，获得外界的赞美，本身也是许多人进取的驱动力。而这种自满，往往会快速毁灭一个人。历史上看，那么多优秀的投资大师，都最终消亡在星空，仅仅成了一颗曾经闪耀过的流星。无论是在投资界，还是实业，抑或是那些历史上曾经伟大的人物，许多最终被自己的自满和骄傲带入到了万丈深渊。

3. 什么是专业投资人？

大家可曾想过？您为何买基金，选择专业投资人？专业投资人的能力体现在哪些方面？关于这个问题，可能很多人有巨大的误解，典型的误区有以下四个方面。

第一，认为专业投资人就是每天都能抓住涨停板，买在最低点，卖在最高点。专业投资人也是人，没有三头六臂。凡是幻想能买在最低点，卖在最高点的都是某种程度上的贪婪，因为个股和大盘的最低点和最高点都是无数人交易出来的，而不是猜出来的。每天市场热点层出不穷，每天都不一样，新闻随时随刻都在发生，如果用消息来做投资，一定是疲于奔命，而且在没有信息优势的时候，冲进去就是韭菜行为。更何况专业投资人管理的资金动辄几十亿、上百亿，很多主体性投资的股票买也买不到量，即使买了还得灵活操作，及时卖出，如果股票市值太小，每天成交量太小，很可能赚钱了也卖不出去，等卖完发现很可能还不赚钱。所以，专业投资人所面临的投资环境和散户是不同的，不可能很灵活地几秒钟就完成买卖。想象中的抄底逃顶，大部分时间是很难的。

第二，认为专业投资人不能出现回撤或者亏损。但实际上大家想想，首先股市就是个靠天吃饭的行业，得看经济增速，得看央行的脸色，得看通货膨胀，得看汇率，得看国际政治博弈，还有各种黑天鹅、灰犀牛。可以说，专业投资人或者基金经理能预测的并不多，投资本身就是在不确定中寻找大概率的确定。犹如在一片漆黑的夜里，靠自己的直觉和专业经验去寻找山顶或者草丛中的亮光。

第三，认为专业投资人每个机会都要抓住，否则就不开心。但实际上专业投资人也有自己的能力边界，也有自己擅长和不擅长的领域，并不是每种机会都要去抓，如果这样做，很可能像猴子掰苞谷一样，捡一个丢一个，持续追涨杀跌，错过真正该把握的主升浪，而去追看起来刺激但实际上不稳定的火花，而这些机会往往如同海市蜃楼，看起来很美丽，等您冲进去就会发现水很深，大概率钱赚不到还挨一顿打。所以时间长了，专业投资人就学会了过滤有用和无用信息，拒绝噪音，回避风险。投资本身就是个概率论，专业投资人要靠自己的研究和判断去做大概率正确的事，而不是幻想什么机会都想抓住。如果有人告诉您他能做到，一定是在忽悠您、骗您。

第四，认为专业投资人就是机构互相勾结抱团，认为核心资产是阴谋论。目前市场上有几万家私募，几千家公募基金，不可能出现扎堆勾结抱团行为。作为市场上的专业投资人，他们在看遍千山万水，被市场捶打了千万遍后，最终选择了胜率很高的行业和优质个股，或者说大家所谓的“核心资产”，因为这种资产抗风险能力强，相对比较稳定，能持续给投资人赚钱。核心资产股价表现优异的原因是：中国经济过了最早的高速增长期，各行业经历了洗牌或者供给侧改革后尘埃落定，行业龙头在竞争中获得了更多的市场地位，盈利能力和定价权显著增强，而且在抵抗宏观经济和行业需求波动中表现更加稳健，这时候市场可以更加透明地预测龙头公司未来 10 年甚至 20 年的业绩增长，可以用所谓的“DCF”和“DDM”模型进行估值（用公司未来能创造的所有现金流进行价值评估，或者用公司未来分红加总进行价值评估），而不是简单地看这家公司当年能挣多少钱。这样估值的结果往往是短期市盈率 PE 看起来偏贵，但是未来 10 年甚至 20 年公司通过稳健并且大概率可以预测的业绩增长，让公司未来的估值稳步下降，投资人就愿意继续持有甚至加仓，这就是价值投资的逻辑。比如说 10 年或者 20 年之后，很多行业可能都消失了，或者行业龙头都被其他技术颠覆了，但是贵州茅台这家公司还能稳定地挣钱，而且它的存量年份酒越来越贵，越来越受欢迎，公司的产品没过几年还能涨价。我们如果再看看美国和日本股市，一样选择了优质龙头公司进行投资，比如美国过去 10 多年的牛市，大部分公司是仙股没涨，只有“苹果、亚马逊、谷歌”等少数优质公司股价一直在涨。随着中国资本市场越来越成熟，投资风格也会越来越像美股。

那么作为专业投资人，他们的专业性到底体现在哪些方面呢？我认为主要有如下四个方面。

（1）稳定可复制的挣钱概率大

市场每天瞬息万变，作为散户也有可能偶尔赌对了方向或者靠运气赚了点钱，但是往往发现过不了多久就亏回去了，因为对大部分散户而言，无法对一只股票现在和未来运用合理的估值方式进行定价，有的散户喜欢买静态估值市盈率 PE 特别低的，往往就是周期股业绩最好的时候，或者未来前景不太明朗的行业比如房地产，或者盈利不稳定的行业比如银行股。有的散户即使买对了股票也不知道什么时候卖出。因此，他们的盈利模式是非常不稳定的，很多时候可以说是在投机或者赌博，对自己购买的公司理解和研究不深。而作为专业投资人，投入了大量的人力、物力对待投资的公司进行深入研究，不仅要了解公司所在行业的技术、格局、变化趋势，还得去公司深入调研，了解公司的生产、销售、客户、管理等各个维度，甚至得去了解公司的同行竞争对手或者下游客户，并且每天持续跟踪验证，做详细的财务估值模型。这样长此以往，加上自己的多年经验，结合宏观经济，市场风格，资金利率等多方面进行判断，现在是否值得投资？未来 1 年或者 10 年预期收益率多少，风险收益比如何等。可以看出，专业投资人是整个团队在作战，分工明确，有负责侦察的研究员，有负责把关的研究总监，有进攻的投资经理，也有负责防守的风控总监。这样才能提高作战的胜率，散户一拍脑袋就干冲动式投资，大概率很难战胜专业投资人。这就是专业投资人的能力之一：稳定、可复制的挣钱概率大。说白了，您购买专业投资人的理财产品，买的是他的思维和手艺，买的是他持续稳定挣钱的能力。

（2）长期投资业绩跑赢市场的能力

专业投资人的能力更多地体现在一年以上维度的投资业绩，而不是一天、一周或者一个月的表现，因为时间越短，不确定性越大。每个基金经理都有自己擅长的风格和市场，如果时间太短，很难发挥出专业投资人的真正水平，或者能力最大化。选手在一年维度上，专业性和优势会更明显，路遥知马力。打个比方，专业投资人更适合做中长跑，这就是为什么很多权益型基金的封闭期在一年或者三年，短跑那是打板游资干的事情，波动非常大很不稳定。很多人只看到了游资很猛每天打板，但是没看到的是“一将功成万骨枯”，一个游资站起来，无数游资倒下去。游资打的股票很多都是主题投资的，或者市值很小的仙股，利用资金优势或者信息优势，甚至忽悠散户去接盘，完成击鼓传花的游戏。我们不否认游资里也有很优秀的，毕竟市场很大，武功门派林立。但是从美国成熟市场的经验来看，游资几乎被消灭殆尽，剩下的都是擅长长期投资的正规军，比如巴菲特和查理·芒格的公司伯克希尔·哈撒韦公司，或者达里奥的桥水基金等。

（3）选出好公司并拿住的能力

择时太难，而且随着A股逐渐成熟化、机构化、国际化，择时的效果并不明显。市场变化太快，想最底部买，高点卖，都是贪婪，最好的就是看不清楚就不乱动，拿着好公司，做价值投资，长期持有，专业投资人特别能拿得住好公司，因为花了大力气做了深度研究，所以有信仰才拿得住好公司，否则茅台涨几百倍，有几个人拿得住？拿住也是一种能力。

（4）拒绝噪音回避风险的能力

市场每天都很热闹，每天9:30一开盘，如同武林大会争顶之战一样，各种武功门派五花八门都出来了，有打板策略的游资，有做主题投资的，有看K线图的技术派，还有做低估值的，也有做价值投资的。股票的价格都是1亿多的股民和上万家机构投资者共同按投票器交易的结果，可以说股价里面包含了恐惧和贪婪，作为专业投资人，就要有种拒绝噪音、回避风险的能力。否则追涨杀跌，追逐消息，投资肯定做不好。

4. 正确的投资理念是什么？

据中国银河证券基金研究中心统计，以偏股型基金为例，过去十五年（2006.01.01—2020.12.31）累计涨幅高达1294.88%，年化收益率超过19%。但其上涨之路并非一马平川，而是不断震荡、高低起伏，可整体还是呈现上行趋势。但假如投资者在某一次回撤的过程中放弃了持有，或许就难以分享丰厚的胜利果实。那么基民该如何树立正确的投资心态呢？

（1）理性面对市场波动，正确认识权益市场的中长期价值

市场宽幅波动也孕育着投资机会，当前对市场中长期表现仍保持乐观。尤其估值与业绩相匹配、且业绩在经济恢复进程中具有良好弹性的板块将成为市场的新晋关注焦点，同时在经过充分的调整后，一些优秀的白马龙头长期看也可依靠业绩的成长逐渐消化掉前期的高估值。格雷厄姆说过一句非常

牛的话：股市短期是投票器，长期是称重机。

（2）做好资产配置，通过分散持仓和均衡配置来平滑波动

资产配置我们一直不陌生，在震荡的市场更能显示出它的意义。把资金分配在如股票类、债券类、商品类等不同的大类资产上，形成自己的“投资组合”，也许可以走出相对平滑的收益曲线。也就是俗话说的“不把鸡蛋放在一个篮子里”。在基金投资中，尽量避免过度集中于某个行业或主题。

作者认为：2021年可谓是中国的“权益投资元年”，2021年是中国的“资产配置元年”。因为2020年是全球大放水，核心资产估值泡沫化，在趋势投资和价值投资的背景下，很多股票型基金收益率都不错，极大地刺激了买基金的热情，很多人都去追明星基金经理，坤坤、蔡蔡、兰兰等，截至2020年12月31日，2020年各个类型公募基金合计发行1441只，募集规模31589亿元，数量、募集规模均创1998年以来历史新高。总规模达20.2万亿元，其中权益基金7万亿元。截至2020年底：存续私募证券投资基金规模3.77万亿元，较2019年底增长54%。可谓是权益投资真正井喷的一年，这背后的主要推动力有：全球大放水、国家严控房价、房住不炒、资产管理新规发布后老百姓投资理财方式由固收转移到了权益等。因此，2020年是中国的权益投资元年。据中国结算官网统计数据：截至2021年2月底，全市场投资者数量为18147万个，其中自然人数量占比99.77%，机构投资者数量占比0.23%。

进入2021年2月，随着全球大宗商品暴涨，市场对通胀预期升温，而美国十年期国债收益率也出现了飙升，全球核心资产进入了一轮杀估值挤泡沫的下跌，很多高点买的基金出现了短暂的亏损，市场热情陡然下降，大家都开始更多地关注稳健的资产类型，比如，CTA、市场中性、期现套利、宏观配置、指数增强等量化产品，很多人是第一次感受到量化产品的魅力，因此，2021年可谓是资产配置元年，让很多人明白分散配置的重要性，要科学搭配。

（3）适当降低投资预期，构建适应风险偏好的投资组合

投资从来不是一蹴而就的事情。在经历了近两年的快速上涨后，权益市场可能趋向均值回归，波动加大或将成为2021年的常态与共识。在市场回调的过程中，部分个股的中长期投资价值也逐步显现。投资者应适当降低投资预期，做好风险预判与风险管理，克服“一朝暴富”的心态。

（4）采用基金定投或分批买入的方式阶段性参与

市场波动加剧，基金定投不失为一种较好的方式。通过时间来熨平短期

波动，在市场波动加大的过程中通过分批、分散买入来达到摊薄成本、平抑波动的效果，相信坚持的力量。

（5）心态乐观，长期持有

美国有个著名的谚语叫作“悲观者往往是正确的，但乐观者往往成功”。Facebook 总裁扎克伯格对此深信不疑并把这个封作自己的座右铭。这背后的逻辑是：大部分事物的发展是曲折前进的，并非一帆风顺，但是只要您方向是对的，就应心中充满乐观，坚持做难而正确的事情，生活迟早会奖励您。如果您一味地悲观，躲过了小的波折的同时，也错失了大的机会。股市更是这样，截至 2020 年底，中国股市总市值才 80 万亿元，中国 GDP 总额约 100 万亿元，证券化率约 80%。假如未来 10 年中国 GDP 增速约 6%，那么 2030 年左右中国 GDP 总额将达到 200 万亿元，假如届时中国证券化率达到 100%，股市总市值将达到 200 万亿元，与现在的 80 万亿元相比将增长 150%。这就是我们应该乐观的理由，因为股市短期是投票器，长期是称重机，长期必然反映中国经济增长的质量和规模。虽然股市受各种因素影响可能出现震荡调整，但是不变的是中国经济越来越强，中国股市越来越旺，其中伴随中国经济崛起的优质好公司股价必将涨幅超过 150%。短期各种因素说不好，无法预测黑天鹅，但是只要我们看到了希望和曙光，就应该坚定持有，这是一种大智慧。

作者有个建议：购买的封闭期 1 年的产品 1 年后再看业绩，封闭期 3 年的产品 3 年后再看业绩。专业管理人的优势是在 1 年或者更长时间给客户稳健地赚钱，而不是短短 1~2 个月内追涨杀跌，结果远远比过程重要，所以下跌或者震荡时，请大家不要质疑管理人的操作，否则压力传导给管理人，为了照顾短期情绪减仓或者追涨，反而会影响您的最终收益。

5. 如何用 100 万元实现财务自由？

刚才讲了很多方法论和科学的投资理念，接下来告诉大家如何用 100 万元实现财务自由。为了简单起见，我们假设您现在 35 岁，小孩 8 岁，假设 10 年后小孩参加高考，14 年后选择出国留学，18 年后小孩要结婚买房，25 年后您 60 岁即将退休，但考虑到人口老龄化，等您退休的时候，国家大概率把退休年龄推迟到 65 岁。只有 100 万，如何投资才能保障自己的子女留学、买房，自己养老无忧呢？

方法就是：买入一个年化收益率15%～25%的稳健的基金，持有25～30年不动。让我们来一起看看复利的力量有多厉害。

我们假设能选出年化收益率25%基金，您初始投资第一年本金100万元，一直投资不赎回，会发生什么？等10年后您孩子高考的时候，就已经变成了931万元，等小孩本科毕业想出国深造的时候，您的账户里有2274万元，足够他留学用了。假如18年后他要结婚买房，账户里有5551万元，即使考虑通货膨胀和购买力变化（我们假设物价上涨水平为每年2%，即CPI为2%），当时的实际购买力也有3887万元。而由于人口老龄化和国家严格执行房住不炒的政策，房价会涨但大概率不会涨到哪里去，实际购买力的3887万元，足够您的孩子在一线城市买一套房子了。如果您60岁退休，您的账户里将有约2.6亿元，考虑物价涨幅实际购买力有约1.6亿元，足够您游山玩水，财务自由。如果您选择在65岁退休，您的账户里将有约8.0亿元的资产，考虑物价涨幅实际购买力也有4.45亿元。已经彻底实现了财务自由。因此，无论您现在事业做得如何，未来30年是否会顺利，只要您坚持把这个100万投给一个靠谱的管理人，长期持有不赎回，最终的财富将是惊人的。

即使您选的产品年化收益率没到25%，收益率只有20%，等您60岁退休时账户里有3292万元，65岁退休时账户里约2.37亿元，也是非常惊人的数字，当时的实际购买力也有1.3亿元。或者您选的产品复合收益率只有区区15%，等您60岁退休时账户里有3292万元，65岁退休时账户里有9540万元，也算是财务自由了。

表17–4　投资100万元拿30年，财务自由的测算

投资100万元拿30年	第N年	1	10	14	18	25	30
假设自己35岁	假设小孩8岁		小孩高考	小孩留学	小孩买房	60退休	65退休
年化收益率25%	100	125	931	2274	5551	26470	80779
假设CPI=2%		123	764	1723	3887	16134	44596
年化收益率20%	100	120	619	1284	2662	9540	23738
假设CPI=2%		118	508	973	1864	5815	13105
年化收益率15%	100	115	405	708	1238	3292	6621
假设CPI=2%		113	332	536	866	2007	3655

请注意：以上仅供参考，不作为投资依据，具体咨询您的理财顾问。

看到这里很多人会有疑问：如何选出年化 25% 收益率的产品？其实年化 25% 收益率的产品放在每年来看都很普通，很多人都看不上当年收益率只有 25% 的公募基金和私募基金，人的本性是贪婪的、急躁的，恨不得一夜暴富，每年都期望自己买的基金翻倍。但这显然不现实，因为您会发现每年公募和私募排行榜的前几名都在变化，时势造英雄，哪有常胜将军年年霸榜的？但是如果让您静下心来，降低收益率预期，选择每年年化收益率 15%~25% 的产品，您是否愿意？

根据作者统计：过去 10 年，公募基金、私募基金已经有些做到了 10 年间年化收益率 20% 左右。而且作者相信，随着经济增速放缓，资金利率下行（10 年期国债收益率下行），股市将会迎来我们之前从未见过的长牛走势。另一方面，200 万亿元的居民理财中很大一部分将由银行存款和信托产品进入股市，当然是通过购买基金的方式。这都将给股市带来增量资金。未来 30 年，中国一定会出现不少基金，30 年年化收益率在 15%~25% 之间，即使是成熟市场的美国，巴菲特从 26 岁到 88 岁之间的 63 年的投资生涯年化收益率也高达 20%。中国作为未来 30 年全球最好的市场，最好的资产，股市大概率也会表现较好，反映中国经济的基本面。您所要做的就是相信中国、投资中国、买入并持有，中间不要赎回。耐心等待 10 年、20 年，或者 30 年后收获。

这里提醒大家的是：下面的统计数据是历史数据，历史收益率并不代表着未来。以下基金仅用于举例说明，不作为投资依据。大家真的觉得我说的有道理，在选择基金的时候，还是要咨询自己的专属理财顾问，听取他们的意见，让他们辅助您选择未来 10~30 年收益率可能在 15%~25% 的基金，而不是简单地刻舟求剑，照抄下图的作业。

表 17-5　公募基金 7 年间年化回报率排名（2013.4.1–2020.3.31）

投资人	7 年累计收益率	7 年年化收益率
兴全轻资产混合	398%	25.8%
华安逆向投资策略混合	384%	25.3%
银华中小盘精选混合	361%	24.4%
华泰柏瑞价值增长混合	346%	23.8%
兴全合润分级混合	346%	23.8%
银河创新成长混合	308%	22.3%
交银阿尔法核心混合	283%	21.1%

资料来源：wind（请注意：以上仅供参考，不作为投资依据，投资有风险）。

财务自由的方法作者已经告诉您了，中国 90% 的人都不知道这个方法。即使看了我的介绍，其中 50% 的人肯定不信，剩下的只有 20% 的人尝试了这个方法，在这 20% 的人中，估计只有 1% 的人能坚持做到投资 10~30 年不赎回，而这 1% 的人，将可能是最终的大赢家，靠现在的 100 万元投资，实现未来子女的留学自由、买房自由以及自己退休时身家上亿，财务自由，并且有上亿资产传承给自己的子女。

这么做的难点在哪里呢？第一，大家看私募基金中年化收益率第一的产品，最大回撤也有 33.4%，试问一下自己，自己买了基金回撤了 30% 多，您是否还拿得住？估计大部分人早赎回了，还在骂自己的理财顾问或者基金经理不专业，但是往往就是这样，只要您选对人，市场总会奖励您，持有时间长了收益率就起来了。第二，以大部分人的眼光，应该很难挑选出年化收益率 15%~25% 的基金来，这就是为什么劝大家不要炒股，要咨询专业的理财顾问团队，他们天天在研究基金数据，从中可能会选择出未来 30 年收益率较高的基金来。第三，大部分人会忘了初心，忘了这本书的忠告，中间选择赎回，或者自作聪明想择时，用炒股的心态来炒基金，最终影响 30 年后的整体收益率。

人生就是这样，人性就是这样。每个人只能赚自己认知范围内的钱，知行合一很难，您只有认识到了才可能做到，所谓“因为看见，所以相信”。前段时间网上有个大连的大妈 2008 年花 5 万元买了长春高新股票，然后忘了密码，2021 年打开后发现账户里变成了 500 万元，自己都吓一跳。试想一下，如果这个大妈中间知道密码，她肯定会在 2010—2013 年艰难的熊市卖掉，也可能会在 2015 年股灾，2016 年熔断，2018 年熊市中卖掉，但凡有一次操作，她最终都赚不到这么多钱。投资就是这样，要相信时间的价值，相信复利的力量是惊人的。如果您相信作者的推算是合理的，您就拿出 100 万元，咨询理财顾问买个靠谱的、存续时间足够长、已经长时间证明自己投资能力的基金，这 100 万元就当给孩子买了个保险，或者定期存款，不到关键用钱的时点，不许取出来。相信 30 年后，您会庆幸自己买了这本书，您会感谢我。

四、从美国历史经验看：未来财富获得要靠权益投资

如果看完您还不相信中国股市，那么让我们来看看世界第一大强国美国的经验，我们正在复制美国曾经走过的路，工业化和城市化完成，贷款利率下行，传统的存款和信托收益率开始下降，股市迎来长牛走势。

1. 美股股市 200 年历史：造富了多少人？

1602年，在荷兰的阿姆斯特丹成立了世界上第一个股票交易所。1792年，NYSE（纽约证券交易所）诞生。美国股票市场和股票投资 200 多年的发展大体经历了四个历史时期。

（1）第一个历史时期是从 18 世纪末到 1886 年，美国股票市场初步得到发展，1811 年美国纽约证券交易所建立。1850 年代，华尔街成为美国股票和证券交易的中心。

（2）第二个历史时期是从 1886—1929 年，此一阶段美国股票市场得到了迅速的发展，市场操纵和内幕交易的情况非常严重。这一时期，美国逐步发展成为世界政治和经济的中心。从 19 世纪的后期开始，当时为了给铁路、制造业和矿业融资，企业纷纷发行股票，纽约证券交易所的股票市场成为美国证券市场的重要组成部分。1896 年道琼斯指数成立。

（3）第三个历史时期是从 1929 年大萧条至 1954 年，美国股市开始进入价值投资的规范发展期。1929 年 8 月美国道琼斯工业指数最高超过到 380 点，而 1932 年该指数最低下跌到 42 点，跌幅接近 90%，道琼斯指数再次回到 380 点是在 25 年之后。1929 年到 1933 年，美国股市下跌的同时，大量的债券被拒付，美国约有 40%的银行倒闭。

（4）第四个历史时期是从 1954 年至今，美国股市逐渐机构化、国际化、正规化。

在这个过程中，美国股市也经历了抱团现象，无论是 1990 年的漂亮 50 公司抱团，还是现在的 FAANGS（脸书、苹果、亚马逊、奈飞、谷歌、托拉斯）科技巨头公司抱团。在 2000 年鼎盛时期，美国市值最大的前 20 家公司占据了市场 40% 的份额。但 2000 年 IT 泡沫破裂后，经济减速，通胀上升，90 年代的漂亮 50 成了僵尸股，最典型的就是沃尔玛、辉瑞。

表 17–6 美国 90 年代的核心资产：漂亮 50 公司

公司	1995 年市值（亿美元）	区间涨幅
微软	356	313%
甲骨文	126	247%
Texas	69	190%
英特尔	264	181%
Mgst Dn	57	143%
花旗集团	103	123%

资料来源：wind。

2. 美股历年牛股经验：中国未来科技、医药、消费机会大

回顾美国从 1981 年开始至今的每十年的牛股，结合当下中国所处的经济阶段、人口结构，我们可以对照总结出当下中国的牛股方向。可以看出，美国从 1960 年开始人口出生率放缓，1985—1990 年出现阶段性高点，之后一路往下。再看 GDP 增速，美国从 1950—1980 年维持了长达 30 年的 GDP 保持在 10% 左右的较高增速，1990 年后明显放缓至 5% 左右的增长中枢。对比中美，中国的经济增速和人口结构，可能处在美国 1990 年阶段，从 1990—2000 年这十年的美国牛股，对 2020—2030 年的中国 A 股，具备一定的参考意义。但科技股除外，因为时过境迁，科技变化太快，但是不变的是经济增速中枢背后的经济结构，还有人口老龄化开始的需求变化。

1981—1990 年这 10 年，美国的牛股以消费品为主。服装类的 GAP 公司领涨，10 年涨了 43 倍。还有沃尔玛、孩之宝、好时商品、可口可乐等。

1991—2000 年这 10 年，美国的牛股以科技公司为主。这是 IT 泡沫吹起来的 10 年，EMC 公司 10 年涨了 398 倍，还有网络公司思科（Cisco）、软件公司甲骨文、半导体相关的应用材料公司和亚德诺半导体。

2001—2010 年这 10 年，美国的牛股以非生活用消费品为主。随着 IT 泡沫破裂，市场转向了苹果、亚马逊、康明斯等公司。

2011—2020 年这 10 年，美国的牛市以科技公司为主。领涨的特斯拉公司 10 年涨了 131 倍，还有英伟达、奈飞和博通公司，值得注意的是达美乐比萨公司 10 年竟然涨了 27 倍，超出大部分预期。

表 17–7　时代的烙印：美国标普 500 指数的十大牛股变迁

时间区间	公司名	区间涨幅	行业
1980—1990 年	GAP	43 倍	消费品
	沃尔玛	33 倍	消费品
	孩之宝	31 倍	消费品
	好时食品	12 倍	消费品
	可口可乐	11 倍	消费品
1990—2000 年	EMC	398 倍	信息技术
	甲骨文	148 倍	信息技术
	嘉信理财	119 倍	金融
	百思买	62 倍	消费品
	应用材料	56 倍	信息技术
2001—2010 年	苹果	42 倍	信息技术
	高特佳	23 倍	信息技术
	康明斯	13 倍	工业品
	亚马逊	10 倍	信息技术
	快捷药房	7 倍	医药
2011—2020 年	特斯拉	131 倍	信息技术
	英伟达	36 倍	信息技术
	达美乐	27 倍	消费品
	奈飞	20 倍	信息技术
	博通	18 倍	信息技术

数据来源：wind。

对比中美市值前十大公司发现：截至 2021 年 5 月，中国市值最大的公司腾讯控股 7981 亿美元，美国市值最大的苹果公司 2.2 万亿美元，是中国的近 3 倍。从收入来看，中国市值前十大公司中收入最高的中国平安 2132 亿美元（2020 年收入最高的中国石油收入 3036 亿美元），美国收入最大的是沃尔玛约 5592 亿美元，是中国最大公司的 2.5 倍。

另外，中国市值前十大公司以互联网、银行、白酒为主。而美国市值前十大公司大部分是硬科技公司。可见两国目前核心资产或者经济结构的差异，中国偏向消费（互联网算泛消费）和金融，美国偏向科技。

表 17–8　中美市值前十大公司对比（截至 2020 年底，单位：亿美元）

中国			美国		
公司	营业收入	市值	公司	营业收入	市值
腾讯控股	844	7981	苹果	2745	22560
阿里巴巴	1255	7365	微软	1430	16816
台积电	548	5619	亚马逊	3861	16342
贵州茅台	172	4392	谷歌	1825	11855
工商银行	1545	3112	Facebook	860	7780
中国平安	2132	2783	特斯拉	315	6689
建设银行	1323	2748	VISA	218	4262
美团	201	2557	强生	826	4143
拼多多	104	2494	沃尔玛	5592	4078
五粮液	100	1982	摩根大通	1021	3873

数据来源：wind。

总之，展望未来，人类开始进化，进入 X 时代，而 X 时代的财富密码有三个：第一种是搞科技的人，让国家更强大，让人类更轻松；第二种是从事健康娱乐产业的人，让人生活更开心，更健康；第三种是坚持做投资的人，靠眼光挣钱。

对大部分人来说，科技创业或者健康娱乐产业可能比较难，但是做投资是获得财富最简单的方式，可以通过股权投资或者上市公司股票投资，来享受科技创业和健康娱乐产业的红利，所以投资是大部分人的最后一份职业。

作者坚定看好中国股市，未来中国将可能复制美国的股市模式，未来中国最有希望的行业是：消费、医药、TMT、新能源等。但是建议您不要再自己炒作，投资要做将帅，把投资交给专业的管理人。人和人相比比的是眼光，人和人的差距是认知。希望这本书能帮您打开思路，开阔眼界，正确地认识财富，理解财富获得的规律，并且把握住 X 时代的财富。

后记

总之，作者认为，人一生就做两件事：认识世界，改造世界。人类文明分两阶段：过去提高生产效率，未来追求精神快乐。生命的本质在于探索：我们在无限接近于神。财富是一个人价值的体现，是思想和认知的变现，财富是结果不是过程。财富的获得靠国运，每个人都是时代列车上的过客，坐对车次，要坐高铁。能为人类提供美好生活的人一定会获得财富。获得财富的人四大共性：选对行业、财商极高、坚持不懈、好的品德。财富并不代表着幸福：幸福 = 获得 – 期望的差值。

人类开始二次进化：由靠双手挣钱到靠大脑挣钱。人类的第一次进化是生存和安全的需求，而人从猴子变成人的主要推动力是劳动。在古猿进化到人的过程中，脑容量不断增加。早期人类在使用天然工具的过程中，逐渐学会了制造工具。如果说一次进化是靠双手挣钱，那么二次进化的就是靠大脑挣钱，或者如同我们前面章节所述，未来每个人的价值可能不简单通过金钱来体现，可能还包括：社会尊重、个人成就感，体现方式可能是数字货币，或者某种形式的荣誉。这些“财富”有的可能是简单靠双手劳动无法实现的，而是要靠“创造性”的创新，要么带给其他人快乐，要么带给其他人健康，或者为人类打开新的文明窗口，而不是简单地生产一些商品或者物资。与一次进化后的人相比，二次进化后的人类所从事的工作更加高级，而且很多时候是出于兴趣爱好、创造、尊重和自我实现的角度，不是简单地为了钱或者狭义的财富。

另外，人类进化速度可能出现跳跃式突变——“跳跃进化”。由于3D打印技术、生物芯片等技术的发展，人的寿命将大幅度延长，很多器官直接可以替换新的。人类目前大脑开发的容量不及总容量的10%，我们处在关键技术突破的前夜，一旦人工智能技术或者量子计算取得重要突破，人类文明的推进速度将大幅提升，人类进化的速度也可能呈现指数级别的跳跃式发展，我把这称作“跳跃进化”。正如几百万年前，一只池塘里的鱼类爬上了岸，把海洋生物文明带向陆地文明，或者如同第一只进化成智人的猴子一样，人类文明发展过程中存在着若干跳跃式发展，并不是线性的。我们目前享受的各种便利的发明创造，比如汽车、电、计算机等，都是在最近200年发明的，人类文明在这200年出现了突变，进化速度在明显加快。作者大胆假设，由于人脑和计算机的结合，人工智能的外延和应用领域将被大幅拓展，相当于双动力发动机一样在进化，我们很可能很快迎来技术飞跃发展，把人类文明带入新的时代，那时候的人类叫“新智人”，以区别于几百万前的“旧智人”。我们正以前所未有的速度进入新的发展期：新的X时代。

X时代的X代表着未知（X）和不确定，X代表着享（Xiang）乐、幸（Xing）福。在物质极大丰富的时代，人类讨论和关注更多的是人工智能、内卷、泛娱乐，劳动是一种快乐，人类可能在无限地接近神。X时代掌握三个要素的人会获得财富：技术、快乐、投资。

未来已来，X时代已来，您做好准备了吗？